August Wilhem Knoch

Beiträge zur Insektengeschichte

August Wilhem Knoch

Beiträge zur Insektengeschichte

ISBN/EAN: 9783743396968

Hergestellt in Europa, USA, Kanada, Australien, Japan

Cover: Foto ©berggeist007 / pixelio.de

Manufactured and distributed by brebook publishing software (www.brebook.com)

August Wilhem Knoch

Beiträge zur Insektengeschichte

Beiträge

zur

Insektengeschichte

von

August Wilhelm Knoch.

I. Stück.

Leipzig
im Schwickertschen Verlage. 1781.

An den Leser.

Der fast allgemeine Eifer, womit bisher die
Naturgeschichte der Insekten in Teutsch-
land und andern Ländern betrieben worden ist,
hat mich verleitet, meine wenigen Kräfte zu versuchen, ob ich etwas Nützliches darinn leisten
könte.

Ich war in dem Umgange und durch die Wis-
begierde einer mir anvertrauten Jugend bei man-
chen Spaziergängen sehr gereizt worden, diesem
Theil der Naturgekunde einige meiner Nebenstun-
den zu widmen. Das unterhaltende Vergnügen,
welches keine Untersuchung unbelohnt ließ, ge-
wann durch jede neue Entdeckung und machte mich
mit den mannigfaltigen und lehrreichen Kenntnis-
sen der Natur immer vertrauter.

Hievon sind die gegenwärtigen Beiträge eine
Folge. Kenner mögen über ihren Werth urtheilen; und ich werde ihr Urtheil bei der Fortsetzung
dieser Arbeit zu nutzen suchen.

*

Meine Absicht geht dahin, noch ganz unbekannte Insekten zu beschreiben und abzubilden; auch solche, die zwar schon bekannt, aber noch gar nicht oder schlecht oder in denen Werken abgebildet sind, die man nur selten haben kan. Finde ich gute Abbildungen von solchen Arten, deren Geschichte noch unvollkommen oder nicht vorhanden ist: so werde ich nach meinem Vermögen solche vollständig zu liefern oder ihre Lücken auszufüllen suchen, ohne die Abbildungen zu wiederholen. Eben diese Vollständigkeit werde ich auch meinen eigenen noch unvollkommenen Beschreibungen durch spätere Bemerkungen zu verschaffen bemüht sein.

Je länger ich mich mit der Beobachtung der Insekten beschäftiget habe, desto mehr bin ich überzeugt worden, wie viel auf eine genaue Bestimmung aller einzelnen Theile eines Insekts ankomme, um es von andern Geschlechten und Arten unterscheiden zu können. Aus diesem Gesichtspunkt habe ich meine Beschreibungen gemacht, welche vielleicht denen, deren Neugierde mit dem Bilde und Namen eines Insekts schon befriediget ist, nicht kurz genug vorkommen werden.

Ob es nöthig sei, einer genauen Beschreibung aller Insekten, die zu einem Geschlecht, zu einer Familie gehören, noch Abbildungen in natürlichen Farben an die Seite zu sezen, dieß wird sich, wie

ich glaube, am ehesten beurtheilen lassen, wenn
man die Schwirigkeit bedenkt, alle Schattirungen
der Farben durch Worte sinnlich zu machen, da
ihre Abwechselung so mannigfaltig ist, daß wir
nie fertig werden würden, für jede Mischung ein
neues Wort zu erfinden, dessen Sinn dem Wiß-
begierigen verständlich wäre. Die von natürlichen
Dingen entlehnten Benennungen der Farben, ob
sie gleich vor allen den Vorzug verdienen, werden
wir hiezu doch nicht für hinlänglich halten können,
wenn wir sehen, wie die Schattirungen einer einzigen Farbe fast ins Unendliche gehen und wie selten die Farben natürlicher Dinge in einem solchen
Grade beständig sind, wie sie es sein müßten, wenn
wir mit Gewißheit etwas darnach bestimmen wollten. Würden wir, ohne die Farben der Insekten zu Hülfe zu nehmen, an ihnen solche Kennzeichen finden, wodurch eine jede Art von andern
genau zu unterscheiden wäre: so glaubte ich wohl,
daß wir der Abbildungen entbehren könten; wenn
sie nicht noch den Nuzen zugleich hätten, daß wir
durch das anschauende Erkenntniß ein weit gröf-
sers Vergnügen empfänden, daß eben dadurch
dem Lernenden die Wissenschaft um sehr vieles
erleichtert und bei einer fast unnennbaren Menge
von Gegenständen dem Gedächtniß die meiste
Hülfe verschafft würde. Ich rede von solchen
Abbildungen, die der Natur getreu bleiben; denn
schlechte Bilder erregen mehr Verwirrung und
Dunkelheit, als daß sie den Gegenstand er-
leuchten.

So wenig ich daher eine gute Abbildung für
überflüßig halte, eben so wenig glaube ich auch,
daß neben derselben eine genaue Beschreibung der
Gestalt und Farbe eines Insekts überflüßig sei.
Denn es gibt gewisse Kennzeichen, die sich besser
durch Worte bestimmen als abbilden, oft gar
nicht, oder nur alsdenn durch Abbildungen vor=
stellen lassen, wenn Vergrößerungen dabei zu Hülfe
genommen werden.

Die Beschreibung hat auch das für sich, daß
sie die Abänderungen in den Farben zugleich mit
angibt, und die Fehler des Künstlers, die bei
Werken von mittelmäßigen Aufwand, so selten
vermieden werden können, verbessert. Es gibt
demnach Fälle, wo sich die Zeichnung und Mah=
lerei auf die Beschreibung stützen muß, und an=
dre, wo diese ohne den Glanz von jenen nur dun=
kel und unvollkommen sein würde.

Die Größe des Insekts nach einer Maaße zu
bestimmen, sehe ich für ein sehr gutes Hülfsmit=
tel an, solches von andern der Farbe und Gestalt
nach mit ihm verwandten Arten zu unterscheiden.
Ich weis es wohl, was einige Naturforscher da=
gegen eingewandt haben, daß eine Gattung in
ihrer Größe oft sehr verschieden, und folglich die
davon gegebene Maaße nichts weniger, als zuver=
läßig wäre. Allein so gewiß dieß auch bei eini=
gen der Fall ist, so ist ers doch nicht überall.
Viele Arten sind sich in der Größe fast ohne Aus=

nahme gleich; oft ist der Unterschied auch so gering,
daß, wenn andre Kennzeichen der Gestalt und
Farbe zutreffen, uns kein Zweifel übrig bleibt,
daß wir dieselbe Art von Insekt vor uns haben;
da uns hingegen, wenn auch Farbe und Gestalt
übereinstimmen, bei Insekten von sehr verschiedenen Größen, die Erfahrung bisweilen in Zweifel sezt, ob wir dieselbe für bloße Abänderungen
halten dürfen.   So viel glaube ich immer als
wahr annehmen zu können, daß, wenn wir uns
nur nicht zu ängstlich an die Maaßen binden, wir
dabei in Vergleichung ähnlicher Insekten weniger in Gefahr sind, Fehler zu begehen, als da,
wo wir der Maaßen ganz entbehren müssen. Aus
diesem Grunde werde ich jedesmal die Größe mit
angeben, und wenn ich bei einer Art eine Verschiedenheit ihrer Größe antreffe, allzeit eine mittlere wählen.   Die Länge von den Flügeln der
Schmetterlinge werde ich vom Rückenwinkel bis
zur Spize und ihre Breite vom Vorder- bis zum
Hinterwinkel nehmen und mich bei allen Maaßen
der pariser Zolle bedienen.

Fast ein jedes Sistem in der Insektenlehre hat
gewisse Vorzüge; aber auch seine Mängel.   Es
wird mir daher wohl nicht als ein Fehler angerechnet werden, wenn ich mich nicht an ein einziges ganz genau binde, und jedesmal demjenigen
folge, welches meiner Erfahrung am meisten ent-
spricht.

Weil manche Kunstwörter von allen Natur-

forſchern nicht in einerlei Bedeutung genommen
werden: ſo halte ich es für nöthig, bei vorkom=
menden Fällen zu beſtimmen, in welchem Ver=
ſtande ich ſolche gebraucht habe; auch zu mehrerer
Deutlichkeit einzelne Theile des Inſekts vergrößert
abzubilden.

Bei den Beſchreibungen werde ich die Größe,
Geſtalt, Farbe, Geſchichte, Lebensart, Kunſt=
und Erhaltungstriebe, Fortpflanzung u. ſ. f. ſo
viel es ſich thun läßt, allzeit beſonders abhandeln,
damit diejenigen Leſer, welche nur den einen oder
andern Artikel davon zu wiſſen wünſchen, ſolchen
deſto leichter zu überſehen im Stande ſind.

Denen, welche dieſe Beſchreibungen in un=
ſrer Sprache nicht leſen können und andern, die
ſie der Kürze wegen lieber in der lateiniſchen leſen
mögen, habe ich, ſo viel es ohne Nachtheil der
übrigen Leſer geſchehen konte, eine Gnüge zu lei=
ſten geſucht; indeſſen werden ſie den angenehm=
ſten und lehrreichſten Theil der Beſchreibung, die
Geſchichte und Oekonomie, den Nuzen und Scha=
den eines Inſekts verlieren, ſo oft ich etwas da=
von werde ſagen können.

Diejenigen, welche die Beſchreibungen mit
den Abbildungen vergleichen wollen, werden ſel=
bige am beſten verſtehen, wenn ſie das Bild in
einer ſolchen Lage halten, daß ſich der Rücken=
winkel des Flügels oder die Einlenkung oben und

die demselben gegen überstehende oder äußere Seite
unten befinde.　Fehler, welche sich bei den Abbildungen eingeschlichen, will ich durch die Beschreibung zu berichtigen suchen.

Viele Insektenfreunde richten ihr Augenmerk
besonders auf solche Stücke, welche die Natur
mit prächtigen Farben geschmückt hat.　Ich will
ihren Geschmack nicht tadeln; denn wen wird
nicht das Schöne in den Farben eines Schmetterlings, eines Käfers oder andern Insekts sogleich
einnehmen? So sehr ich nun auch geneigt bin,
dergleichen seltene Stücke bekannt zu machen: so
behalte ich mir dennoch vor, auch unansehnliche
und beim ersten Anblick fast nichts geachtete Insekten zu beschreiben und abzubilden, welche durch
einen vorhin noch unbekannten Kunsttrieb, eine
noch nicht wahrgenommene Veränderung ihrer
Theile, einen noch unbekannt gebliebenen Nuzen
oder Schaden meine Aufmerksamkeit vorzüglich
erregt haben.

Insekten von ihren Nahrungspflanzen einen
Namen zu geben, ist von großen Naturkündi-
gern empfohlen worden.　Es verdienen auch solche Namen gewissermaaßen vor andern einen Vorzug, weil sie uns zugleich den Aufenthalt des Insekts anzeigen.　Wenn aber dabei der eigentliche
Endzweck verfehlt wird, indem man mehrern, die
von einer Pflanze leben, einerlei Namen beile-
gen muß: so weis ich nicht, ob jener Vorteil so

groß sei, als er beim ersten Anblick zu sein scheint.
Diese Schwierigkeit hat mich wenigstens abge=
halten, einige von mir bekannt gemachte Schmet=
terlinge nach den Nahrungspflanzen ihrer Rau=
pen zu benennen.

Geschrieben im Kollegium Carolinum.

Braunschweig den 8. Hornung 1781.

PHALAENA GEOMETRA SESQVISTRIATARIA.

Der grüne Spannmeſſer mit anderthalb weißen Streifen.

P. G. pectinicornis, ſpirilinguis, alis patentibus, ſubangulatis albo-virescentibus ſeu margaritaceis: ſuperioribus ſtrigis duabus albidis, inferioribus vna.

m. *long.* lin. $9\frac{1}{2}$ *lat.* 6.

Hufnagels Tabellen. Berliner Magazin 4. B. 5 St. S. 506. Nr. 4. Phalaena vernaria. Das weiße Band. Blaßgrün mit zwo weißen Querſtreifen durch die Ober= und eine durch die Unterflügel.

Descr. Palpi compreſſi, Tab. 1. fig. 1. *Oculi* fuſci. *Antennae* pectinatae; ſpina albida, pectinibus pallide ferrugineis; foeminae ſetaceae albidae. *Thorax* lacteus. *Abdomen* eiusdem coloris; foeminae craſſius; maris ad latus criſtatum, ano barbato albo. *Pedes* ſupra ferruginei; tibiae ſpinoſae. *Alae* ſuperiores ad marginem anteriorem albeſcentes; puncto ferrugineo in apice; inferiores ſubemarginatae. Subtus omnes margaritaceae, totidem ſtrigis atque in pagina ſuperiori maxime obſoletis.

A

Die Größe des weiblichen Schmetterlings unterscheidet sich von der männlichen.   Der Oberflügel iſt
beinahe 10¼ Linie lang und 6¾ Lin. breit.

Die Augen dieser Phaläne sind groß, hervorstehend, von ganz dunkelbrauner schwärzlichter Farbe und
mit ziemlich vielen Haaren besetzt.   Die Fühlhörner ſtehen auf einem roſtfarbigen Grunde.   Bei dem Männchen Tab. 1. Fig. 1. sind sie federförmig; der Rücken
iſt weiß, und die Federn oder Kämme sind blaß roſtfarbig.   Das Weibchen hat weiße, borſtenartige. Ein
ziemlich langer Rüſſel ragt zwischen den äußerſten Enden der Bartspitzen hervor, welche kurz sind und unter
dem Rüſſel dicht zusammen schließen.

Das Bruſtſtück und der ganze übrige Leib iſt perlfarbig.   Das Männchen hat zu beiden Seiten an jedem Einschnitte einen kleinen Büschel Haare.   Ein
größrer Büschel von weißlicher Farbe bedeckt den After.

Die Füße sind auf der obern Seite blaß roſtfarbig;
das Uebrige iſt weiß.   Jeder Hinterfuß hat am Schenkel vier Dornen; die Mittelfüße haben nur zwo, und
die Vorderfüße gar keine.

Der Vorderrand der Oberflügel iſt sehr wenig auswärts gebogen; nur an dem Vorderwinkel bei dem
Männchen mehr gekrümmt, als bei dem Weibchen.
Der äußere Rand beſteht aus zwo faſt geraden Seiten,
welche etwas über die Mitte hinaus einen sehr ſtumpfen
Winkel machen.   Der Hinterrand iſt beinahe gerade,
und biegt sich nur gegen den äußern Rand zu ein wenig
aufwärts.   Der äußere Rand der Unterflügel iſt etwas
geschweift; die mittlere Schweifung ſteht im Winkel des
Flügels.   Der Hinterrand iſt mit seinen Haaren besetzt,

und der Saum, so wie bei den Oberflügeln sehr schmal.

Alle Flügel sind auf der Oberseite mit einem zarten sehr blassen Aepfelgrün gefärbt, welches sehr ins Weißliche fällt. Bei dem Weibchen spielen sie in ein liebliches Blau. Durch die Oberflügel gehen zwo weiße fast gerade und nur gegen den Vorderrand etwas aufwärts gebogene Streifen, welche von einander beinahe eben so weit, als von dem Rückenwinkel und äußern Rande abstehen. Durch die Unterflügel geht eine ähnliche sehr wenig gebogene Streife, welche mit der untern der Oberflügel in einer Linie liegt. Der Raum zwischen den beiden Streifen der Oberflügel des Männchens ist mit einem blaßen Hellbraun gemischt, am stärksten nahe an den Streifen. Bei dem Weibchen bemerkt man dies so sehr nicht. Der Vorderrand der Ober- und Unterflügel ist grünlich weiß. Der Rücken der erstern an der Einlenkung und die Spitze des Vorderwinkels ist rostfarbig. Auf der Unterseite haben die Flügel eine schöne Perlfarbe; und ähnliche weiße Streifen, wie auf der Oberseite, fallen sehr undeutlich in die Augen.

Es ist mir noch eine Phaläne bekannt, deren Gestalt und Farbe nicht im geringsten von den ißt beschriebenen abweicht. Sie unterscheidet sich bloß durch ihre Größe. Die Länge des Oberflügels beträgt 7½ Lin. die Breite 5 Lin. In hiesiger Gegend ist sie noch nicht gefunden worden. Sie findet sich in der Gegend von Leipzig. Ob diese Art dort nicht so groß werde, als bei uns, oder ob sie von verkümmerten Raupen gekommen, oder sich von der größern Art wirklich unterscheide, wird man am beſten zu beurteilen im Stande ſein, wenn man ihre Raupe kennen lernt.

Geer a) beſchreibt eine Phaläne, welche er Phalene paille nennt, auf eine Art, die es ſehr wahrſcheinlich macht, daß es ein Schmetterling von der eben gedach=ten kleinern Art ſei.   Er ſagt: „Sie ſei von mittel=mäßiger Größe; die Flügel wären ſowohl von oben als unten von ſehr blaſſer und weißlicher ſtrohgelblicher Far=be; jeder Flügel habe gegen die Mitte der Oberſeite ei=ne breite etwas dunkelgelbere ſtrohfärbige, an beiden Seiten mit einem weißen Streife eingefaßte Querbinde.‟ Die angegebene Farbe der Flügel iſt freilich von der Un=ſrigen verſchieden; allein es iſt bekannt genug, daß Schmetterlinge von einem ſo zarten lieblichen Grün, wie der von mir beſchriebene, das Schöne ihrer Farbe in wenigen Tagen, worinn ſie der Luft und Sonne aus=geſetzt ſind, ja oft in Zimmern in wohl verwahrten Käſt=chen verlieren; und es läßt ſich daher leicht erklären, warum Geer ſein gefundenes Exemplar nicht in natür=licher Schönheit und Vollkommenheit geſehen habe. Ich will es indeſſen auch nicht mit Gewißheit ſagen, daß ſolches mit der vorhingedachten die nämliche Art ſei.

Herr Schäffer b) hat eine ähnliche Phaläne abge=bildet.   Ich würde glauben, daß es diejenige ſei, wo=von ich eben geredet habe, wenn der Umriß und die Farbe der Flügel nicht etwas verſchieden wäre.

Die Phal. Vernaria, das weiße Band des Herrn Hufnagels halte ich mit der Meinigen für einerlei Art.

a) Inſect. 2. B. 1. Th. S. 262. Nr. 1. t. 6. f. 6. Ueberſ.
   v. Göze.
b) Icon. t. 122, f. 5.

Jene soll blaßgrün sein; zwo weiße Querstreifen auf den
Ober= und eine auf den Unterflügeln haben.   Dieses
trift mit der Meinigen überein.   Sie soll sich auf den
Eichen aufhalten.   Die Pflanze, worauf ein Schmetterling gefunden wird, entscheidet freilich sehr wenig;
allein hier darf ich dieses Kennzeichen doch nicht aus der
Acht lassen; weil die Raupe, woraus ich den männlichen Schmetterling erhielt, auch auf der Eiche lebte,
und das Weibchen auf einem Eichbusch angetroffen wurde, da es noch nicht lange seine Puppenhülse verlassen
hatte.   Die Zeit, worinn ich meine Phalänen erhielt,
und ihre Größe stimmt gleichfalls mit jenen vollkommen
überein.   Gegen meine Meinung ließe sich vielleicht
noch einwenden, daß gedachter Schriftsteller in den Anmerkungen zu seinen Tabellen a) das Männchen sehr
klein beschrieben, und solches zu denen von der dritten
Größe gerechnet habe; aber der Herr von Rottemburg
hat in seinen vortreflichen Anmerkungen zu den Hufnagelischen Tabellen b) bereits angezeigt, daß das ver-
meinte Männchen eine ganz andre Art sei.

Phal. Geom. Vernaria des Linne´ c) unterscheidet sich
von der Hufnagelischen durch ihre Größe, Zeichnung,
Zeit, und ich kann noch hinzusetzen, auch durch ihre
Fühlhörner, wenn ich darinn nicht irre, daß die Huf-
nagelische mit der Meinigen die nämliche Art sei.
Geer d), Müller e) und Füeßlin f) haben die Linnei-

a) Berl. Mag. 4. B. 5. St. S. 620. B.
b) Naturforscher 11. St. S. 65. Nr. 4.
c) Faun. Suec. ed. 2. n. 1227. Syst. Nat. ed. 12. p. 858. n. 195.
d) Insect. 2. B. 1. Th. S. 263. 264. t. 6. f. 8.
e) Zool. Dan. Prodr. p. 124. n. 1432.
f) Füeßlins Verzeichniß S. 39. n. 749.

ſche beſchrieben.   Der Erſte am genaueſten.   Nach
ihm iſt dieſe Phaläne von der dritten Größe; alle Flügel haben auf der Oberſeite zwo weiße, krumme, ge-
wäſſerte Querlinien; die Fühlhörner ſind etwas über die
Hälfte federförmig, das Uebrige bis ans Ende iſt borſtenartig.   Hingegen die Hufnageliſche Vernaria iſt von
der erſten Größe; hat auf den Unterflügeln nur eine
weiße Querſtreife, und ihre Fühlhörner ſind bis zu Ende gekämmt.   Sie zeigt ſich auch ſelten und nur in frü-
hen Sommern, vor dem Ausgang des Heumonats; da
die Linneiſche gemeiniglich ſchon im Wonnemonat und
oft noch früher zu finden iſt.   Nach dem vor mir ha-
benden Exemplar finde ich die Beſchreibung des
Geer ſehr genau und richtig.   Ob dieſe Phaläne
eben diejenige ſei, welche Reaumur a) beſchreibt, wie
Geer glaubt, möchte noch wohl einem Zweifel unterworfen ſein; da dieſer Schriftſteller nichts von den
weißen Querlinien auf den Flügeln erwehnt hat.   Die
Thereſianer haben ſolche auch nicht bei der Vernaria des
Linné, ſondern bei der Viridata b) angezogen.

a) Tom. 2. Mem. 9. p. 367. 368. t. 29. f. 14 — 19. ed.
in 4.
b) Syſt. Verz. S. 97. Nr. 7. S. d. Anmerk.

2.

PHALAENA NOCTVA C AVREVM.

Das goldene C.

Ph. Noctua fpirilinguis criftata, alis deflexis: fuperioribus rubefcentibus fufco variis: maculis feptem
aureis, C aureo infcriptis.

Syftem. Verz. d. Schmet. d. W. G. Nachtrag zur Fam. Z.
S. 314. Reiche Eulen. Purpurbraune goldmakelichte
Eule. N. Bractea?

Defcr. Palpi Tab. 1. fig. 2. reflexi, dilatati, fufci
albo punctati. *Oculi* fufci. *Antennae* fetaceae,
pilofae, fupra albefcentes. *Crifta* collaris femiorbicularis colore pulicis infecta, margine
albefcens, dorfalis thoracis eiusdem coloris ter
arcuata; fupra-abdominalis trifida, fufca. *Abdomen* undique grifeo-fufcum, nitidum, dorfo
criftatum, ano barbato. *Pedes* grifeo-fufci, tibiae fpinofae. *Alae* et magnitudine et habitu P.
Chryfitis. Superiores fupra colore pruni rube-
fcentis tinctae fufco-variae; macula in medio
verfus marginem anteriorem fere trigona et
reniformi fufca; quinque minoribus ac duabus
maioribus maculis aureis fufco micantibus praeter C aureum infignitae. Inferiores grifeae, nitidae; fafcia obfoleta, teftaceo fimbriatae.
Subtus omnes alae pallide ferrugineae, fafciis
obfoletis grifeis.

Die Bartſpitzen dieſer Phaläne Tab. 1. fig. 2.
haben dieſelbe Geſtalt, wie die bei der Phal. Proboſci-
dalis Linn. auch über zwei Drittheil von deren Größe;
ſie ſtehen aber mehr aufwärts und etwas auseinander.
Die Augen ſind groß und braun.   Die Fühlhörner zei=
gen ſich borſtenartig; auf dem Rücken bräunlichweiß.
Durch die Lupe ſieht man zu beiden Seiten an jedem
Gliede ein borſtiges Härchen.

Der Halskragen iſt vorn halbkreisförmig, und hin=
ten dreimal gebogen.   Er iſt flohfarbig und hat eine
weiße Einfaſſung.   Auf dem Rücken ſtehen drei Bü=
ſchel von kaffebrauner Farbe, wovon der Mittlere am
größten iſt.   Der Hinterleib iſt graubräunlich gefärbt,
glänzend, und hat einige braune Haarbüſchel.   Der
After iſt mit vielen Haaren bedeckt.   Die Füße ſind
graubräunlich.

Die Größe und der Umriß der Flügel kömmt mit
denen der Phal. Chryſitis überein; doch findet ſich bei
dieſer am äußern Rande nahe am Hinterwinkel der
Oberflügel eine zarte Ausſchweifung, welche die Unſrige
nicht hat.

Die Oberſeite der Oberflügel hat die Farbe röthli=
cher Pflaumen, die noch nicht ihre volle Reife haben.
Nicht weit vom Rückenwinkel ſieht ein dunkler kaffe=
brauner länglichter Fleck, und in demſelben ein goldener
Strich.   Dann gehen zwo zikzackichte Linien quer durch
die Flügel, welche an den Enden flohfarbig, und in
der Mitte braun ſind.   Hierauf folgen zunächſt dem
Vorderrande zwo kaffebraune Makeln, wovon die Er=
ſtere dreiſeitig, die Andere nierenförmig iſt.   Neben
der Erſteren liegt ein goldenes lateiniſches C, mit der

konveren Seite nach dem Hinterrande gerichtet, an welchem sich in der Mitte ein Goldfleck befindet, der wohl
zwo Quadratlinien enthält. Mitten durch denselben
schlängelt sich eine kaffebraune Linie bis an die Nierenmakel, wo sie einen Winkel macht, dessen andrer sehr
breiter Schenkel durch diese Makel bis an den Vorderrand geht. Von der untern Seite des Goldflecks ziehen sich zwo gewässerte dunkelvioletfarbige Linien nach
dem Vorderwinkel, biegen sich nicht weit davon hinaufwärts, und laufen am Vorderrande aus. Weiter nach
dem äußern Rande zu geht eine kaffebraune Ader quer
durch die Flügel, zwischen welcher und dem äußern
Rande in der Mitte die zwote große Goldmakel steht,
welche fast größer, als die Erstere ist. Am Vorderwinkel sieht man eine halbmondförmige goldene Makel
in der Größe eines Hirsekorns, und drei goldene Punkte auf der braunen Ader. Alle Goldflecke schillern ins
Braune. Die Oberseite der Unterflügel ist glänzend-
grau; der Saum ziegelfarbig. Auf der Unterseite laufen drei undeutliche graue Binden durch die blaßrostfar-
bigen Flügel.

Die Raupe dieses Schmetterlings hat eine große
Aehnlichkeit mit den Raupen der Ph. Chryſitis, Inter-
rogationis, Gamma, Feſtuca, Iota u. ſ. f. Ehe ich
dieselbe nicht genau habe unterscheiden gelernt, wage ich
es nicht, etwas davon bekant zu machen. Röfels
Beschreibung der Gammaraupe a) paßt so gut auf die
Raupe Ph. Chryſitis als der Iota. Gleiche Bewandniß
scheint es zu haben mit der Beschreibung der Raupe

a) Jnf. Bel. T. 1. Cl. 3. Nr. 5. S. 21.

der P. Chrysitis a) und Ph. Iota b) im Naturforscher.
Die Unterscheidungszeichen der Erstern treffen nicht bei
allen zu; und wenn sie sich auch dadurch von der Gammaraupe unterschiede, so ließe sie sich doch noch sehr
leicht mit den Uebrigen verwechseln. Die Andre soll
größtenteils schwarze Vorderfüße, und zween schwarze
Kopfstriche haben. Ich bin weit entfernt, dieses in
Zweifel zu ziehen, da es mir selbst nicht unbekant ist;
allein die Erfahrung hat mich gleichwohl gelehrt, daß
diese Phaläne auch von solchen Raupen gezogen werde,
welche so wenig schwarze Vorderfüße, als Striche am
Kopfe haben, und die sich sehr wenig von der Larve der
Chrysitis unterscheiden. Im vorigen Jahr, worinn
es in hiesiger Gegend eine unsägliche Menge von Gam-
maraupen gab, habe ich wohl fünf bis sechs verschiedene Sorten gefunden, und viele darunter mit schwarzen
Vorderfüßen und schwarzen Strichen am Kopfe; ich
habe sie auch schon so früh als die späten Raupen der
Chrysitis gehabt, welches ich von andern Jahren nicht
sagen kann.

Um die Halbspannraupen näher kennen zu lernen,
und solche Kenntzeichen an ihnen zu entdecken, wodurch
sie sich beständig von einander unterscheiden lassen, dazu glaube ich, werden noch etliche Erfahrungen nöthig
sein, auch von jeder Art viele Stücke erfodert; weil sie
in ihren Zeichnungen nicht beständig sind. Sollten sich
nicht noch andre zuverläßigere Kennzeichen finden, als
die Farbe?

a) Naturf. 6. St. S. 79. Nr. 4.
b) Naturf. 10. St. S. 93. 94.

3.

PHALAENA GEOMETRA MELANARIA.

Der Schwärzling.

mas. long. $5\frac{1}{2}$ *lat.* **6.**

LINN. S. N. ed. 12. Sp. 212. P. Geom. pectinicornis, alis nigro-punctatis maculatis: anticis albidis; posterioribus luteis.

Faun. Suec. 1240. ed. nov.

Müllers Naturfyst. V. Th. p.708. Sp.212. Der Schwärzling.

CLERC. Phal. t. 4. f. 2.

UDDM. diff. 65.

FABR. Entom. p. 625. sp.25, Phal. Melanaria. Linneische Charaktere.

Descr. Palpi breues Tab. 1. fig. 3. *Lingua* nigricans. *Oculi* fusci. *Caput* et *thorax* nigra, luteopunctata. *Abdomen* luteum nigro-maculatum. *Pedes* spinosi; lutei nigro-punctati. *Alae* rotundatae, crenatae: Superiores supra albidae; ordinibus sex transuersis macularum atrarum; macula maiori punctisque nigris inter ordinem secundum et tertium; ad marginem crassiorem luteae nigro-punctatae; albido et nigro fimbriatae: Inferiores supra luteae punctis maculisque nigris quatuor seriebus transuersim positis. Omnes alae subtus lutescentes iisdem punctis vt supra ordinibusque macularum huc illuc confluentium.

Die Bartspitzen dieses Schmetterlings sind sehr kurz und schwärzlich, so daß sie über den aufgerollten schwärzlichten Saugrüssel kaum herüberstehen. Die Augen sind dunkelbraun: die gekämmten Fühlhörner bei dem Männchen Tab. 1. fig. 3. schwarz; die weiblichen borstenartig, schwarz und gelbgefleckt.

Der Kopf und Rücken sind schwärzlicht und gelb punktirt; die Brust gelb. Der gelbe Hinterleib hat oben auf jedem Ringe einen schwärzlichten Fleck.

Die Schenkel der Hinterfüße haben zwei Paar Dornen; die mittlern nur ein Paar. Alle Füße sind gelb und haben schwärzlichte Flecken.

Die Flügel sind gerundet. Die Obern haben oben die Farbe von roher weißer Seide, und sehen sehr sammetartig aus; quer durch gehen sechs Reihen schwärzlichter Flecken, wovon immer zwo dicht aneinander stehen, und das Ansehen unterbrochener Binden haben. Die beiden untersten Reihen stehen von den mittlern nicht so weit ab, als diese von den beiden ersten, oder obern Reihen. Zwischen diesen und den Mittlern sind etliche schwarze Punkte, und am Vorderrande ist eine große fast runde schwärzlichte Makel. Der Vorderrand ist gelb, und mit schwarzen Flecken und Punkten bestreuet. Die fast unmerklichen Zähne am Saum sind schwarz. Die Oberseite der Unterflügel ist goldgelb und spielt in Pommeranzenfarbe. Außer den schwarzen Punkten, so sich am Rückenwinkel befinden, gehen quer durch dieselben vier Reihen großer und kleiner schwarzer Flecken, welche an die vier untersten Reihen der Oberflügel anstoßen; dieß zeigt sich aber in der Abbildung nicht so deutlich, als in der Natur. Bei dem

weiblichen Schmetterling sind auf dem Oberflügeln sieben Reihen schwarzer Flecken, wovon in der Mitte drei
beieinander stehen. Die Unterseite der Flügel ist blaßgelb; doch bei den Obern etwas blasser. Die schwarzen Punkte und Flecke zeigen sich hier in der nämlichen
Ordnung, wie auf der Oberseite; sie sind aber größer
und fließen hin und wieder in einander.

Dieser Schmetterling findet sich gemeiniglich im
Brachmonat.

Die Theresianer a) haben bei der Ph. Geom. Ma-
cul. Linn. in der Anmerkung gefragt, ob die Ph. Melanaria nicht etwa nur eine Abänderung von dieser sein
könnte? dieses gab die Veranlassung, jenen Schmetterling zu beschreiben und abzubilden.

4.

PHALAENA GEOMETRA PVNCTARIA.
Der Punktstrich.

foem. *long.* lin. 7. *lat.* 4⅖.

LINN. S. N. Ed. 12. Sp. 200. P. Geom. pectinicornis, alis
angulatis cinereo-grisescentibus: striga ferruginea
ordineque transuerso punctorum atrorum
Faun. Suec. 1250.

Müllers Natursyst. V. Th. p. 705. sp. 200. Der Punktstrich.

CLERC. Phal. t. 5. f. 11. Phal. Punctaria.

REAUM. Inf. 2. Mem. 9. p. 365. 366. t. 29. f. 1 — 4. ed. in 4.
Chénille arpenteuse verte du Chêne.

a) Syst. Verz. der Schm. d. W. G. S. 115. Nr. 13. S.
d. Anm.

FADRIC. Entom. p. 620. Sp. 6. Phal. Punctaria. Linneische Charaktere.

MULLERI Faun. Fridr. p. 49. Sp. 429. Punctaria. Linn. Char.

—— Zool. Dan. Prodr. p. 125. n. 1437.

System. Verz. d. Schm. d. W. G. S. 107. Nr. 2. Der Eichenbuschspanner; Punctaria.

Beschäftigungen der Berl. Ges Naturf. Freunde. 3. B. S. 34—36. t. 1. f. 4—5.

Hufnagels Tabellen. Berlin. Mag. 4. B. 5. St. S. 514. Nr. 18. P. Punctaria. Der Rothstreif. Blaßgelb mit einem rothen Querstreif und vielen rothen Punkten. S. d. Anmerk. S. 623. litt. H.

Descr. Larua Tab. 1. fig. 5. geometra aut pallide ceruina aut viridis; angulis sex citrinis inferne mineis ad utrumque latus; pedes pectorales longitudine valde dispares; vngues omnium minei.

Palpi et *lingua* flauescentes. *Oculi* fuscescentes. *Antennae* flauido-cinereae; maris pectinatae, apice setaceae, pectines pilosi; foeminae Tab. 1. fig. 4. setaceae parum pilosae. *Corpus* flauescens atro puluerulentum. *Pedes* eiusdem coloris, spinosi. *Alae* angulatae, supra flauescentes, ferrugineo seu mineo et atro puluerulentae; striga ferruginea versus marginem anteriorem nigro-cinerascente; duplici ordine transuerso punctorum atrorum. Omnes alae subtus alboflauidae, puluerulentae, striga obsoleta, ordineque punctorum in medio pone strigam distincto.

Die Raupe dieses Schmetterlings Tab. 1. fig. 5. ist ungefehr zehn Linien lang, bisweilen auch kürzer, und eine Linie breit. Die Vorderseite des Kopfs ist ganz platt und steht auf der Ebene, worauf die Raupe ausgestreckt sitzt, senkrecht. Sie ist einem gleichseitigen Dreieck sehr ähnlich, wovon die Grundlinie über der Stirn liegt, und der, der Grundlinie gegen über stehende Winkel am Maule ist. Reaumur hat die Gestalt eines ähnlichen Raupenkopfs deutlich beschrieben und geglaubt, daß man die Raupen, welche dergleichen haben, von andern dadurch unterscheiden könne a). An jeder Seite des Kopfs finden sich, wie gewöhnlich sechs Augen. Der Leib ist meist walzenförmig, doch auf dem Rücken der beiden ersten Ringe sehr flach und am Hintertheil abwachsend. Die Haut ist glatt und nur mit wenigen feinen ohne Lupe nicht sichtbaren Härchen besetzt. An den Brustfüßen hat sie mit einigen andern Spannmessern, z. B. mit der P. Geom. Lunaria das gemein, daß das zweite Paar noch einmal so lang ist, wie das erste, und das dritte Paar solche wohl dreimal an Größe übertrifft. Die beiden Bauchfüße sind nach der Größe der Raupe auch sehr lang und stark. Die Nachschieber stehen verhältnißmäßig weit auseinander, und zwischen ihnen scheint ein Stück vom Hintertheil ausgekerbt zu seyn.

a) Inf. II. Mem. 9. p. 359. ed. in 4. D'autres ont le devant de la téte plat, leur tête femble faite d'une portion d'une efpece de disque affés mince, dont un deplans fait le devant de la téte et l'autre en fait le derriére, de façon que ces deux plans font perpendiculaires à celui fur lequel la chenille eft étenduë. Ces fortes de tétes tiennent plus de celles des hommes que celles des quadrupedes.

Die Grundfarbe iſt bisweilen ein blaßes Rehfahl, wie in unſrer Figur, öfter ein zartes gelblichches Grün, a) auch wohl ein ſchönes Sittichgrün. Bei der von der erſten Farbe, geht vom Maule an nach der Mitte der Stirn hinauf über dem ganzen Rücken bis zu Ende der Nachſchieber, eine hellbraune Linie, welche aber nur am Kopfe, der drei erſten und zween lezten Ringen deutlich in die Augen fällt. Auf dem vierten und folgenden fünf Ringen ſteht an jeder Seite ein ſpizer Winkel, wovon die Spizen nach dem Hintertheil gerichtet, die beiden Schenkel dunkel rehfahl, an der konkaven oder innern Seite ſcharf, und an der konvexen vertrieben ſind. Der Raum, welchen der Winkel einſchließt, iſt zitronen= gelb; zwiſchen ſeiner weiteſten Oefnung ſteht ein men= nigrother Fleck, der bei dem ſiebenten und folgenden zween Ringen zu einer geraden Linie wird, welche mit den beiden Seiten des Winkels ein Dreieck bezeichnet. Neben der braunen in der Mitte des Kopfs hinaufge= henden Linie, zieht ſich zu beiden Seiten eine zitronengel= be über die Stirn und drei erſten Ringe, und verliert ſich in der gelben Farbe des erſten Winkels. Die Füße ſind mit dem Leibe gleichgefärbt; die Klauen ſind men= nigroth.

Eine ähnliche Zeichnung findet ſich auch an denen Raupen, deren Grundfarbe grün iſt; nur mit dem Un= terſchied, daß die Schenkel, oder Seiten der Winkel an beiden Seiten der Raupe nicht rehfahl, ſondern etwas dunkler grün ſind.

Dieſe Raupenart lebt auf der Eiche, und iſt bisher

a) Hufnagels Tab. a. a. O.

wenigstens von denen, welche sie entdeckt haben, auf keiner andern Pflanze gefunden worden.

Man trift sie gewöhnlich in der abgebildeten Stellung an. Sie krümmt den Rücken sehr stark, biegt den Kopf aufwärts, und macht am dritten Ringe einen beinahe geraden Winkel. Die Brustfüße hält sie nicht dichte am Leibe, wie viele andre Spannraupen zu thun pflegen, sondern läßt sie herunter hängen.

Sie findet sich gemeiniglich im Jahr zweimal schon erwachsen, zuerst in der Mitte oder gegen Ende des Heumonats, zum andernmal im Erntemonat oder im Anfange des Herbstmonats, in welchen Monaten sie auch ihre Raupenhaut abzulegen pflegt.

Wenn die Raupe dieser Zeit nahe ist, enthält sie sich des Fressens, und bespinnt mit ihrer Seide auf dem Stengel eines Blattes einen Raum, der etwas größer ist, als die Puppe, welche darauf liegen soll. Alsdenn heftet sie den Hintertheil an der gesponnenen Seide fest, und zieht nach Art einiger Papilionsraupen über den Leib einen Faden, welcher zu beiden Seiten an der Seide befestiget ist. Reaumür sagt: die Seinige habe sich am Deckel einer Büchse horizontal gehängt. Herr Hufnagel hat sie gemeiniglich in der Lage bemerkt, daß das stumpfe Ende der Puppe in die Höhe gestanden. Die Meinigen hingen sich allezeit auf der Oberseite des Blatts so an, daß das stumpfe Ende der Puppe nach dem Stiele des Blatts gerichtet war.

Der besondern Gestalt der Puppe ist schon von verschiedenen Schriftstellern gedacht worden. Damit man aber hier alles beisammen finde, was zur Geschichte dieses Schmetterlings gehört, so will ich außer dem, was

B

bereits gesagt ist, auch dasjenige mit anführen, was
andre nicht erwehnt haben.

Die Puppen von beiden vorhin beschriebenen Raupen haben einerlei Gestalt Tab. I. fig. 6. Sie sind
länglich schmal und in der Mitte etwas dicker, wie an
der Scheitel. Diese, welche bei den Phalänen gemeiniglich gerundet ist, zeigt sich hier platt, und hat, wie
der Kopf der Raupe, viel Aehnlichkeit mit einem gleichseitigen Dreieck. Die obersten Enden der beiden Flügeldecken ragen etwas über diese Platte hervor, und machen gleichsam die Spitzen von den Winkeln aus, welche an der Grundlinie des Dreiecks liegen. Das Gesicht, welches dieser Grundlinie gegen über steht, gibt
den dritten aber einen etwas gebrochenen Winkel ab.
Reaumür sagt: der Umriß der Platte sei oval, und
an jeder Seite dieses Ovals finde sich eine kleine Erhabenheit. Der Rand der Flügeldecken ist am Rücken bis
zur Scheitel hinauf sehr hervorstehend, und geht mit
solchem nicht, wie bei den Phalänen gewöhnlich, in
einer Rundung fort.

An der Schwanzspitze finden sich sehr kleine rothe
Häkchen, deren Spitze kolbenförmig ist; sie sind aber
in der Seide so verwickelt, daß man sie mit einiger
Mühe suchen muß. An einer Puppe bemerkte ich deswegen nur drei. An einer andern konnte ich fünfe mit
Nr. 2. ganz deutlich erkennen. Herr Doct. Kühn gibt
nur vier an, vielleicht aus dem angezeigten Grunde.

In der Farbe und Zeichnung weichen diese Puppen
sehr voneinander ab. Die von der blaßrehfahlen Raupe
ist auf dem Rücken, am Scheitel und an den Ringen
röthlich, beinahe fleischfarbig. Die Flügeldecken sind

ganz blaßgelb und haben längst durchgehende röthliche
Streifen.　Mitten über dem Rücken und am Hinterrande der beiden Flügeldecken laufen drei blaßgelbe Li=
nien längst der Puppe bis zur Schwanzspitze.　Auf den
Flügeldecken selbst zieht ohnweit dem Hinterrande eine
braune Linie herunter.　Zwischen den beiden Augenfut-
teralen stehen drei dunkelbraune Punkte, wovon Reau=
mür sagt: daß sie eine Art von Gesicht bezeichneten.
Auf dem Rücken finden sich am Kopfe und in der Mitte eines jeden Ringes vier dergleichen Punkte, welche
in einem Viereck stehen.　Auch ist der Scheitel und
ganze Rücken mit mehrern solchen Punkten ebenmäßig
geziert, welche alle zu beschreiben, ermüden würde.
Die Puppe von der grünen Raupe ist grün; der Strich
auf den Flügeldecken dunkelbraun; der Saum derselben
und die Punkte auf dem Rücken gelblich weiß.

Von den Raupen, welche bei mir im Heumonat
die lezte Haut ablegten, erhielt ich den Schmetterling
binnen vierzehn Tagen.　Diejenigen aber, welche sich
gegen den Herbst verpuppt hatten, kamen erst am Ende
des Wonnemonats im folgenden Jahre aus.

Der Schmetterling Tab. I. fig. 4. hat einen blaß-
gelblichen Rüssel und eben solche Bartspitzen.　Die Augen sind bräunlich.　Die Fühlhörner des Männchen
sind von der Wurzel des Stamms an bis etwas über
die Hälfte gekämmt, der übrige Theil bis zur Spitze ist
borstenartig, und an jedem Gelenke nur mit zwei sehr
kurzen Härchen besezt.　An den Gelenken des untern
Theils aber zeigt sich zu beiden Seiten ein langes Haar,
welches auf der nach der Spitze des Fühlhorns hingerich=
teten Seite, mit sehr feinen kurzen dicht aneinander ste-

henden Härchen gebärtet, und an seiner Spitze mit zwei
oder drei etwas längern, dickern und steifern Haaren
versehen ist. Reaumur a) hat ein ähnliches Fühlhorn
beschrieben und vergrößert abgebildet. Die Fühlhörner
des weiblichen Schmetterlings sind borstengleich; denn
ohne Hülfe einer guten Lupe kann man die ganz feinen
Härchen nicht erkennen, welche sich an jedem Gelenke
des ganzen Fühlhorns befinden. Sie sind so, wie die
männlichen Fühlhörner gelbgefärbt und mit schwärzlicht
aschfarbenen Punkten bestreuet. Der Kopf und Rumpf
ist von gleicher Farbe.

Der Grund von der Oberseite der Oberflügel fällt
in eine weißlich gelbe Lederfarbe; bey den Unterflügeln
ist er noch stärker mit Weiß gemischt. Jene sind in
der Mitte und am Hinterrande mit sehr vielen rostfar=
bigen, oder bei einigen Exemplaren, mennigrothen
Punkten; am vordern und äußern Rande aber, so wie
die Unterflügel, mit schwärzlicht aschfarbenen Punkten
bestreuet. Diese Punkte häufen sich in der Mitte der
Flügel und machen eine Streife aus, welche so, wie es
die Farbe der Punkte mit sich bringt, am Hinterrande
der Oberflügel rostfarbig, am Vorderrande und auf den
Unterflügeln schwärzlicht ist. Ueber und unter dieser
Streife findet sich auf allen Flügeln eine Reihe schwar=
zer Punkte. Am Saum ist eine unterbrochene oder
punktirte schwärzlichte Linie.

Die Unterseite aller Flügel ist gelblich weiß mit
schwarzen Punkten bestreuet; sie hat eine schwärzlichte
Streife und unter derselben eine Reihe schwarzer Punkte.

a) Inf. T. 2. Mem. 9. p. 367. t. 29. f. 14.

Bei einigen Abänderungen dieses Schmetterlings sind die Punkte auf der Oberseite der Unterflügel roth, und folglich die Streife auch), welche aus diesen Punkten besteht. Daher kömmts, daß die Unterflügel oft mehr röthlich als gelblichweiß scheinen. Andre kleine Abweichungen übergehe ich.

Daß diese Phaläne eben diejenige sei, welcher Linné den Namen Punctaria gegeben, erhellet sowohl aus ihrer völligen Gleichheit mit der Abbildung des Clerc, den er anzieht, als auch aus seiner Beschreibung selbst. Eben so wenig wird es einem Zweifel unterworfen sein, daß Reaumür unter derjenigen Phaläne, deren Raupe er Chenille arpenteuse verte du Chêne nennt, keine andre als die Unsrige gemeint habe. Gleichwohl aber ist es sehr auffallend, daß Linné diesen Schriftsteller bei der P. Amataria angeführt hat. Allein, wenn man beider Beschreibungen genau zusammenhält: so fällt diese Schwierigkeit weg, die ohnehin durch die Erfahrung andrer Naturforscher schon gehoben worden ist a).

Geer hat die erwehnte Phaläne des Reaumür bei der Phalene à crisali de' suspenduë angezogen; aber es auch selbst angemerkt, daß die Seinige eine andre Art sei, weil bei dieser die Bärte der Fühlhörner bis ans Ende gehen. Er erwehnt auch nicht der durch alle Flügel laufenden Streife; hingegen bemerkt er auf jedem Flügel einen kleinen braunröthlichen Zirkel mit einem weißen Mittelpunkt, dessen Reaumür gar nicht gedacht hat.

a) Syst. Verz. d. Schm. d. W. G. S. 103. fam. J. Nr. 9. S. die Linn.
b) Inf. 2. B. 1. Th. S. 252. Nr. 2. 3.

5.
PHALAENA GEOMETRA INNOTATA.

Die Beifußmotte.

Ph. Geometra feticornis, alis patentibus, lanceolatis, fufco grifeis: anticis fafciis duabus quadrilinea-
tis nigris vndatis puncto nigro.

long. lin. 6. *lat.* 3⅔.

Hufnagels Tabellen. Berliner Magazin 4. B. 5. St. S.
616. Nr. 95. Phal. innotata die Beifußmotte. Dunkelgrau, mit einem fchwarzen Punkt in der Mitte der
Oberflügel, die Flügel ziemlich lang.

v. Rottemburgs Anmerk. Naturforfcher 11. St. S. 87.
Nr. 95.   •

Defcr. Larua geometra Tab. I. fig. 7. nuda, viridis linea cochlide laterali alba maculisque ru-
bris adiectis.

Palpi phal. Tab. I. fig. 8. porrecti obtufi et oculi
grifei. *Antennae* fetaceae fubpilofae. *Corpus*
grifeum. *Pedes* grifei; tibiae fpinofae. *Alae*
fufco - grifeae; fuperiores fupra ad bafim et in
medio fafcia quadrilineata tranfuerfa vndata interrupta nigricante; ad marginem exteriorem
lineola albefcente tranfuerfim vndulata, puncto
atro.   Inferiores fupra ad latus tenuius vndulis
tranfuerfis obfoletis.   Subtus omnes grifeae,
ftrigis obfcurioribus interruptis.

Die Raupen von diefer Phaläne Tab. I. fig. 7.
kommen fich an Größe ziemlich gleich, und find fel-

ten über acht Linien lang und ½ Linie dick.   Der ganze
Körper ist walzenförmig und nur am Hintertheil etwas
verjüngt.   Der Kopf ist vorn meist platt, und macht
mit der Ebene, worauf die Raupe sitzt, beinahe einen
geraden Winkel; auch ist er unter dem ersten Ringe so
versteckt, daß man ihn ohne Vergrößerung kaum daran
unterscheiden kann.   Die Brustfüße liegen meistentheils
dichte am Leibe.

Die Grundfarbe ist ein schönes Sittichgrün. Vom
Kopfe bis zu Ende der Schwanzklappe zieht sich längst
den beiden Seiten eine weiße geschwungene Linie hinunter, welche an dem vierten und folgenden fünf Ringen
fast aussieht, wie ein glatter Schneckenzug, womit man
die Kranzleisten verziert, oder als der äußere Rand einer längst aufgeschliffenen Sternspindel. Auf jedem
dieser Ringe steht dichte unter der Linie ein hellbräunlich-
rother Fleck.   Von eben der Farbe sind auch die Lippen
und Freßspitzen, desgleichen eine feine etwas gebogene
Linie am Kopf und den drei ersten Ringen über der
weißen Linie und ein Punkt im weißen Grunde, gerade
über den Bauchfüßen, von welchen noch ein gleichge-
färbtes gerades Strichelchen unter der weißen Linie fortgeht.   Längst dem Unterleibe befindet sich ein grüner etwas abstechender Strich.

Bisweilen findet man auch Räupchen von dieser
Art, die eine hellbraune Grundfarbe, aber doch die nämliche Zeichnung haben.

Sie leben von den Blumenknöspchen der Wermuth
(artemisia absinthii) auch vom Beifuß (artemisia vulgaris),
an welchen Pflanzen man sie mit einiger Mühe suchen
muß, weil sie nicht leicht in die Augen fallen.

Sie bewegen sich nicht viel, und haben in der Ruhe gewöhnlich diejenige Stellung, worinn sie abgebildet worden.

Im Herbstmonat legen sie die Raupenhaut ab, wenn sie zuvor die umherliegende Erde, an deren Oberfläche sie sich verpuppen, mit wenigen Fäden aneinander gehängt haben.

Das Püppchen Tab. I. fig. 9. ist etwa vier Linien lang und ¼ Lin. dick. Die Rückenseite ist an beiden Enden sehr stark abgerundet, Kahnförmig, und die Flügeldecken liegen an derselben etwas erhaben, welche nebst dem Scheitel eben so grün, wie die Raupe sind. Das Gesicht und die Fühlhörnerfutterale fallen ein wenig ins Gelbliche. Die übrigen Theile sind gelblichbraun; die Einschnitte dunkler.

Der Schmetterling Tab. I. fig. 8. kömmt ungefehr in der Mitte des Heumonats des folgenden Jahres aus. Seine stumpfen grauen Bartspitzen stehen an beiden Seiten des aufgerollten Saugrüssels veraus. Die Augen fallen ins Schwärzlichte. An den grauen Fühlhörnern sieht man durch eine gute Lupe ganz feine Härchen. Der Kopf, Rücken, Hinterleib und die dornichten Füße sind grau.

Die Oberflügel sind lanzetförmig. Ihre Grundfarbe auf der Oberseite ist grau ins Bräunliche gemischt; bei einigen aber ist sie mehr braun und spielt nur sehr wenig ins Graue. Nicht weit vom Rückenwinkel und in der Mitte quer durch die Flügel gehen vier feine schwärzlichte zikzackichte Linien, welche hin und wieder unterbrochen sind, zusammen aber zwo Binden ausmachen. Ueber der mittlern Binde steht, etwas über die

Mitte hinaus näher am Vorrande ein schwarzer Punkt. Nicht weit vom äußern Rande läuft eine grauweißliche zikzackichte Linie quer durch die Flügel. Diejenigen Exemplare, deren Flügel mehr braun als grau sind, haben die zwo Binden nicht, sondern am Vorderrande nur einen schwarzen Punkt. Die Oberseite der Unterflügel ist ein helles mit sehr wenig Braun gemischtes Grau. Am Hinterrande sind viele undeutliche wellenförmige Linien, welche sich in der Mitte des Flügels endigen. Die hellgraue Unterseite der Flügel hat einige undeutliche gewässerte Linien, die nur am Vorderrande der Oberflügel sichtbarer sind.

Ob die itzt beschriebene Phaläne eben diejenige sei, welche die Theresianer unter dem Namen Wermuthspanner Geom. Minutata a) angeführt haben, läßt sich deswegen nicht wohl bestimmen, weil es verschiedene kleine Spannarten giebt, die beinahe die nämliche Zeichnung haben. Dieses habe ich durch etliche Erfahrungen bestätiget gefunden, und gedachte Schriftsteller sagen es ebenfalls. So ähnlich sich indessen diese Schmetterlinge in der Farbe und Zeichnung sind; so läßt sich doch immer ein Unterschied an ihnen wahrnehmen, wenn man auf alle ihre Theile genau Achtung giebt. Einige haben gar keine Härchen an den Fühlhörnern; bei andern sind die Augen nicht von derselben Farbe. Die Unterseite der Flügel und die Füße sind oft auch anders gefärbt. Fast alle, welche aus verschiedenen Raupen kommen, haben einen andern Umriß der Flügel. Dieses leztere ist bei den verschiedenen ähnlichen Arten, wel-

a) Syst. Verz. d. W. G. fam. k. S. 110. Nr. 27.

che bei mir ausgekommen ſind, ein beinahe durchgehende unterſcheidendes Merkmal geweſen.

Wie nöthig es daher ſei, bei Beſchreibungen der Inſekten auf alle auch die geringſten Theile aufmerkſam zu ſein, darf ich wohl nicht erwehnen; da es ein Sco: poli a) bereits aus mehrern Erfahrungen gezeigt hat.

6.

PHALAENA BOMBYX EUERIA.

Der Wollträger.

Phal. Bombyx elinguis, alis reuerſis pallide corti‐ cinis: ſuperioribus baſi ſtrigaque poſtica flauis puncto albo.

m. *long.* lin. 6⅔. *lat.* 4⅔.

f. *long.* lin. 8⅔. *lat.* 5⅔.

Deſcr. Larua Tab. 2. fig. 3. caeruleo-nigra, villoſa; inciſuris atris; corporis omnibus ſegmentis, ex‐ cepto vltimo, ochreaceo obſcuriore ſuperne trans‐ verſim bifaſciata: ſegmentis (a capite deorſum ductis) 4. 5. 6. 7. 8. 9. 10. vtroque latere blan‐ de caeruleo maculata, lineolis rectis curuisque ac punctis ſulphureis lateralibus. Caput nigro‐ fuſcum. Pedes ochreacei.

Vterque ſexus oculis fuſco-nigris: alis rotundatis; an‐ ticis ſupra puncto ſeu macula, poſticis margine ſuperiore albis. Mas Tab. II. fig. 6. *antennis* pectinatis. *Alae* anticae ſupra baſi et ſtriga po‐

(a Ioan. Ant. Scopoli Introd. ad H. N. Pag. 401.

ftica flauentes in medio faturatiores. *Caput* et totum *corpus* villofum, flauum. *Pedes* villofi eiusdem coloris. Foemina Tab. II. fig. 7. maior, *antennis* fubpeƈtinatis; *Alae* pallide corticinae; fuperiores fupra in medio obfcuriores, bafi et ftriga poftica flauae feu cinnamominae. *Thorax* pilofus, antice corticinus, poftice cinnamominus. *Abdomen* cylindricum, tomentofum, ano valde lanato grifeo-nucceo.

Die größten Raupen von diefer Art, dergleichen Tab. II. fig. 3. eine abgebildet worden, find beinahe 1⅓ Zoll lang, und in der Mitte drei Linien dick. Sie find meift walzenförmig und nehmen nur an den Enden, befonders am Kopfe etwas ab. Der Kopf hat vorn die Geftalt einer gedruckten Kugel, und ift an jeder Seite mit fechs Augen verfehen. Die Einfchnitte find an der hintern Seite gerändelt. Die Bauch = und Schwanzfüße haben einen halben Zirkel von kleinen Häkchen. Der Kopf, die Freßfpitzen und Augen find braunfchwarz; die leztern, wie gewöhnlich, fehr glänzend. Die Hauptfarbe der Raupe ift blaufchwarz, an einigen Stellen heller oder dunkler, und fällt an den Einfchnitten ganz ins Sammetfchwarze. Ein jeder Ring, der lezte ausgenommen, ift faft der Rückenfeite querüber in drei Felder getheilt, wovon das Mittlere, fo mit der Grundfarbe übereinkömmt, etwas breiter ift; die aber fo danebenftehen dunkelochergelb (ochra fufca) find. Unter dem Mittleren befindet fich an jeder Seite des vierten und der folgenden fechs Ringe ein halbmondförmiger himmelblauer Fleck, welcher von oben, wo er

am hellſten iſt, bis nach dem geraden oder untern Rande zu, immer dunkler wird und ſich zulezt in die blau-
ſchwarze Grundfarbe verliert. Unter dieſem und den
gelben Feldern oder Binden ſind an jeder Seite der mittlern ſieben ſtärkſten Ringe zwei gerade ſchrägſtehende und
zwei krumme Strichelchen, auch zwiſchen den Ringen
der Bauchfüße doppelte Punkte von Schwefelfarbe.
Der Unterleib ſcheint wegen der daraufſtehenden Haare
zu beiden Seiten der Luftlöcher dunkelbraun. Die Luftlöcher und Füße ſind dunkelochergelb.

Das Haar, welches den ganzen Leib der Raupe bedeckt, iſt ſehr fein und wollartig; von verſchiedener Länge und Farbe. Der Kopf und der Hintertheil ſind ſehr
dicht mit langen ſchwarzen Haaren beſetzt. Längſt dem
Rücken finden ſich auf den ſchwarzen Feldern lange
ſchwarze und kurze bräunlichweiße Haare, welche leztere
auf den gelben Feldern oder Binden auch ſtehen, und
nahe an dem ſchwarzen Haare am längſten ſind. Zu
beiden Seiten an den blauen Flecken richten ſich lange
ſchwarze Haare ſeitwärts, welche nach dem Hintertheil
zu an Größe wachſen und mit kurzen braunen Härchen
umgeben ſind, die auf den gelben Feldern am meiſten
hervorſtehen. Ueber und unter den Luftlöchern trägt
die Raupe feines, ziemlich langes und zottichtes Haar,
das in der Mitte des Ringes beinahe ſchwarz, an den
Seiten braun und mit weißen Haar gemiſcht iſt. Das
Haar unterm Leibe iſt kurz und dunkelbraun; an den
Füßen iſt es borſtenartig.

Dieſe Raupe iſt in hieſiger Gegend noch immer
auf den Schlehen- oder Schwarzdornen (prunus spinoſa)
in ziemlicher Menge gefunden worden.

Sie schlupft in den ersten Tagen des Wonnemonats, auch wenn es die Witterung mit sich bringt;
noch früher, fast ohne alle Zierde, in einer ganz schwarzen und beinahe glatten Haut aus ihrem Ei, und hält
sich ohne Nahrung, die ihr gemeiniglich alsdenn noch
fehlt, (denn die Schalen ihrer Eier verzehrt sie nicht)
gewöhnlich noch einige Tage um ihrer bisherigen Wohnung auf, bis daß sie sich zum erstenmal gehäutet hat.
Dann zieht sie mit ihrem ganzen Gefolge an ein in der
Nähe stehendes herunterhängendes Reischen, und bespinnt solches gemeinschaftlich mit einem seidenen Gewebe, auf dessen Oberfläche sie sich beim Sonnenschein
aufhält, welche sie aber gegen die Nacht und bei nasser
Witterung verläßt, und dagegen die Unterfläche zu ihrer Bedeckung wählt.   Izt genießt sie die ersten zarten
Blätter der Staude, doch sehr mäßig und nicht weit
von ihrer Wohnung.   Gegen die Mitte des Monats
häutet sie sich zum zweitenmal; und nun zeigen sich
schon an ihren Seiten sehr feine gelbe Flecke und Punkte.
Der nach und nach vergrößerte Sammelplatz wird doch
endlich zu klein, und nöthiget den Haufen mehrere Zweige zu bewohnen, obgleich noch immer mit einander ver-
einiget.   Noch vor dem Ende des Monats erreichen sie
mehr als ein Drittheil ihres völligen Wachsthums, und
legen aufs neue eine Haut ab.   Die Neue giebt ihnen
eine weit schönere Gestalt und bezeichnet die stärkern Farben ihrer vollkommenen Schönheit, welche sie binnen
den ersten Tagen des folgenden Monats erhält, worinn
sie sich zum leztenmal häutet.   Nunmehr findet man
die ganze Brut an der Staude zerstreut.   Sie suchen
die Sonne und stärkere Nahrung, und erreichen durch

beides gegen die Mitte des Brachmonats ihre vollkom=
mene Größe.

Sie sind von Natur sehr langsam und träge.
Dieses zeigt ihr Gang und die Sorglosigkeit, womit
sie ihren Feinden begegnen. Sie krümmen sich
nicht, wie andre von ihrer Gattung zu thun pflegen,
fallen nicht, um der Nachstellung auszuweichen, bei
geringer Berührung, plötzlich zur Erde; laſſen ſich oh=
ne allen Anſchein von Gegenwehr ergreifen, gerade als,
wenn ſie kein ander Mittel zu ihrer Sicherheit hätten,
als das wollichte Haar, womit ſie bedeckt ſind. Man
findet ſie auch häufig von den Larven der Raupenfliege
(musca laruarum) beſezt, wodurch ein großer Theil nicht
zur Vollkommenheit des Inſects gelangt. Es hindert
ihnen indeſſen nicht, ſich mit andern, welche unbeſchä=
diget geblieben ſind, zu ihrem Puppenſtande anzuſchi=
cken. Sie hören auf zu freſſen, und ſpinnen ſich ohn=
weit vom Stamme der Staude an der Oberfläche der Erde
ein ihrer Größe nach ſehr kleines Tönnchen, worinn ſie
nach einer Zeit von etwa drei Wochen zur Puppe werden.

Die gewöhnlichen Tönnchen ſind wohl acht Linien
lang und viere breit. Sie ſcheinen von feiner Seide ſehr
dicht verfertiget zu ſein, welche mit einem Gummi
durchgehends noch mehr verbunden und ſo verhärtet iſt,
daß ſie auch nicht von ſiedenden Waſſer, Weingeiſt und
andern auflöſenden Mitteln durchdrungen oder erweicht
wird; im Gegentheil von einigen noch härter zu werden
ſcheint. Reaumür a) vergleicht dieſe feſte Materie
ſehr gut mit ſteifer Leinewand (bougran). Eröfnet man
ein ſolches Tönnchen nach acht oder mehrern Tagen: ſo

a) Inſ. T. I. Mem. 12. p. 503. ed. in 4to.

findet sich die Raupe in einer ganz ruhigen Lage. Ihr Kopf ist gegen das eine Ende gerichtet, und der übrige Körper sehr gekrümmt. Außer etlichen Seitenpunkten sieht man nichts mehr von den Schönheiten ihrer Zeichnung. Sie hat die Farbe ihrer ersten Haut wieder angenommen, und ist gleich dieser ohne Haare. Mit ihrer feinen Wolle hat sie die innere Seite des Tönnchens belegt, und solche durch Seide und klebrichte Säfte befestiget. Denn daß sie nicht in das äußre Gespinnst mit verwebt sind, läßt sich durch ein gutes Vergrößerungsglas deutlich erkennen. Dennoch geben sie solchem eine ausnehmende Festigkeit. An demjenigen Ende, woran der Kopf der Raupe und des künftigen Schmetterlings liegt, findet sich diese Befestigung nicht. Hier hat das Thier nach seinem künstlichen Triebe mit solcher Geschicklichkeit gearbeitet, daß ein ganzer Abschnitt des Tönnchens in der Mitte zwar durch etliche angeklebte Haare verstärkt; aber an seinem äußersten kreisförmigen Rande bis auf eine einzige Stelle unbedeckt geblieben ist. Die Absicht dieser künstlichen Arbeit entdeckt sich so gleich bei dem Ausschlupfen des Schmetterlings. Denn so bald sich dieser in seinem engen Behältniß mit starken Muskeln ausdehnt, und die breite Stirn fast gegen alle Theile der vor ihm stehenden Wand drückt, kann sich solche an keiner, als der schwächsten und folglich derjenigen Stelle trennen, welche nicht mit Haaren beklebt und befestiget worden. Daher bricht der vorhingedachte Abschnitt oder der Deckel des Tönnchens gerade in einem Zirkel ab, bleibt aber in einem Punkte an etlichen querübergelegten Härchen hängen, wovon ich vorhin in dieser Absicht erwehnt habe.

Reaumür a) hat schon bemerkt, daß dergleichen
Tönnchen gegen die Raupen, welche sie verfertigen, ver=
hältnißmäßig sehr klein sind. Betrachtet man dabei
die Art, wie der Schmetterling durchbricht: so scheint
es außer allen Zweifel zu sein, daß, um sich eine Oef=
nung zu machen, seine Ausdehnung in einem engen Be=
hältniß von mehrerer Wirkung sein müsse, als in einem
größern b).

Diejenigen Tönnchen, welche die Raupen in höl=
zernen Behältnissen zu spinnen pflegen, sind gewöhnlich
hellbraun oder weißlich; solche aber, die an der Erde
liegen, pflegen dunkelbraun zu sein. Man findet sie
fast immer beisammen, auch wohl durch Gummi mit
einander verbunden. Nicht selten trift man von dieser
Art zwo Raupen oder Puppen in einem Tönnchen an.

Die Puppe Tab. II. fig. 5. füllt das ganze Tönn=
chen. Sie hat große Aehnlichkeit mit der von der
Ph. Laneſtris. Ihr Scheitel iſt etwas aufgeworfen;
auch liegen die Fühlhörnerfutterale merklich erhaben.
Auf dem fünften und ſechſten Ringe ſitzen am Bauche

a) Inſ. T. I. Mem. 12. p. 502. ed. in 4.
b) Wie mannigfaltig die Natur in denen Mitteln ſei, wel=
che ſie zur Erreichung eines und deſſelben Endzwecks
anwendet, findet ſich in allen ihren Werken beſtätiget.
Es iſt bekannt, daß Phal. Laneſtris, Catax, Limaco=
des u. m. ſich ähnliche Tönnchen zu machen pflegen.
Die Erſtere beſpinnt die innere Seite, ſtatt daß ſie die
Unſrige mit Haaren belegt, welche dieſer fehlen. ſtär=
ker mit Seide, und macht davon neben der Stelle, wo
der Deckel abbrechen ſoll, einen ſtarken Ring von häu=
fig übereinander gelegten Fäden; aber die Stelle ſelbſt
beſpinnt ſie nicht. Muß hier nicht eben ſo wohl, wie
bei der Unſrigen, der ſchwächſte Theil zunächſt dem
ſtärkſten am eheſten brechen?

zwo kleine Warzen. Die Schwanzspitze ist breit und
stumpf. Die Farbe fällt sehr ins Zimmetbraune; et=
liche dunklere Streifen gehen längst durch die Flügel=
decken. Die Luftlöcher lassen sich deutlich erkennen.
Die Puppenhülse ist äußerst zart und dünn.

Um den Schmetterling zu erhalten, darf man nach
meiner vierjährigen Erfahrung die Puppe nicht aus
dem Tönnchen nehmen. Der Druck, welchen der
Schmetterling beim Ausschlupfen gegen den Boden def=
selben thut, muß ihm, wie ich glaube, auch dazu die=
nen, daß er zugleich die Puppenhülse sprengen kann.
Bei mir ist wenigstens nie einer von dieser Art ohne
Tönnchen aus der Puppe gekommen, wenn ich ihm
nicht dazu behülflich gewesen bin, und die Puppenhülse
behutsam eröfnet habe.

Am Ende des Herbstmonats auch wohl später, al=
so nach einer Zeit von vierzehn Wochen kömmt der
Schmetterling aus. Er hat die Gestalt der Phal. La=
neftris Linn. mit welcher auch das Weibchen von glei=
cher Größe ist. Bei beiden Geschlechtern sind die Au=
gen schwarzbraun; ein weißer Punkt oder Fleck steht auf
der Oberseite der Oberflügel; der Vorderrand der Un=
terflügel ist auf beiden Seiten weiß. Der männliche
Schmetterling Tab. II. fig. 6. unterscheidet sich sehr
durch seine geringere Größe. Seine Stirn, der Rü=
cken, die Oberseite des Hinterleibes, die Füße und vor=
züglich der After sind mit langen zottichten Haaren be=
deckt, und so, wie die kammförmigen Fühlhörner von
rauschgelber Farbe. Der Unterleib ist mehr ins Weiße
gemischt. Auf der Oberseite der Oberflügel steht am
Rückenwinkel ein heller rauschgelber Fleck, und nach dem

C

äußern Rande zu geht eine Streife oder eine schmale
Binde querdurch, von der nämlichen Farbe. Zwischen
dem Fleck und der Streife ist der Grund mit demselben aber dunklern Gelb getieft. Unter der Streife ist
der Oberflügel so wie die Unterflügel ganz blaß fieberrindenbraun, und spielt sehr wenig ins Röthliche. Die
Unterseite aller Flügel hat dieselbe Farbe; am Vorderwinkel der Oberflügel sind sie rauschgelb, und der weiße
Fleck auf der Oberseite scheint blaß durch).

Das Weibchen Tab. II. fig. 7. hat etwas gekämmte Fühlhörner. Der Kopf und ganze Vorderleib
hat langes Haar, welches vorn fieberrindenbraun und
hinten zimmetfarbig ausfällt. Das Haar am Hinterleibe ist kurz und nußbraun. Die wollichten Haare am
After sind dunkelnußbraun und an den Spitzen greis.
Die Farbe der Füße kömmt mit dem Kopfe überein.
Die Oberseite der Flügel ist gleich der Unterseite blaß-
fieberrindenbraun. Die Oberflügel haben oben am Rückenwinkel einen gelben meist zimmetfarbigen Fleck, und
nach dem äußern Rande zu eine Querstreife von gleicher
Farbe, zwischen welcher und dem Rückenfleck der Flügel ganz fieberrindenbraun ist.

Nachdem sich beide Geschlechter begattet haben:
setzt das Weibchen seine Eier um einen dünnen Zweig
seiner Nahrungspflanze, und bedeckt solche mit der am
After befindlichen Wolle.

Die Eier, wovon eins Tab. II. fig. 2. a. in natürlicher Größe vorgestellt worden, haben fast die Figur
kleiner Tönnchen, nur mit dem Unterschied, daß der
obere Theil beinahe platt ist. Bei fig. 2. b. welche
die Hälfte eines Eies vergrößert darstellt, zeigt sich die-

ses im Profil, und bei fig. 2. c. kann man den ganzen
obern Theil vergrößert sehen. Der kreisförmige äußere Wulst ist der obere Rand des Eies, in dessen Mitte
ein Deckel liegt, welchen das Räupchen herausstößt,
wenn es durchbrechen will. Die Schale der Eier ist
hornartig, auf der Oberfläche uneben und höckricht, von
graubräunlicher Farbe und mit dunklern Punkten bestreuet. Das Weibchen sezt die Eier schief übers Kreuz,
(in quincuncem) so neben einander, daß sie in einer
Breite von beinahe vier Linien schreg um den Zweige
herumstehen. Tab. II. fig. 1. Die platte oder Deckel-
seite befindet sich oben. Sie sind mit Gummi aufs
stärkste verbunden und zugleich an dem Zweige befestiget.
Dieses durch mehrere Abbildungen vorzustellen, habe
ich deswegen für unnöthig gehalten, da Reaumur a)
schon die Art, wie die Ringelraupe ihre Eier verbindet
und befestiget, genau abgebildet und beschrieben hat,
woraus sich das ähnliche Verfahren unsers Schmetterlings leicht beurtheilen läßt. Daß die Ordnung, worinn
beide ihre Eier ansetzen, verschieden sei, erhellet aus
dem, was ich vorhin gesagt habe. Die Sorgfalt, die
gelegten Eier mit Haaren zu bedecken, hat die Unsrige
zwar nicht mit der Ringelraupe; aber mit vielen andern
Arten gemein: nur darinn finde ich etwas besonders,
daß sie die Wurzeln der Afterhaare zunächst an die Eier
legt, so daß die greisen Spitzen wieder oben zu stehen
kommen, und zwar in solcher Ordnung, daß man sie
reihenweise bemerken kann. Tab. II. fig. 1.
Ich darf nicht zweifeln, daß es einigen Lesern Vergnügen machen werde, die Art zu wissen, wie unser

a) Inf. Tom. II. Mem. 2. p. 95. 96. t. 4. f. 5 — 13. ed. in 4.

Schmetterling diese künstliche Decke zu Stande bringt. Ich könnte mich zwar hiebei auf die vortreflichen Anmerkungen eines Reaumur a) beziehen: allein da dieser Schriftsteller nicht in eines jeden Händen ist; so will ich aus ihm dasjenige entlehnen, was er über diese Materie geschrieben hat, und dann noch meine Beobachtungen hinzufügen.

„Wenn man, sagt er, den weiblichen Schmetterling nahe an den lezten Ringen zwischen zween Fingern, so viel es nöthig ist, drückt: so kömmt eine Art von langen Zize (mammelon) aus dem Hintertheil heraus, welcher aus Ringen zusammen gesezt zu sein scheint, und an dessen Ende sich zu beiden Seiten eine Lamelle befindet. Wenn diese Lamellen gegen einander liegen, so haben sie die Form einer Büchse, welche, ungefehr wie zween auf einander gepaßte Suppenlöffel, aussieht, so daß eine jede dieser Lamellen die Bug eines Suppenlöffels hat, nur mit dem Unterschiede, daß diese Löffel am After des weiblichen Schmetterlings nicht so stark getieft, das schmälere Ende davon mehr verjüngt, und daher dem vordern Theile einer Zange sehr ähnlich sind, welche bei vielen Arbeitern unter dem Namen der Kornzange (des Bruxelles) bekannt ist b). Die innere oder hohle Fläche dieser Löffel ist glatt und eben, die äußere oder erhabene ist ganz mit Schuppen oder Haaren bedeckt. Wenn der Schmetterling den langen Ziz, ohne gedruckt zu werden, heraussteckt: so giebt er ihm eine Länge, die

a) Inf. T. II. M. 2. p. 79. 102. 103. t. 5. f. 11. 12. ed. in 4.
b) Eine kleine Zange, deren sich bei uns die Jubilierer und Steinschleifer bedienen, und die auch von den Emailmahlern gebraucht wird.

mehr als noch einmal so groß ist, wie diejenige, welche
er hat, wenn man ihn durch einen Druck heraustreten
läßt.

Da er nun diese Art von Zize oder Schwanz selbst
ausdehnt und einzieht, hoch und niedrig, links und rechts
bewegt; und nicht allein diese, sondern alle Bewegungen, Krümmungen und Biegungen damit macht, die
er machen will: so kann er auch seine Eier an verschiedene Orte in einer sehr guten Ordnung hinlegen, und
solche durch Hülfe des einer Kornzange ähnlichen Endes,
welches sich ungeachtet seiner fast komischen Gestalt mit
einer Art von Hand vergleichen läßt, leicht mit Haaren
bedecken."

„Man urtheilt dennoch, sezt dieser Beobachter hinzu, mehr aus der Stellung, Struktur und den Bewegungen dieser Theile, von ihrem Gebrauch, als aus
dem, was man sieht."

So viel von der reaumürschen Beschreibung, die
ich, in so weit es die Deutlichkeit erlaubt hat, in die
Kürze gezogen habe.

Um mich von der Wahrheit völlig zu überzeugen,
ließ ich eine Menge Larven von der Phal. Chrysorrhoea
sammlen, weil ich schon oft bemerkt gehabt, daß diese
Phaläne nicht selten an Tage, auch wohl unter meinen
Händen Eier gelegt hatte. Anfangs liefen meine Versuche fruchtlos ab; so aufmerksam und genau ich sie
auch anzustellen dachte. Ich zog hierauf einem eierle-
genden Weibchen einige von den längern Haaren aus,
welche wie eine Wulst die leztern Ringe des Hinterleibes
umgeben, um dem Gesicht alle Hindernisse aus dem
Wege zu räumen. Dann hielt ich es mit der Hand in

einer solchen Lage, daß ich mit einer guten Lupe alle Be=
wegungen, welche am After vorgiengen, deutlich erken=
nen konnte. Ich bemerkte, daß solche durch das Hal=
ten nicht unterbrochen wurden. Der Theil, welchen
Reaumür mit einem Zize vergleicht, machte eine dop=
pelte Bewegung. Er drehete sich beständig an der Sei=
te in einem Kreise herum, und zog sich während dieser
kreisförmigen Bewegung immer aus und ein. Ich sah
es deutlich, daß die umherstehenden Haare mit dem an
seinem Ende befindlichen dickern Theile, welchen gedach=
ter Schriftsteller mit zween aufeinander gepaßten Löffeln
vergleicht, abgestoßen wurden; nur konte ich noch nicht
erkennen, auf welche Art dieses geschah. Daher brach=
te ich das Insect unter ein Vergrößerungsglas, und sah
mit vieler Zufriedenheit, wie dasselbe ungeachtet der üb=
len Lage, worinn es war, sein eierlegendes Geschäfte
unermüdet fortsezte. Die steifen und borstenähnlichen
Haare, womit die äußere oder konvexe Fläche der beiden
Löffel bedeckt ist, fließen, während der doppelten Be=
wegung, als Zacken in einer Hechel, gegen die umher=
stehenden wollichten Haare, und rissen sie immer in glei=
cher Menge und auf eine solche Art aus, daß ihre Spi=
zen allezeit oben blieben; woraus sich denn leicht die Art
erklären läßt, wie unser Schmetterling die Wurzeln sei=
ner Afterhaare schichtweise an die Eier bringen, und
solche vermöge des Gummi, womit diese unter sich ver=
bunden sind, zugleich befestigen kann.

Wenn man sieht, mit wie vielen Geschick, mit
welcher Geschwindigkeit das Thierchen diese zu solchem
Endzweck so vortreflich eingerichteten Glieder, kreisför=
mig bewegt, sie zugleich aus und einzieht, dabei biegt

und krümmt, und sogar das Haar an denselben zu ei=
nem bestimmten Gebrauch anwendet; muß man denn
nicht erstaunen, an dem After eines in unsern Augen so
dummen und ungeschickten Thiers eine so große Ge=
schicklichkeit wahrzunehmen?

Ehe ich die Geschichte unsrer Phaläne schließe, kann
ich es nicht unbemerkt lassen, daß ungeachtet ihre Eier
so sorgfältig, und dem Anschein nach mit der größten
Sicherheit verwahrt werden, es doch eine Art von Ich=
neumons giebt, welche sich einen Weg dahin zu verschaf=
fen wissen. Denn nicht lange nachher, als die Räup=
chen ausgekommen waren, betrachtete ich unter einem
Vergrößerungsglase die künstliche Arbeit, welche das
Insect angewandt hatte, die Eier zu ordnen und zu be=
decken; und bemerkte, daß sich an dem Deckel eines
Eies etwas rührte. Nach einer Minute sah ich den
Kopf eines Ichneumons, und bald hernach seinen gan=
zen Leib. Seine Länge betrug unter Nr. 4. kaum vier
Linien, mithin seine wahre Größe nicht einmal den
neunten Theil einer Linie. Er war demnach nicht
größer, als ein kleiner Punkt. Ich war eben im Be=
griff, ihn zu zeichnen, weil mir noch keiner von so gerin=
ger Größe vorgekommen war, da ich durch einen Zufall
desselben beraubt wurde.

7.

PHALAENA GEOMETRA ALBICILLATA.

Der weiße Schleier.

m. *long.* lin. 7. *lat.* 5.

LINN. S. N. ed. 12. fp. 255. P. Geometra feticornis, alis omnibus nigricantibus: fafcia vnica latiffima alba immaculata.

Faun. Suec. 1278.

Müllers Naturſyſt. 5. Th. S. 717. fp. 255. das Weißfeld.

CLERC. Phal. t. I. f. 12. Phal. albicillata.

FABRIC. Entom. p. 634. fp. 69. Phal. albicillata Linn. Charaktere.

Syſtem. Verz. d. Schm. d. W. G. S. 114. fam. N. Nr. 8. Milchweißer grauſchwarzfleckichter Spanner.

Naturforſcher 13. St. S. 30. Nr. 4. t. 3. f. 7. a. b.

Defcr. Larua Geometra Tab. II. fig. 8. corpore depreffo, nuda, viridis; primis ac vltimis tribus fegmentis lineola laterali carmefina, fingulis fex intermediis angulo dorfali eiusdem coloris vertice caput fpectante.

Palpi breues porrecti, fufci fubtus flauefcentes. *Oculi* nigricantes. *Antennae* fufcae fetaceae. *Alae* patentes, rotundatae, omnes vtrinque lacteae cinereo fimbriatae: fupra ad marginem exteriorem fafcia terminali ac maculis indico-cinerea lineolaque fufca ferrata repanda. *Superiores* ad bafin et latus anticum verfus apicem nigro-fufcae dilute indico vndulatae. Alae fubtus puncto, ſtriga

fasciaque postica nigricantes.   Corpus alis anticis concolor.   Pedes grisei, tibiae spinosae.

Die Raupe Tab. II. fig. 8. ist etwa eilf Linien lang,
und in der Mitte eine Linie breit.   Der Kopf ist vorn
ziemlich platt und oben meist gerade.   Der Körper ist
gedruckt, besonders am Unterleibe, so daß seine Breite
die Höhe übertrift.   Am Hintertheil ist er am stärksten,
und verjüngt sich allmählig nach dem Kopfe zu.   Die
Haut ist an beiden Seiten sehr zusammen gezogen und
gekräuselt.   Die Schwanzfüße stehen weit auseinander.

An den drei ersten und beiden lezten Ringen ist die
Farbe hellgrasgrün; auf dem mittlern fällt sie mehr ins
Seegrüne, und am Unterleibe in ein gelbliches Grün,
welches an den Seiten, wo sich die Haut zusammenge-
zogen, noch mehr ins Gelbe gemischt ist.   Am Kopfe
und an den drei ersten Gliedern befindet sich zu beiden
Seiten eine punktirte karminrothe Linie: eine ähnliche
fängt über den Bauchfüßen an und zieht sich bis zum
Ende der Schwanzfüße, welche auch an der hintern
Seite mit demselben Roth eingefaßt sind.   Auf dem
vierten und folgenden fünf Ringen steht am Rücken nahe an den Einschnitten ein karminrother Winkel, dessen
Scheitel nach dem Kopf zugerichtet ist, und zu beiden
Seiten des ersten und dritten, vom Kopf an gerechnet,
zeigt sich noch ein gleichfärbiger Punkt in der gekräusel-
ten gelben Haut.   Die Füße sind gelblichgrün.

Diese Raupe, von der ich bisher noch keine Abänderungen gefunden, lebt auf den Hindbeern (rubus idaeus).
Ihre gewöhnliche Stellung kömmt den Stockspannen
sehr nahe; doch ist der Leib in der Mitte gemeiniglich

etwas gekrümmt, so wie er in der Abbildung vorgestellt
worden.

In der Mitte des Erntemonats geht sie unter die
Erde. Ihre Puppe ist wohl sechs Linien lang und in
der Mitte zwo Linien dick. Die etwas hervorstehenden
Flügeldecken und die Ringe sind glänzend dunkelkasta-
nienbraun. Das Gesicht, die gerändelten Fühlhörnerfutterale, der Rücken und die Einschnitte fallen in dunkles
Ocherbraun. An der auf der Rückenseite etwas ausgekerbten Schwanzspitze befinden sich zwo kleine wenig gebogene Spitzen, welche dicht aneinander stehen, und
ohne Vergrößerung nur eine zu sein scheinen.

Der Schmetterling kömmt erst im folgenden Jahr
am Ende des Wonnemonats aus. Seine Bartspitzen
sind kurz, hervorstehend, oben dunkelbraun und unten
gelblich. Die Augen haben eine schwärzlichte Farbe.
Die Fühlhörner sehen braun aus.

Die Flügel sind auf beiden Seiten milchweiß und
haben einen aschfarbenen Saum, der aber am Vorderwinkel der Unterflügel auf beiden Seiten ins Weiße übergeht. Oben auf den Oberflügeln geht am äußern Rande querdurch eine aschgraue etwas ins Blaue schielende
Binde, welche nach dem Hinterrande zu immer schmäler wird, und bei einigen Exemplaren mit dem Saum
zusammenfließt; bei andern aber durch eine feine weiße
Linie davon abgesondert ist. Eine eben so gefärbte, allein noch einmal so breite Binde fängt an dem Vorderwinkel der Unterflügel an und geht dicht am Saum bis
zur Mitte fort, wo sie die Hälfte ihrer Breite verliert,
nach und nach schmäler, zweimal unterbrochen, und
nicht ganz bis an den Hinterwinkel fortgesezt wird. Na=

ße an der Binde der Oberflügel stehen sieben aschgraue
halbrunde Flecken, welche noch mehr als die Binde ins
Blaue spielen, und worunter der mittelste am hellsten,
die äußersten aber am dunkelsten sind. Die beiden Fle=
cken am Hinterrande sind oft zusammen geflossen. Drei
dergleichen Flecken befinden sich auch auf jedem Unterflügel, wovon der größte dichte am Hinterwinkel, und
die beiden andern vor dem schmälern Theil der Binde
gerade da stehen, wo diese unterbrochen ist. Vor den
Flecken geht eine braune gezackte und in allen Flügeln
winklicht gebogene Linie her, welche auf den Unterflügeln bei einigen Exemplaren undeutlich, bei andern gar
nicht zu sehen ist. Am Hinterrande der Oberflügel steht
neben ihr noch eine kleine Ader von der nämlichen Farbe.
Im Rückenwinkel der Oberflügel ist ein schwarzbrauner
beinahe zwo Linien breiter Fleck, der am untern Rande
ausgebogen und dunkelkaffebraun ist. Ein ähnlicher et=
was kleinerer Fleck nimmt nahe an der aschfarbenen Binde den Vorderrand ein. Durch diesen sowohl als den
am Rückenwinkel laufen querdurch feine hellindigblaue
Adern. Zum besondern Kennzeichen dieser Art dient
ohne Zweifel die genaue Uebereinstimmung der Farbe
am Oberflügel und Leibe. Denn so weit die dunkel=
braunen Flecken am Rückenwinkel längst den Flügeln
heruntergehen, so weit sind auch der Rücken und die er=
sten Ringe mit der nämlichen Farbe gezeichnet. Das
Weiße der fünf folgenden Ringe paßt genau mit dem
weißen Mittelgrund der Flügel zusammen, und die leztern Ringe sind eben so aschgrau, als die Binden am
äußern Rande der Flügel. Bei dem Weibchen ist nur
die äußerste Spitze am After etwas aschfärbig. Unten

sind die Flügel weiß; bei einigen Exemplaren in der
Mitte der Oberflügel grau.   Die dunkeln Flecke am
Rückenwinkel der Oberflügel scheinen unten etwas durch.
In der Mitte eines jeden Flügels etwas näher am Vorderrande steht ein schwärzlichter Punkt, welcher bei einigen auch oben durchscheint.   Unter demselben geht
quer durch ein gleichfärbiger Strich, welcher in jedem
Flügel einen Winkel macht.   Zwischen dieser Streife
und dem äußern Rande ist auf den Oberflügeln eine breite schwärzlichte Binde, welche bis auf die Mitte der
Unterflügel fortgeht.

Die Füße haben Dornen und auf einem gelblichen
Grunde aschfarbige Flecken.

Wenn man die kurze Beschreibung, welche Herr
Hufnagel a) von der Ph. Contaminata macht, mit
der Unsrigen zusammenhält: so sollte man fast glauben,
er habe darunter die nämliche Art verstanden, wenn
nicht der Herr von Rottemburg b) in seinen Anmerkungen angezeigt hätte, daß Ph. Contaminata auf den
Unterflügeln keine Zeichnung habe.

Bei der Phal. Vestalis im Naturforscher sind in der
Beschreibung die beiden großen dunkelbraunen Flecken
auf den Oberflügeln nicht mit angemerkt worden; aber
in der Abbildung sind sie angegeben.

Daß es übrigens eben dieselbe sei, welche ich beschrieben habe, obgleich beides die Beschreibung und Abbildung von meiner Beschreibung abgeht, wird man am
besten aus der Vergleichung mit einem guten Exemplar
oder mit der Abbildung des Clerc sehen.

a) Berlin. Magaz. 4. B. 6. St. S. 614. Nr. 91.
b) Naturforscher II. St. S. 36. Nr. 91.

8.

PHALAENA NOCTVA ARGENTEA.

Der silberfleckichte Mönch).

Ph. N. spirilinguis criſtata aliis deflexis; ſuperioribus viridibus maculis ſeptem ac ſtriga argentea.

long. lin. 7½. *lat.* 3½.

Berliner Magazin 1. B. 6. St. S. 648. 1. tit.
Naturforſcher 9 St. S. 113. Nr. 29.

Defcr. Palpi Phal. Tab. III. fig. 2. breues, porrecti,
piloſi, griſei ſubtus albentes. *Oculi* nigri. *Antennae* ſquamatae, rachi albidae retrorſum fuſcae.
Caput griſeum. *Criſta* acuminata griſeo-viridis
ſtriga alba ſubarcuata. *Thorax* candidus macula
lunulata griſeo-viridicante. *Abdomen* albo-fla-
veſcens. *Pedes* albo-griſei, tibiae ſpinoſae. *Alae
ſuperiores* lanceolatae ſupra virides macula argentea angulari vertice ad baſin directa, quam excipit grandior pentagona nec non lineola breuis
ſubcurua verſus latus anterius, quod et aſſequun-
tur maculae duae coadunatae, quae poſt ſe ha-
bent angulum acutum argenteum apici adhaeren-
tem: macula, quae ſequitur, ſeptima oblonga
a margine tenuiore producitur ad medium vsque
exterioris ſtriga argentea ante cilia terminati:
ſubtus albido cinereoque variae. *Inferiores* vtrinque albidae verſus marginem exteriorem nigricantes.

Die Puppe Tab. III. fig. 1. ist etwan 7 Linien lang
und 3 Linien dick.   Das Gesicht und die Flügeldecken
sind grasgrün.   Leztere stehen vom Bauche stark ab,
und laufen in eine kurze, stumpfe und dunkelbraune
Spitze aus.   Die Fühlhörnerfutterale sind sehr dunkel
beinahe schwarzbraun.   Der bräunliche Scheitel spielt ins
Grüne.   Der Rücken und die Ringe sind grünlichgelb
und haben hellbräunliche Einschnitte.

Die Bartspitzen der Phaläne Tab. III. fig. 2. stehen
gerade aus, sind kurz, oben hellgrau und unterwärts
mit ziemlich langen weißen Härchen besezt.   Die Augen
sind schwarz.   Die Fühlhörner gehen von borstenförmigen darinn ab, daß sie auf dem Rücken etwas flach und
mit weißen viereckichten kleinen Schuppen oder Federchen bedeckt, unterwärts aber beinahe eckicht gerundet,
auch auf jedem Gliede mit einem äußerst feinen Härchen
an beiden Seiten besezt sind; sie grenzen sehr nahe an
diejenigen Fühlhörner, welche Reaumür a) prismati-
sche nennt.

Der Halskragen läuft von beiden Seiten an und
macht in der Mitte einen scharfen Winkel.   Die Farbe ist hellgrau und fällt sehr wenig ins Grünliche. Querüber geht ein weißer Streif, der aus zween Bögen besteht, welche an der Spitze zusammen treten.   Der
Rücken ist mit weißen Haaren bedeckt, welche an beiden
Seiten über demselben hinaus in eine Spitze auslaufen.
Mitten auf demselben ist ein grauer mondförmiger Fleck.
Der Hinterleib ist glänzend milchweiß, und spielt sehr
wenig ins Gelbe.

Die Oberflügel sind aus Gras- und Aepfelgrün ge-

a) Inf. Tom. I. Mem. 5. p. 219. ed. 4.

mischt. Nicht weit vom Rückenwinkel steht eine silberne Streife, mit dem eine andre am Hinterrande zusammentrit und einen Winkel macht. Unter derselben befindet sich eine große fünfeckichte Makel, welche zur Seite nach dem Vorderrande zu einen kleinen gebogenen Strich hat. Unter diesem sind zween länglichte wenig gekrümmte Flecke, welche unten zusammenstoßen. Am Vorderwinkel zeigt sich ein spitziger Winkel, dessen eine Seite dicht an den Vorderrand trit. Zwischen diesen silbernen Flecken und dem äußern Rande ist noch eine silberne Binde, die aber nicht viel über die Mitte des Flügels hinaus geht. Der äußere Rand und der Vorderwinkel sind mit einer schmalen silbernen Streife eingefaßt, zwischen welcher und dem Saum noch ein gelblich grüner Strich ist. Auf der Unterseite sind sie größtentheils grau; der Rand ist meist weiß. Das glänzende Weiße auf beiden Seiten der Unterflügel spielt oben gegen den äußern Rand zu ins Graue, so mit wenigen Braun gemischt ist.

Die Füße sind grauweiß, und die Fußblätter schwärzlichgrau punktirt; An den Schenkeln der Vorderfüße ist langes bräunliches Haar, welches bis auf die Fußblätter herunter geht und sich in einer Spitze endiget.

9.

PHALAENA BOMBYX VIDUA.

Die junge Witwe.

P. Bombyx elinguis, alis albo-cinerascentibus nigro variis fascia sublutea inaequali.

f. *long.* lin. 9¼. *lat.* 5¾.

Descr. Oculi Phal. Tab. III. fig. 3. fusco-cinerei. *Antennae* subpectinatae. *Thorax* albidus medius nigro striatus. *Abdomen* furuum pilosum. Pedes eiusdem coloris; tibiae hirsutae. *Alae superiores* rotundatae albo cinerascentes maculis ad latus anticum et posticum nigricantibus; *Inferiores* albicantes margine exteriore et maculis duabus in angulo ani nigricantes.

Die großen und tiefliegenden Augen dieser Phaläne Tab. III. fig. 3. haben eine graubraune Farbe. Die Fühlhörner sind wenig gekämmt. Der Rücken ist an den Seiten grauweißlich); in der Mitte stehen drei weiße Striche in einem schwarzen Grunde. Die Brust und der haarichte Hinterleib ist graubräunlich, imgleichen die Füße, welche an den Schenkeln lange Haare haben.

Die Oberflügel sind oben weißlichaschfarben. Einige blasse lederfarbene Flecke von ungleicher Größe, stehen in der Mitte quer durch den Flügel neben einander, und machen eine Art von Binde aus. Zwischen dieser und dem Rückenwinkel ist der Vorder- und Hinterrand mit einer länglichten dunkelaschgrauen schwarz eingefaßten Makel gezeichnet. Vom Hinterwinkel geht eine

schwarze Streife nach der Mitte zu, und ein ähnlicher
Fleck steht gegen ihr über am Vorderrande. Nicht weit
vom äußern Rande zeigt sich eine undeutliche unterbrochene hellaschgraue Streife. Der graue Saum ist gelbgefleckt, doch auf der untern Seite deutlicher, wo hingegen die übrigen Zeichnungen blaß und zum Theil in
andern Farben erscheinen; denn die gelbe Binde fällt
stark ins Graue, und von da bis zum Rücken ist die
Aschfarbe ins Bräunliche gemischt. Die Unterflügel
sind auf beiden Seiten weißlich. Der Rand ist grauschwarz, und am Hinterwinkel stehen zwei schwarze Flecken die unten dunkelgrau aussehen.

Diese Phaläne, welche ich für den weiblichen Schmetterling halte, ist auf der Asse einem ohnweit Wolfen-
büttel gelegen Walde gefunden worden. Das Männchen ist mir noch unbekannt.

10.

PHALAENA GEOMETRA LICHENARIA.
Die Mooßmotte.

P. Geometra pectinicornis alis griseis populeo cu-
preoque adspersis: anticis lineis duabus vndulatis nigris albo distinctis, posticis vna.

m. *long.* lin. 6 *lat.* 4.
f. — — $7\frac{1}{2}$ — $4\frac{3}{4}$.

Hufnagels Tabellen. Berlin. Mag. 4. B. 5. St. S. 512.
Nr. 15. Phal. Lichenaria, die Mooßmotte. Der Grund
hellgrau mit vielen theils dunkelgrünen, theils braunen und grauen Punkten, Zeichnungen und Strichen.
Naturforscher. 11. St. S. 67. Nr. 15.

D

Defcr. Larua Tab. III. fig. 5. geometra corpore depreffo tuberculata, montano-viridis, linea vndulata nigra interrupta vtraque latere longitudinali.

Palpi breues, porrecti. *Oculi* nigricantes. *Antennae*
grifeae rachi populeo puluerulentae; pectines pi-
lofi: foeminae Tab. III. fig. 9. pilofae. *Corpus*
grifeum profunde viridi adfperfum, maris gra-
cile ano lanato. *Alae* patentes, rotundatae margine exteriore ante cilia punctato, limbo populeo interrupto. Subtus omnes grifeae cinereo
adfperfae puncto ac ftriga obfoleta nigricantes.
Pedes fpinofae grifeae.

Die Raupe Tab. III. fig. 5. ift etwan 10 Linien lang
und hat einen etwas gedruckten Leib, fo daß feine Breite
ftärfer ift, wie die Höhe. Ihr Kopf gleicht einer gedruckten Kugel; in der Mitte ift er etwas getieft, und
zu beiden Seiten länglicht erhaben. Die drei erften
Ringe find nicht fo dick, als der Kopf, und in Betracht
der übrigen fehr kurz. Die folgenden Ringe find höcke-
richt, aber fehr fonderbar gebauet. Tab. III. fig. 6.
ift der Vierte abgebildet. Der obere Theil deffelben,
welcher gegen den Kopf gerichtet ift, hat zu beiden Seiten gleich weit von der Pulsader zween länglichtrunde
Höcker aa. und zwo faft birnförmige Beulen bb. an deren Seiten fich die Luftlöcher befinden. Hierauf folgt
eine gelinde Vertiefung, welche durch eine zarte Linie angegeben ift, dann eine ftärfere, die fich durch eine breitere Linie auszeichnet. Der Raum zwifchen beiden Vertiefungen oder Einfchnitten macht ein fchmales Band,
das an beiden Seiten breiter wird, und in die herzför-

migen Beulen cc ausläuft. Unter dem schmalen Bande geht ein breiteres bis ee, auf welchem sich zween sehr
stark hervorragende Höcker dd befinden, die nach beiden
Seiten zu flach, in der Mitte aber steil ablaufen, und
zwischen welchen in der Tiefe vier schwarzbräunliche
Punkte sind. Der untere Theil hat am Ende ein
schmales Band, welches durch zwo Vertiefungen f. und
g. entsteht. Die übrigen Glieder sind von dem vierten
darinn unterschieden, daß die Beulen bb kleiner, die
mit cc bezeichneten aber stärker werden. Die Höcker dd.
sind auf dem achten und eilften Ringe mit dem beschriebenen von gleicher Höhe, auf dem siebenten und neunten sind sie kleiner; auf dem fünften, sechsten und zehnten erheben sie sich am wenigsten. Das lezte Paar
Brustfüße ist fast noch einmal so lang und stark,
als das erste. Die Bauch= und Schwanzfüße sind
verhältnißmäßig sehr breit, vorzüglich die leztern; beide haben eine ähnliche Gestalt mit denen, welche
Reaumür a) abgebildet hat. Die untere Fläche des
Fußes ist nach dem Leibe gerichtet, so daß man die
Klauen nicht leicht bemerken kann. Die Schwanzklappe ist flach und liegt wie ein Blatt auf dem Hintertheil,
an welchem drei Spitzen hervorragen, worunter die
Mittlere am Kleinsten ist.

Die Farbe ist berggrün, und wenig oder gar nichts
von der Farbe der Nahrungspflanze verschieden. Die
Augen sind schwarz, eins ist grünlichweiß. Vom vierten Ringe an läuft längst den beiden Seiten eine geschlängelte schwarze Linie, welche bei jedem Einschnitt
zweimal unterbrochen ist. An jeder Seite der drei er-

a) Ins. I. Mem. 9. p. 114. 115. t. 3. f. 7. ed. 4.

sten Ringe stehen fünf braune Punkte. Auf jeder der
vorhinbeschriebenen Beulen befindet sich ein schwarzer
Punkt; an jedem Brustfuße stehen dergleichen drei;
auch sind sie an den Bauch- und Hinterfüßen, der
Schwanzklappe, an den Seiten der Raupe und vier an
jedem Ringe unter dem Leibe.

Diese Art nährt sich vom Mooße, (Lichen fraxineus Linn.) woran sie sich wegen der Aehnlichkeit, die
ihre höckrichte Gestalt und Farbe damit hat, nicht leicht
erkennen läßt. Sie ist dadurch gegen ihre Feinde um
so mehr gesichert, da sie fast immer unbeweglich sizt.
Wird sie in ihrer gewöhnlichen Lage, welche sie in der
Abbildung hat, stark beunruhiget: so hebt sie sich mit
dem Kopf in die Höhe, und macht eine zitternde Bewegung, dann sezt sie die Brustfüße nieder, und schleppt
den Hintertheil nach; begibt sich aber bald wieder zur
Ruhe. Bisweilen weicht sie auch nicht von der Stelle,
sondern hängt sich an einen Faden fest, der sehr stark
und zäh ist. Ihre anhaltende Ruhe, der starke An-
trieb, welcher sie in Bewegung sezen muß, ihr schläf-
riger und kurzer Gang geben ihre natürliche Trägheit
hinlänglich zu erkennen, die sich vielleicht aus ihrer Nahrung erklären läßt; die aber ein Mittel für ihre Sicherheit wird.

In den lezten Tagen des Brachmonats bekömmt
sie ihre völlige Größe, und schickt sich zu ihrem Puppenstande an. In der Absicht sucht sie sich zwischen dem
Mooße eine geräumige Stelle aus, wo sie von allen
Seiten geschüzt ist. Die sich hin und wieder noch befin-
denden Rizen und Oefnungen bespinnt sie mit Seide,
in welche sie abgenagte Mooßstückchen mit hineinwebt,

um die Wände desto dichter zu machen. Tab. III. fig. 7. legt uns diese Arbeit vor Augen, doch nicht so vollständig, wie in der Natur, denn ein Theil vom Mooße, welches die Oberseite bedeckte, ist, um das Gespinnst sehen zu können, davon abgebrochen.

Die Puppe Tab. III. fig. 8. ist länglich schmal und ganz dunkelbraun. Die Einschnitte fallen in ein dunkles Violet. An der Schwanzspitze befinden sich zween gerade Dornen, deren Spitzen etwas gebogen und hackenförmig sind. Neben dieser stehen noch vier kleinere Häfchen, die sich wie ein kleines lateinisches s krümmen.

Der Schmetterling kömmt gegen Ende des Heumonats aus. Die kurzen Bartspitzen sind greis und dunkelgrün. Beide Geschlechter haben schwärzlichte Augen. Die Kämme an den Fühlhörnern des Männchen sind an der Vorderseite mit feinen Härchen besezt. Das Weibchen Tab. III. fig. 9. hat nur ganz kurze und borstige Kämme. Der Rücken und Hinterleib desselben ist stärker, wie beim Männchen, welches einen längern Hinterleib hat, der am Ende mit vielen langen greisen Haaren bedeckt ist.

Die Farbe des Leibes ist greis und außer den Einschnitten dunkelgrün besprizt. Eben so sind auch die Füße. In der Zeichnung der Flügel, wovon die Untern ein wenig in der Mitte ausgeschweift sind, kommen beide Geschlechter überein. Die greise Grundfarbe auf der Oberseite ist durchgehends mit Pappelgrün; hin und wieder aber, besonders am Rücken- und Hinterwinkel der Oberflügel mit Kupferbraun besprengt. Quer durch die Flügel nach dem äußern Rande zu läuft eine schwarze zigzackichte Linie, welche an der untern Seite weiß ein-

gefaßt, aber am Vorderrande der Unterflügel besonders
bei dem Weibchen etwas undeutlich und verwischt ist.
Eine andre ähnliche aber oben weiß eingefaßte Linie
geht ohnweit dem Rückenwinkel nur durch die Oberflügel. Diese sind zwischen den beiden Linien am dunkelsten, und haben in der Mitte einen Fleck. Auf allen
Flügeln stehen am äußern Rande dunkelgrüne Punkte.
Der Saum ist auf beiden Seiten abwechselnd grau und
schmutziggrün. Die Unterseite der Flügel ist greis mit
schmutzigen Grün besprengt. Am äußern Rande finden
sich die nämlichen Punkte, wie oben. Auch zeigt sich
hier eine durch alle Flügel gehende schwarze Linie, die
aber bei den Weibchens sehr undeutlich, und bei einigen kaum zu bemerken ist. In jedem Flügel steht ein
schwarzer Fleck. Die Weibchens sind gewöhnlich grös-
ser als das andre Geschlecht; doch findet man auch kleine von verkümmerten Raupen.

Ein Ei von dieser Phaläne ist Tab. III. fig. 4. a.
in natürlicher Größe und bei b vergrößert vorgestellt.
Es ist länglicht rund, oben etwas gedruckt, und auf ei-
ner Seite höher als der andern. Die Schale hat viele
Beulen, wie ein mit dem Hammer getriebenes Stück
Kupfer oder Meßing. Sie ist seegrün und spielt in
Silberfarbe. Der obere Theil ist mit weißen erhabenen
Punkten bestreuet, wovon immer zween neben einander
stehen.

Diese Phaläne ist von der Ph. Geom. Miata Linn.
nicht nur durch die Oberflügel, welche bei dieser weißlich sind, und drei braungrünliche Binden haben, unterschieden, sondern auch durch die Raupe, welche glatt
und von gelber Farbe ist.

II.

PHALAENA GEOMETRA PECTINATARIA.

Das gekämmte Fühlhorn.

Phal. Geometra pectinicornis, alis viridibus: fafciis duabus crenatis lineolaque albefcente fubterminali
vndulata.

long. lin. 6. *lat.* 4.

Defcr. Palpi Phal. Tab. III. fig. 10. capite longiores porrecti, fubulati fufco-nigri. *Oculi* nigricantes. *Antennae* pectinatae rachi grifeae fufco
maculatae; pectines pectinati fature fufci. *Thorax* et abdomen grifea, incifuris albefcentibus
fufco contaminatis, ano fubbarbato. *Alae* rotundatae, primariae fupra nitidae pallide virides verfus marginem exteriorem faturatiores: fafcia media albo limbata ad marginem anticum latior maculis duabus, pofticum ocello arcuque nucea.
Ad apicem alae macula et punctum fufcum. *Secundariae* pallide cinereae ftrigis obfoletis. Omnes
grifeo-ciliatae, leucophaeo interruptae: fubtus
pallide cineraceae fafcia flauefcente obfoleta.

Die Bartfpitzen Tab. III. fig. 10. welche beinahe noch
einmal fo lang find als der Kopf, haben eine fchwarz-
braune Farbe. Die Augen find fchwärzlicht. Die
Fühlhörner find gekämmt; jedes Härchen an denfelben
hat zu beiden Seiten ziemlich lange und verhältnißmäßig
dicke Härchen, und völlig das Anfehen eines gekämmten
Fühlhörnchens, welches fich mit einer etwas ftumpfen

Spitze endiget a). Der Rücken des größern Fühlhorns ist greis und wechselt mit Braun ab; die Kämme oder kleinen Fühlhörner fallen ins Schwarze.

Der ganze Körper ist greis. Die Einschnitte am Hinterleibe sind weislich und oben braun gefleckt.

Die Oberflügel sind oben weißlichgrün, am äußern Rande kommen sie dem Grasgrün sehr nah. Im Rückenwinkel zeigt sich eine grünliche etwas ins Braune gemischte Binde, welche am Vorderrande dunkelbraun und unten weiß eingefaßt ist. Eine ausgekappte mit jener gleichgefärbte Binde fängt mitten am Vorderrande an, wo sie breit ist und zween schwarzbraune Flecken hat, und endiget sich in der Mitte des Hinterrandes mit einem kleinen braunen Auge, an dessen Seite noch ein ähnlicher Bogen steht. Diese Binde ist mit einer weißen Linie begrenzt. Zunächst dem äußern Rande schlängelt sich eine weißliche Linie quer durch die Flügel. Der Rand selbst ist durch eine feine dunkelbraune Linie bemerkt, woran nicht weit vom Vorderwinkel ein braunes spitzwinklichtes Fleckchen steht, welches neben sich noch einen Punkt von der nämlichen Farbe hat. Drei ähnliche Punkte finden sich hart am Vorderrande zwischen der Binde und dem Vorderwinkel. Die Unterflügel sind auf der Oberseite blaßaschgrau und haben einige ganz undeutliche greise Streifen. Der Saum ist an allen Flügeln schmutzigweiß und mit Braun unterbrochen. Quer durch denselben geht eine sehr feine

a) Die Fühlhörner des Phal. Bomb. Mori kommen mit diesen sehr genau überein. S. Ledermüllers Mikroskopische Gemüths- und Augenergötzung I. Th. S. 147. f. 76. fig. a, b.

dunkelbraune Linie.   Unten find die Flügel hellafch-
farbig, und haben eine fehr undeutliche weißlichgelbe
Binde.

12.

PHALAENA NOCTVA DISSIMILIS.

Das unähnliche Weibchen.

P. noctua fpirilinguis criftata alis deflexis crenatis:
fuperioribus hepaticis macula conica linea terminali
bidentata.

long. lin. 8. *lat.* 4$\frac{1}{2}$.

Defcr. Larua Tab. IV. fig. 1. carnea ftriga laterali
citrina, tribus dorfalibus profunde cyaneis punctisque duodecim atris fingulis fegmentis, exceptis tribus primoribus decem diftinctis.

Palpi Phal. Tab. IV. fig. 3. 4. porrecti, breues, fufci
apice dilucidiores.   *Oculi* fufco-nigri,   *Antennae* fetaceae pilofae fufcae, rachi fquamatae.
Crifta collaris bis arcuata hepatica linea tranfuerfa aterrima; dorfalis thoracis perexigua infundibiliformis.   *Abdomen* grifeum tergo et lateribus
criftatum, ano lanato.   *Alae* anteriores fupra he-
paticae, foeminae Tab. IV. fig. 3. furuae, ad
bafin macula fere triloba fufca dilucide terminata, deinde conica nigro limbata; tum ftigmatibus ordinariis valde obfoletis lineaque foeminae
vndata tranfuerfa praeter terminalem bidentatam.
Pofteriores pallide fufcae nitidae verfus margi-

nem exteriorem nigricantes, lineola ad angulum
ani vndata.   Subtus omnes cinereo-fuſcae cum
ſtriga obſoleta et lunula nigricante.   Pedes vil-
loſi griſei.

Die Raupe Tab. IV. fig. 1. iſt einen Zoll und vier
bis fünf Linien lang, und meiſt drittehalb Linien dick.

Der Kopf iſt gedruckt rund und zum Theil unter
dem erſten Ringe verſteckt. Die Oberlippe iſt oben in
die Länge gefurcht und unten glatt. Ihr Leib iſt etwas
gedruckt und nimmt an beiden Enden ab. Die Einſchnitte ſind kaum zu bemerken. Die acht ſtumpfen
Bauchfüße ſind mit einem halben Zirkel von Häkchen
beſezt.

In ihren erſten Häuten iſt ſie grasgrün, in der lezten nimmt ſie eine gelblichrothe Farbe an, die der Fleiſch-
farbe ſehr nahe kömmt. Die hervorſtehenden Theile
des Kopfs ſind blaß ſtahlblau. Die Augen ſtehen auf
einem gelben erhabenen Grunde nicht in einem halben
Zirkel, ſondern gebogen wie ein kleines lateiniſches s.
Die Freßſpitzen ſind zitronengelb, und ihre äußerſten Theile ins Bräunliche gemiſcht. Das Gebiß iſt ſchwarz.
An jeder Seite geht vom Kopfe bis zu Ende der Schwanzfüße eine zitronengelbe Streife. Hart an derſelben liegt
eine andre von blaßſtahlblauer Farbe; die ſich nach dem
Rücken zu in die Grundfarbe verliert, und auf welcher
die weißen ſchwarzeingefaßten Luftlöcher ſtehen. Eine
ſtahlblaue Linie zieht ſich längſt dem Rücken und zu beiden Seiten eine ähnliche, welche bei jedem Einſchnitt
etwas unterbrochen zu ſein ſcheint. Auf dieſen drei Linien finden ſich viele gelblichweiße unregelmäßige Punk-

te, die etwas auf der Oberfläche hervorstehen. Mit
feinern Punkten von eben der Farbe ist der ganze Kör=
per bestreuet, so, daß er durch die Lupe schagrinartig
aussieht. Außer diesen sind noch zu beiden Seiten fast
auf allen Ringen drei Paar schwarze auf einer Seite
weißeingefaßte Punkte, wovon das erste Paar zwischen
der Rückenlinie und dem zur Seite laufenden stahl=
blauen Striche, das zweite Paar zwischen diesem und
der zitronengelben Streife, auf den drei ersten Ringen
gerade unter einander, auf den Uebrigen aber schreg
steht. Unter dem gelben Streife ist auf den drei ersten
Ringen nur ein schwarzer Punkt; auf dem Vierten und
Fünften sind zween untereinander, und auf den Uebri=
gen stehen sie schreg. Die ersten und lezten Ringe auch
der ganze Unterleib fallen etwas ins Grünliche. Auf
jedem der beschriebenen schwarzen Punkte sizt ein sehr fei=
nes kaum sichtbares Härchen. Am Kopfe und After
befinden sich mehrere dergleichen.

An verschiedenen Raupen von dieser Art bemerkte
ich in der Zeichnung einigen Unterschied, weswegen ich
sie von jener absonderte. Die gelbe Seitenstreife war
bei ihnen breiter und ins Grünliche gemischt. Dicht
an derselben fand sich auf jedem Ringe ein schwarzes
mit ihr gleichlaufendes Strichelchen, in dessen Mitte
zween weiße Punkte neben einander standen, welche ei=
nen schwarzen Punkt mitten über sich hatten. Der
blaßstahlblaue Strich am Rücken lief nicht gerade, son=
dern in etwas schregen Absätzen. Die schwarzen Punk=
te an demselben und die unter der gelben Streife waren
mehr grau als schwarz und kaum sichtbar; auch zog
sich neben jedem Einschnitt querüber eine Falte.

Beide Raupen leben zu einer Zeit ungefehr von der
Mitte des Heumonats bis zu Ende des Erntemonats.
Sie nähren ſich von mehrern Pflanzen, von Spitzwe=
gerich (Plantago lanceolata) Breitwegerich (Plantago
maior) Gartenmelde (Atriplex hortenſis) u. d. g.
Wenn ſie am Tage freſſen; ſo geſchicht es verdeckt un=
ter den Blättern, und meiſtens nur alsdenn, wenn es
ihnen des Nachts an Futter gefehlt hat: Denn dieß iſt
die gewöhnliche Zeit, da ſie wieder aus der Erde oder
unter den Blättern, wo ſie verſteckt gelegen, hervor=
kommen, und ans Futter kriechen.   Ihr Gang iſt lang=
ſam; aber ihre Begierde zu freſſen ſtark.

Um ihre Raupenhaut abzulegen, machen ſie ziem=
lich tief in der Erde ein dünnes Geſpinnſt, worinn ſie
ſich nach acht oder neun Tagen verpuppen.   Einige, die
in einer Schachtel ohne Erde geblieben, nagten Späne
von dem darinn befindlichen Korkholze, webten ſolche in
ihr Geſpinnſt, und legten ihre Haut unter einem Blatt
ſo gut ab, wie die Andere in der Erde.

Die Puppe Tab. IV. fig. 2. iſt von der Raupe
Tab. IV. fig. 1.   An ihrer Schwanzſpitze iſt eine kleine
zweizackichte Gabel.   Ihre Farbe iſt dunkelrothbraun.
Die Puppe derjenigen Raupe, welche, wie ich geſagt,
von der Tab. IV. fig. 1. in der Zeichnung etwas ab=
weicht, iſt von der nämlichen Farbe. An ihrer Schwanz=
ſpitze Tab. IV. fig. 9. befinden ſich außer der kleinen
Gabel noch zween ſeitwärts ſtehende Dornen, welche je=
ne nicht hat.

Aus dieſer Puppe kömmt im Brachmonat des fol=
genden Jahrs das Männchen Tab. IV. fig. 4. und aus
jener Tab. IV. fig. 2. das Weibchen Tab. IV. fig. 3.

Die Bartspitzen an diesen Phalänen sind kurz, und breit. Ihre dunkelbraune Farbe wird nach der Spitze zu heller. Die Augen sind bräunlichschwarz. An den borstigen Fühlhörnern erscheinen durch die Lupe an jedem Gliede zwei feine Haare, und zwischen diesen sind die Seiten mit noch zärteren kurzen Härchen besezt; der Rücken ist schuppig. Der Halskragen besteht aus zween hellleberfarbenen Bögen, welche mit einem sehr schwarzen Striche gezeichnet sind. Dicht hinter demselben steht auf dem Rücken ein sehr kleines trichterförmiges Büschelchen. Der Rückenschild ist leberfarbig. Der Hinterleib hat auf jedem Ringe drei kleine Haarbüschel, wovon einer auf dem Rücken, und die andern an den Seiten stehen; oben ist er aschgrau, unten ins Braune gemischt. Der After ist mit langen Haaren bedeckt. Bei dem Weibchen sind die kleinen Haarbüschel nicht so merklich, und der Rückenschild dunkler.

Die Flügel sind sehr wenig gezackt. Die Grundfarbe bei den Oberflügeln des Männchen ist leberbraun: bei dem Weibchen fällt sie ins Erdbraune. Am Rückenwinkel befindet sich ein dreilappiger unterwärts mit einer hellen Linie eingeschlossener Fleck, unter welchem eine dunkle Zapfenmakel steht, die mit einer schwarzen Linie eingefaßt ist. Dann folgt ein länglichtrunder und daneben ein Nierenfleck, welche beide besonders beim Weibchen ganz undeutlich und nach dem Vorderrande zu offen sind. Unter diesen Flecken geht bei den Weibchen eine feine wellenförmige Linie quer durch die Flügel; bei dem Männchen ist nur ein Anfang davon. Dicht am Vorderrande nicht weit vom Vorderwinkel stehen drei hellbraune Punkte. Am äußern Rande geht quer-

durch) eine zikzackichte Linie, welche in der Mitte die Geſtalt eines lateiniſchen W hat.   Der Grund der Unterflügel iſt oben blaßbraun, und wird gegen den äußern
Rand zu immer dunkler, beinahe ſchwärzlicht.   Am
Hinterwinkel iſt eine kurze hellbraune wellenförmige Linie.   Die Unterſeite der Flügel fällt ins Aſchgraue, und
hin und wieder ins Braune.   In jedem Flügel zeigt
ſich ein kleiner ſchwärzlichter Mondfleck und eine undeutliche Streife.   Die Füße ſind Aſchgrau, und die
Hüften und gedornten Schenkel haaricht.

Nicht allein die Aehnlichkeit dieſer beiden Schmetterlinge, die ungeachtet ihrer Abweichungen doch immer
ſehr auffallend bleibt, macht es mir mehr als wahrſcheinlich, daß ſie zu einer Art gehören, ſondern auch die denen Männchens eigenen krummen Häkchen am Hintertheil, welche ich bei allen denen gefunden, die Tab. IV.
fig. 4. abgebildet worden; bei denen fig. 3. aber vermißt
habe.   Ihr Unterſchied verdient indeſſen um ſo mehr
bemerkt zu werden, weil er in allen Geſtalten, der Raupe, Puppe und des Inſects ſelbſt ſichtbar iſt.

13. .

PHALAENA NOCTUA DOMIDUCA.

Die Sturmhaube.

P. Noctua fpirilinguis criftata, alis incumbentibus violaceis, fafciis faturatioribus: pofticis dilucide aurantiis ad bafin et fafcia fubmarginali nigris.

m. *long.* lin. 8. *lat.* 4.

f. — — 9. — 4¾.

Berliner Magazin 3 B. S. 404. Nr. 81. Phal. Domiduca. Die Sturmhaube.

Naturforfcher 9. St. S. 135. Nr. 81. Ph. Domiduca.

Syft. Verz. der Schmetterlinge d. W. G. S. 78. Nr. 19. Veilblaulichte braunfleckichte Eule N. Janthina.

Defcr. Palpi Phal. Tab. IV. fig. 5. breues, porrecti, pallide fulphurei, *Oculi* fufcefcentes. *Antennae* fetaceae pilofae, rachi fquamatae fubtus teftaceae. *Caput* et crifta collaris fulphurea. Pars criftae fuperior *thorax* et *abdomen* tergo grifeo-fufca, anus barbatus niger. *Pectus* fulphureo-albefcens; venter teftaceus, fegmentis quatuor pofticis margine ciliatis. Pedes fpinofi fulphureo-albidi, tarfi fufco interrupti. *Alae* primariae fupra violaceae oliuaceo variae, fafcia verfus bafin et in medio tranfuerfa violaceo-nigricante, verfus marginem exteriorem janthina dilucida exeunte; macula ad apicem lineaque terminali ante cilia teftacea; ftigmatibus ordinariis; punctis quatuor aurantiis et aliis in margine craffiore

pallide sulphureis. Subtus nigrae, antice et postice albescentes apice testaceae; secundariae dilucide aurantiae latere antico testaceo, fascia lata
nigra terminali duas tertias alae partes tantum
complectente.

Die kurzen Bartspitzen der Phaläne Tab. IV. fig. 5.
haben eine blaßschwefelgelbe Farbe. Die Augen sind
hellbräunlich. Die borstenförmigen Fühlhörner des
Männchen haben zu beiden Seiten viele kurze ganz feine
Härchen, worunter auf jedem Gliede zwei vor den übrigen hervorragen; Den weiblichen Fühlhörnern fehlen
die kürzern. Der Rücken von beiden ist schuppicht
und gelblichweiß, die untere Seite ziegelfarbig. Der
Kopf und untre Theil des Halskragens sind schwefelgelb; lezterer ist durch eine hellochergelbe Linie ganz gerade und scharf vom obern Theil abgeschnitten, welcher
so wie der Rücken graubraun und mit vielen hellern
Punkten bestreuet ist. Die Brust geht aus dem Schwefelgelben fast ganz ins Weiße über. Der Hinterleib ist oben graubraun und unten ziegelfarbig; die
vier lezten Glieder sind an beiden Seiten mit kurzen,
und der After mit langen Haaren gebärtet; Diese sind
schwarz, und jene gleichen der Farbe des Unterleibes.
Die dornichten Füße sind wie die Brust gefärbt; die
Fußblätter haben braune Flecke.

Die Oberflügel sind oben von Rückenwinkel an bis
zur Mitte olivengrün, und von da bis an den äußern
Rand veilchenblau. Diese Farben stehen aber nirgend
rein, sondern sind durch helle und dunkle Punkte gemischt. Sie haben in Kleinen viel Aehnlichkeit mit

der Zeichnung eines Perlhuhns. Quer durch die Mitte geht eine ziemlich breite dunkelblaue fast schwärzlichte Binde, zwischen welcher und dem Rückenwinkel sich eine schmälere befindet, die nicht so dunkel ist. In der breitern steht eine Nierenmakel, deren schwärzlichter Umriß sich nur durch vier hellgelbe Punkte bemerken läßt. Zwischen beiden Binden ist eine länglichrunde mit einer gelblichen Linie eingeschlossene Makel. Nicht weit vom äußern Rande zeichnet sich noch eine dunkle Binde aus, welche am Vorderrande braun ist, dann ins Veilchenrothe übergeht, und sich an der obern Seite verliert. Zwischen dieser und der mittlern Binde stehen vier pomeranzenfarbene und nicht weit vom Rückenwinkel zween schwefelgelbe Punkte am Vorderrande. Den äußern Rand schließt eine ziegelfarbene Linie ein, die sich an der Spitze mit einem ähnlichen Fleck endiget. Auf der Unterseite sind diese Flügel schwarz, am Vorder- und Hinderrande weißlich und an der Spitze dunkelziegelfarbig. Die hellpomeranzenfarbenen Unterflügel sind oben am Rückenwinkel schwärzlicht, und haben am äußern Rande eine breite schwarze Binde. Diese zeigt sich auch auf der Unterseite, doch nimmt sie hier nur zwei Drittheil von der Breite des Flügels ein; denn am Vorderrande geht längst dem Flügel eine dunkelziegelfarbene Binde her, die am Vorderwinkel wohl ein Drittheil von der Breite des Flügels hat.

Die Farben dieser Phaläne auf der Oberseite der Oberflügel sind nicht beständig. Bei einigen fallen die schwärzlichten Binden beinahe ins Braune, und der Grund von der Mitte bis zum äußern Rande ist grau, oft fast gar nicht ins Blauliche gemischt. Alle Abände-

E

rungen anzuführen, würde hier zu weitläuftig sein.
Dasjenige Exemplar, welches ich beschrieben, war
den Farben nach eins der Schönsten, so ich gesehen
habe.

14.

PHALAENA BOMBYX VELITARIS.

Die Segelmotte.

Phal. Bombyx elinguis, criftata, alis pallide mofchatinis: fuperioribus ftrigis duabus albis vndatis lineola intra apicem fufca.

long. lin. $7\frac{1}{2}$ *lat.* 4.

Berliner Magazin 3. B. S. 394. Nr. 64. Phal. Velitaris
die Segelmotte.

Naturforfcher 9. St. S. 129. Nr. 64. Phal. Velitaris.

Defcr. *Oculi* Tab. IV. fig. 8. fufci. *Antennae* pectinatae, foeminae fetaceae. *Crifta* collaris tori-
formis, dorfalis thoracis valuulis lunatis canis
fufco punctatis. Pectus et abdomen colore nu-
cis mofchatae, ano barbato. *Alae* anteriores
ftriga ad bafin vtroque latere fufca, altera latere
tantum exteriore et interrupte: margine exteriore denticulis albis, tenuiore lobo ciliari fufco.
Inferiores pallide ftriatae, fubtus concolores gri-
feo-fufcefcentes, fafcia obfoleta.

Die Augen von der Phaläne Tab. IV. fig. 8. find
bräunlich. Der wulftförmige Halskragen ift weiß und
am hintern Rande braun. Auf jeder Seite des Rückens

steht ein Büschelhaare, welches von oben platt und
nach der Mitte zu mit einem halbrunden braunen Bogen
eingefaßt ist.   Der Hinterleib hat blaße Muskatennuß-
farbe und ist etwas gebärtet.   —

Die Grundfarbe der Flügel kömmt mit der Farbe
des Leibes überein.   Durch die Obern gehen zwei weißliche wellenförmige Streifen, wovon die Obere auf beiden Seiten, die Untere auf der innern Seite sehr un-
merklich, auf der äußern stark aber unterbrochen braun
eingefaßt ist.   Von der Spitze zieht sich ein brauner
Strich fast bis an die untere Binde.   Der äußere
Saum ist durch eine braune Linie vom Rande unterschieden, welche durch weiße Zähne unterbrochen ist.
Am Hinterrande steht in der Mitte ein merklicher
Zahn oder Haarbusch von dunkelbrauner Farbe.   Durch
die Unterflügel geht eine blaße Streife.   Die Unterseite der Flügel ist graubräunlich mit einer undeutlichen
Binde gezeichnet.   Die mit langen Haaren versehenen
Füße gleichen der Farbe des Unterleibes.

15.

PHALAENA TINEA PERLELLA.

Die Perlmotte.

Phal. Tinea alis oblongis margaritato-fulgidis, fubtus furuis.

long. lin. 6.

Scopoli Entom. Carn. p. 243. fp. 620. Phal. Perlella.

Defcr. Palpi Tab. IV. fig. 6. quatuor albi, antici le-
niter deflexi poflici breuiores. *Oculi* fufcefcentes. *Antennae* fetaceae albicantes. *Caput* albidum. *Corpus* cano fplendidum. *Alae* conuo-
lutae, anteriores fupra eodem, quo margaritha,
colore micantes; inferiores cinereo fplendidae
pilis argenteis ciliatae.

Die vordern Bartſpitzen Tab. IV. fig. 6. ſind anderthalb Linien lang und ſehr wenig unterwärts gebogen;
die hintern haben ungefehr den fünften Theil der Länge
und ſtehen gerade aus. Jene ſind etwas kegelförmig
und haben oben eine glänzendweiße und unten eine graue
Farbe. Die Augen ſind bräunlich. Die borſtenarti-
gen Fühlhörner ſind weißlich. Der Kopf iſt weiß und
der Leib ſchimmert ins Graue.

Die Oberflügel haben oben einen faſt ſchönern Glanz,
als eine Perl und ſchielen, wie dieſe in ein ſehr zartes
Grün und Blau. Auf der Unterſeite ſind ſie bräunlich
aſchgrau, und haben rund herum einen weißlichen Rand.
Die Unterflügel ſind auf beiden Seiten hellaſchfarbig,
und am Rande ſilberweiß. Ihr Glanz kömmt den

Oberflügeln nicht gleich). Die Vorderfüße sind bräunlich, die hintern etwas heller.

16.

PHALAENA TINEA PINETELLA.

Die Fichtenmotte.

Phal. Tinea alis anticis pallide aurantiis; alba py-
ramide longitudinali fasciis binis colore alae interrupta.

SCOPOLI Entom. Carn. p. 243. sp. 620.

long. lin. 5.

LINN. Syst. Nat. ed. 12. p. 886. sp. 358.
   Faun. Suec. 1368. P. T. Pinetella.

Müllers Linn. Naturspst. 5. Th. 1. B. S. 738. sp. 358.
   Die Fichtenmotte.

FABRIC. Syst. Entom. p. 657. nr. 13. Tinea Pinetella
   Linn. Charaktere.

CLERC. Phal. t. 4. fig. 15.

MULLER Zool. Dan. p. 133. sp. 1544 P. Tin. Pinetella.
   Linn. Charaktere.

System. Verz. der Schm. d. W. G. S. 134. nr. 7. Die
   Föhrenschabe, Tin. Pinetella.

Descr. 'Palpi Tab. IV. fig. 7. quatuor supra candi-
   di, subtus ochreacei; antici linguaeformes le-
   viter incurui, postici breuiores. *Oculi* fuscescentes. *Antennae* setiformes griseae lucidae. *Caput*
   pectus totumque *abdomen* albi coloris nitidi; *tho-*
   rax albus lateribus silaceis; anus barbatus. *Alae*
   convolutae, *superiores* punctis marginalibus ni-

gris plicis interjectis, subtus pallide cinereae limbo flauescentes. *Inferiores* vtrinque pallidae furvae. Tibiae alis concolores.

Die Bartspitzen dieser Motte Tab. IV. fig. 7. sind oben glänzendweiß, an den Seiten und unten ocherbraun; die Vordern sind lang und sehr wenig unterwärts gekrümmt. Sie schließen an dem aufgerollten Saugrüssel fest an, und wo dieser sich endiget, treten ihre Spitzen dicht zusammen; daher haben sie eine zungenförmige Gestalt. Die Augen sind bräunlich. Die borstigen Fühlhörner sind glänzend ocherbraun. Der Kopf und die Mitte des Rückens hat einen weißen Glanz. Lezterer ist an den Seiten braun. Die Brust und der ganze Hinterleib fällt sehr wenig ins Greise. Der After ist mit gelblichen Haaren bedeckt.

Längst durch die Oberflügel geht ein piramidenförmiger Fleck von weißer seidenartiger Farbe, dessen Spitze dicht am Rückenwinkel anfängt. Dieser ist von der ocherbraunen Farbe des Flügels, welcher am Vorder- und Hinterrande meist ins Pomeranzenfarbige fällt, zweimal schreg unterbrochen. Am äußern Rande sieht in jeder Falte ein schwarzer Punkt. Die Unterseite dieser Flügel ist blaßaschfarbig, am Rande gelblichweiß. Die Unterflügel sind auf beiden Seiten blaßbräunlichgrau, und haben einen gelblichweißen Saum.

Nach der linneischen Beschreibung ist der piramidenförmige Fleck nur einmal unterbrochen, welches mit der Abbildung des Clerc übereinkömmt, bei der am äußern Rande der glänzende weiße Strich oder der Grund der Piramide fehlt. Herr Scopoli, mit des-

ſen Beſchreibung unſre Phaláne aufs genaueſte überein-
ſtimmt, hat gleichwohl den Linne' angezogen, und deswegen habe ich fein Bedenken getragen, ihm hierinn zu
folgen. Eine kleine Abánderung würde auch nicht
hinreichend ſein, zwo verſchiedene Arten daraus zu
machen.

I.

PAPILIO PLEBEJVS VRBICOLA SILVIVS.

Silvius.

P. Pleb. Vrb. alis integerrimis, diuaricatis; anticis
luteis rubido maculatis, poſticis coloribus inuerſis.

long. lin. 6. *lat.* 3$\frac{2}{1}$.

Deſcr. Palpi Tab. V. fig. 1. porrecti luteo - nigri.
Oculi glauci. *Antennae* clauatae nigrae, ſubtus
luteae. *Thorax* piceus; *pectus* flaueſcens. *Abdomen* nigrum lanugine luteum. *Alae* integrae,
anteriores vtrinque luteae, maculis diſci quatuor
ordineque labecularum ſubterminali et fimbria
rubidae; poſteriores ſupra rubidae ſubtus nigrae
luteo irroratae, maculis vtrinque et ciliis luteis.

Die Bartſpitzen dieſes Zweifalters Tab. V. fig. 1.
ſtehen gerade aus und ſind mit langen ſchwarzgelblichen
Haaren beſezt. Die Augen fallen in Schimmelfarbe.
Die keulenförmigen Fühlhörner ſind auf der obern Seite
ſchwarz und unten veilchengelb. Der Rücken iſt pech-
ſchwarz; die Bruſt gelblich. Kurzes gelbes Haar bedeckt den ſchwarzen Hinterleib beſonders auf der untern
Seite.

Die Oberflügel haben ein schönes Veilchengelb, das
auf der untern Seite etwas blaßer ausfällt.   In der
Mitte der Oberseite steht ein Fleck, der dieselbe Figur
hat, wie das Pik auf den französischen Kartenblättern.
Ueber demselben nach dem Rückenwinkel sind drei länglichte Flecke, und nicht weit vom äußern Rande befinden sich achte in einer Querreihe, wovon zween am Hinterwinkel zusammenfließen.   Sie haben wie der Saum
eine röthlichschwarze Farbe.   Auf der Unterseite hat der
mittlere Fleck eine andre Gestalt, und die am Rande
sind etwas größer.   Die Farbe der Unterflügel kömmt
auf der Oberseite mit diesen Flecken überein.   Ein länglicht schmaler Fleck, welcher am Rückenwinkel anfängt
und an beiden Enden verjüngt ist, vereinigt sich in der
Mitte des Flügels mit einer größern fast länglichtrun-
den Makel; und eben da stehen zu beiden Seiten zween
kleinere länglichtrunde Flecken.   Die große Makel ist
durch eine kurze Linie mit einem kleinen runden Fleck zu-
sammengehängt, der nicht weit vom äußern Rande noch
zween länglichtrunde Flecken neben sich hat, so daß alle
Flecken in einem gewissen Ebenmaaß geordnet sind; am
Hinterwinkel befinden sich noch ein paar kleine Punkte.
Sie haben so wie die Flecken und der Saum die Farbe
der Oberflügel.   Die Unterseite ist schwarz mit Gelb
bestäubt.   In der Mitte sind fünf gelbe Flecken, und
achte, welche dicht am äußern Rande stehen, sind von
einer schwärzlichten Linie quer durchschnitten.   Die Füße
sind gelblichschwarz.

Dieser Schmetterling hat seiner Größe und Gestalt nach sehr große Aehnlichkeit mit dem Papilion Pa-

niskus des Herrn Fabrizius a) der sich auch in hiesiger
Gegend findet, und wovon Herr Sulzer b) und Esper c)
auch Herr Capieux d) in Leipzig Abbildungen geliefert
haben.

Der Unsrige hält sich im Elm einem ohnweit von
hier gelegenen Walde auf.

2.

PAPILIO NYMPHALIS PHALERATVS ARSI-
LACHE.

Arsilache.

P. Nymph. Phal. alis rotundatis fuluis nigro-macu-
latis: inferioribus subtus maculis nouem argenteis
marginalibus et fascia moschatina argenteo terminata.

f. *long.* lin. 10. *lat.* 6.

Espers Fortsetzung des 1. Th. der europäischen Schmetterlinge S. 35. Tab. LVI. cont. VI. fig. 5. P. N. Phal.
Arsilache, die Arsilache.

Descr. Palpi Tab. V. fig. 3. 4. flauentes supra nigricantes. *Oculi* fusci. *Antennae* capitatae, ful-
vae, capitulo nigro annulato. *Corpus* pilosum
pullum, subtus flauescens; anus lanatus. Pedes
fului gressorii. *Alae* antrorsum fuluae ad basin
nigrae, margo externus pallidus nigro interruptus, quem versus duo macularum ordines cae-

a) Systema Entom. p. 531. n. 377.
b) Abgekürzte Gef. der Inf. p. 147. Tab. 19. fig. 8. 9.
c) Schmetterlinge 1. Th. S. 322. Tab. 28. suppl. 4. fig. 2.
d) Naturforscher 12. St. S. 71. Nr. 2. Tab. 2. fig. 11. 12.

terique characteres fere iidem funt, quibus Pap.
Euphrofyne gaudet. Subtus alae primariae fub-
concolores fed margine exteriore et apice fatura-
tim mofchatinae fulphureo maculatae; Secundariae colore floris mofchati faturatiores, maculis
feptem marginalibus fulphureis, quibus adftant
totidem argenteae, quarum mediae prae fe ha-
bent maculam fulphuream; tum ferie ocellorum
fex et duabus maculis argenteis, quas fafcia ruti-
lata tranfuerfa excipit, fupra quam mofchatina
eft maculis argenteis inclufa.

Die Bartfpitzen diefes Zweifalters Tab. v. fig. 3. 4.
find bei dem Weibchen unten hellgelb, bei dem Männchen bräunlichgelb; oben fallen fie bei jedem Gefchlechte
ins Schwarzbraune. Die Augen find hell auch wohl
dunkelbraun. Mitten an der Kolbe der braungelben
Fühlhörner befindet fich ein fchwarzer Ring. Der Leib
ift haaricht, oben rauchfarbig, und unten ins Gelbe gemifcht. Den After des Männchen bedecken bräunlichgelbe Haare. Den Vorderfüßen fehlen, wie bei diefen
Arten gewöhnlich, die Fußblätter. Die Farbe der
Füße fpielt ins Bräunliche.

Die Oberfeite der Flügel hat ein brennendes Braun,
fo ins Pomeranzengelbe fällt. Am Rückenwinkel nimt
ein fchwärzlichter Fleck, welcher mit hellbraunen Haaren bedeckt ift, einen guten Theil derfelben ein. Der
äußere Rand ift blaßbraun und durch fchwarze Flecke
unterbrochen. Die ihm zunächft ftehenden zwo Reihen
gleichfarbiger Flecken und die übrigen Makeln find von

den Zeichnungen des Pap. Euphroſyne wenig unterſchieden. · So kömt auch die Unterſeite der Oberflügel mit
dieſem Schmetterling ziemlich überein.   Schwefelgelbe
Flecken im Saum, am äußern Rande und Vorderwinkel in einem muskatbraunen Grunde und etwas Röth-
liches am Rückenwinkel machen einigen Unterſchied.
Die Unterflügel fallen in die Farbe der Muskatblüthe,
doch ſind ſie dunkler.   Sie haben am Saum ſieben
ſchwefelgelbe Flecke.   Ueber dieſen ſtehen eben ſo viele
ſilberne, am Vorderwinkel die größten; die folgenden
nehmen nach und nach an ihrer Größe ab, und der ſiebente macht nur einen Punkt aus.   Vor dem vierten
und fünften von Vorderwinkel an gerechnet, iſt eine
ſchwefelgelbe Makel, die bei einigen Exemplaren ins
Bräunliche übergeht.   Hiernächſt folgt eine Reihe von
ſechs zum Theil blinden Augen, welche mit braunrothen
Schatten umzogen ſind.   Ueber denſelben befindet ſich
am Vorderrande eine ſilberne Makel.   Ein gelber und
ein ſilberner krummer Strich ſteht im Hinterwinkel.
Quer durch die Mitte der Flügel geht eine röthlichgelbe
Binde, und über ihr eine dunkle muskatfarbene, welche
an beiden Seiten mit ſilbernen Flecken eingefaßt iſt.

So nahe dieſer Schmetterling mit dem Pap. Euphroſyne verwandt zu ſein ſcheint: ſo weicht er doch in
verſchiedenen Zeichnungen, beſonders in den weit ſchö-
ner gemahlten Unterflügeln merklich von ihm ab.   Wir
haben ihn in hieſiger Gegend noch nie da angetroffen,
wo wir jenen alle Jahre ſehr häufig gefunden haben.

An friſchen und noch nicht abgeflogenen Exemplaren habe ich eben ſo wenig, wie bei der Euphroſyne, ge-
zähnte Flügel entdecken können.

Die Tafel worauf dieſer Schmetterling vorgeſtellt
worden, war ſchon fertig, als die eſperſche Abbildung
herausfam.

3.

PAPILIO PLEBEJUS RURALIS OPTILETE.

Das Gelbauge.

Pap. Pl. rur. alis caudatis: e fuſco et faturate coeruleo bicoloribus, poſticis cum ocello ad angulum ani
aurantio.

long. lin. **7.** *lat.* 4½.

Deſcr. *Palpi* apice ſubulati, ſupra fuſci. *Antennae*
capitatae nigrae albo annulatae.   *Thorax* et *ab-*
domen fuſco-nigra; *pectus* coerulefcens, *venter*
albidus.   *Alae* maris ſupra fature coeruleae albo
ciliatae; alam foeminae Tab. V. fig. 5. 6. mediam fature coeruleo, oras extremas fuſco occu-
pante cum lineola inferiorum ſubterminali albe-
ſcente et ocello ad angulum poſticum aurantio.
Subtus omnes e fuſco cineraſcentes, baſi coeru-
leſcentes margineque exteriore duplici ſerie macularum atrarum; inſuper puncta nigra ocella-
ria iride alba 6 vel 7 in primariis, 9 vel 11 in ſe-
cundariis praeter luñulam nigram maculasque
duas l. tres marginales aurantias pupillis coeru-
leo-argentatis.

Die Bartſpitzen dieſes Tagvogels ſind oben ſchwärzlicht, unten blaulichweiß. Die schwarzen kolbenähnlichen Fühlhörner haben weiße Ringe. Der Rücken und Hinterleib ist oben schwärzlichtbraun. Die Brust ist blaulichweiß; der Unterleib weißlich.

Die Flügel des Männchen sind oben ganz türkisblau und schillern ins Schwarze. Was Herr Kühn a) von den schönen Farben des Pap. Quercus Linn. sagt, gilt auch von diesem. Bei dem Weibchen Tab. v. fig. 5. sind sie nur in der Mitte türkisblau und umher dunkelbraun. Außerdem ist es durch den weißen Saum, durch eine feine weißliche Linie nahe am äußern Rande und durch ein pomeranzenfarbiges Auge am Hinterwinkel der Unterflügel von dem männlichen Schmetterling hinlänglich unterschieden. Bei einigen Exemplaren fehlt das Auge. Die Unterseite der Flügel Tab. v. fig. 6. geht aus dem Braunen ins Aschfarbige über; die Rückenwinkel sind blaulichweiß. Am äußern Rande stehen zwo Reihen schwarzer Flecken; außer diesen in den Oberflügeln sechs bis sieben, in den Unterflügeln neun bis eilfe derselben, auch in jedem Flügel eine kleine Mondmakel. Alle diese Flecke sind mit einem weißen Rande eingefaßt. Am Hinterwinkel der Unterflügel stehen zwei bis drei röthliche Flecken, welche ein blaues silberglänzendes Auge haben.

Diese Art findet sich in hiesiger Gegend.

a) Naturforscher. 14. St. S. 51.

Der Rüsselkäfer verdient wegen seines volkreichen Ge-
schlechts wegen seiner sonderbaren und von andern Käfern so
sehr unterschiedenen Gestalt, auch wegen des mannigfaltigen Schadens, den er an Bäumen, Pflanzen, und vorzüglich auf den Kornböden an verschiedenen Hülsenfrüch-
ten zu verursachen pflegt, noch immer Aufmerksamkeit,
um die Geschichte und Gestalt einzelner Arten näher
kennen zu lernen, und noch unbekannte Theile an ihm
zu entdecken, wodurch mancherlei Gattungen besser unterschieden und eingetheilt werden können.

Unter den Schriftstellern, welche von diesem Käfer-
geschlechte gehandelt haben, hat Geer nach meiner Ein-
sicht dasselbe ziemlich genau bestimmt.

„Nach ihm a) besteht der Hauptcharakter des Rüsselkäfers in der Figur des Kopfs, welcher in Gestalt des
walzenförmigen Rüssels verlängert, hart und hornartig,
bei einigen Gattungen sehr lang, bei andern aber kurz
und am Ende mit zween kleinen Zähnen versehen ist, so
daß sich das Maul ganz an dem äußersten Theile dieses
Rüssels befindet. Sowohl die langen als kurzen Rüssel sind an ihrem Ende weit dicker als in der Mitte, und
außer den zween Zähnen sieht man daran vier Fühlspizen, die sich aber wegen ihrer gewöhnlichen Kürze nicht
sogleich bemerken lassen. An langen Rüsseln sizen die
Fühlhörner gewöhnlich ziemlich weit vom Ende, bisweilen fast in der Mitte; aber an kurzen Rüsseln sind
sie dem Ende sehr nahe.

Der zweete Charakter läßt sich von der Gestalt und
Stellung der Fühlhörner hernehmen, welche aus eilf
Gliedern bestehen, auf die Seiten des Rüssels in eini-

a) de Geer Inf. Tom. V. p. 199. fqq.

ger Entfernung vom Ende gesezt sind und sich mit einer
Kolbe endigen, die gewöhnlich etwas länglicht ist, und
aus den drei lezten Gliedern besteht, wovon das Aeußer=
ste in eine kegelförmige Spize ausläuft. Man findet
an diesen Fühlhörnern einen merklichen Unterschied. Ei=
nige sind in der Mitte gebogen oder gleichsam in zween
Haupttheile getheilt, wovon den Ersten nur ein einziges
sehr langes Glied ausmacht, das allein beinahe eben so
lang ist, als alle die andern, welche zusammen den
zweeten Theil enthalten, der sich mit einer Kolbe endi=
get. Eine andre Art von Fühlhörnern ist gar nicht ge=
bogen, sondern beinahe gerade. Ihre kornförmigen
Glieder haben fast eine gleiche Länge. Das Erste ist
nicht viel länger als die Folgenden.

Den dritten Charakter bestimmt die Figur der Fuß=
blätter. Diese bestehen alle aus vier Gliedern, wovon
das dritte in zween Lappen getheilt ist, welche unterwärts
mit haarichten Platten versehen sind.

Die Hüften des Rüsselkäfers sind gewöhnlich ganz
nahe am Leibe sehr dünn; aber sie werden hernach an=
sehnlich dick, so daß sie in der Mitte wie aufgeschwollen
und am Ende gleichsam kolbenförmig sind. Bei eini=
gen Arten haben alle Hüften unten nicht weit vom
Schienbeine eine harte und unbewegliche Spize, welche
wie ein kurzer kegelförmiger Dorn aussieht. Bei andern Ar=
ten haben nur die vordern Hüften einen solchen Dorn: auch
gibt es solche, deren vordre und mittlere Hüften nur gedornt
sind, dahingegen bei andern die vordern Hüften allein keine
Dornen haben; endlich gibtes auch Arten, an deren
Hüften ganz und gar keine Dornen zu finden sind.

Die Schenkel haben bei allen Gattungen unten am
Ende eine Klaue oder einen spizigen Haken, der hart

und unterwärts gekrümmt ist, womit sich das Insekt sehr fest an den Gegenstand halten kann, worauf es kriecht.

Die hornartige Haut der Rüsselkäfer und ihre Flügeldecken sind sehr hart und fest. Leztere passen sehr dicht an den Leib, und sind an den Seiten des Unterleibes sehr tief herunter gebogen, so daß sie solche ganz bedecken und gleichsam wie angegossen scheinen.

Einige Arten haben keine Flügel aber gleichwohl Flügeldecken, wie andre.

Man findet auch sehr kleine Arten, welche weit springen können, und denen man daher den Namen Springrüsselkäfer geben könnte.

Bei einigen von diesen Insekten sind der Leib und die Flügeldecken mit vielen kleinen länglichten Schuppen bedeckt, die flach liegen, und den Schuppen der Schmetterlingsflügel ähnlich sind. Sie bedecken den Grund der Haut und geben ihr Farben von allen Schattirungen; denn diese Schuppen sind verschieden gefärbt. Andre haben nur Haare anstatt der Schuppen, und bei andern finden sich auf der Haut weder Schuppen noch Haare."

Es scheint hier beinahe alles gesagt zu sein, was den Rüsselkäfer von andern Geschlechten unterscheidet; und ich komme vielleicht zu spät, um etwas Neues zu sagen. Indessen will ich es versuchen, ob mir zu einer Nachlese noch Etwas übrig geblieben sei; ob ich neue noch unbemerkte Theile an diesem Insekt werde entdecken, und dadurch seine Eintheilung mehr bestimmen, ob ich das Allgemeine obiger Bemerkungen durch eigene Erfahrung werde bestätigen oder Ausnamen davon angeben können. In der Absicht will ich von den unten sich verwandten Gattungen allemal eine oder etliche Arten abzubilden und so zu beschreiben suchen, daß Anfänger

daburch die verschiedenen Familen der Rüßelkäfer zu unterscheiden im Stande sind.

I.

CURCULIO ALBINUS.

Die Weißstirn.

foem. El. *long.* lin. 3. *lat.* 1½.

Curc. breuiroſtris niger, fronte anoque albis, thorace tuberculato.

LINN. Syſt. Nat. ed. 12. Sp. 79.

Faun. Suec. Sp. 632.

Müllers Lin. Naturſyſt. S. 237. Nr. 79. Die Weißstirn.

SCOPOLI Ent. Carn. n. 66. Curculio albinus. Antennis
corporis longitudine, thorax tuberculis tribus.

UDDM. diſſ. 27. Curculio niger, aculeis thoracis tribus,
elytrorum ſex.

MULLERI Zool. Dan. Prodr. p. 88. n. 973. C. albinus niger tuberculatus; thorace ſubtus: elytris antice et
poſtice albis.

de GEER Inf. Tom. V. p. 255. nr. 44. t. 8. fig. I. Charan-
ſon à extrémites blanches. Curculio breuiroſtris; antennis longis rectis; corpore oblongo nigro hiſpido;
capite elytrorumque apice albis; roſtro planiuſculo
lato.

Deſcr. Palpi curc. Tab. VI. fig. 1. 2. quatuor, fuſci
quadriarticulati; articuli cuneiformes piloſi, an-
teriorum Tab. VI. fig. 2. apice ſubulati. Mandibulae a) Tab. VI. fig. 5. arcuatae, acutae fu-

a) Fabricii Phil. Entom. p. 18. §. 3.

F

fcae. *Oculi* femiglobofi, prominentes picei.
Antennae Tab. VI. fig. 4. capitatae fufco-nigrae
foeminae lin. 1½ longae, articulis vndecim apice
albefcentibus, octauo albicante. *Roftrum* Tab.
VI. fig. 5. latum breue planum albo-glaucum,
apice fufcum. *Caput* Tab. VI. fig. 5. ejusdem
coloris vtroque latere macula fufcum. *Thorax*
Tab. VI. fig. 1. cordato-retufus poftice marginatus tomentofus, fufcus; a fronte albefcens in
medio tuberculis tribus mucronatis tranfuerfis.
Elytrum Tab. VI. fig. 6. abdomine breuius ei-
que adpreffum rugofum grifeo-fufcum prope apicem glaucum; punctis quatuor tuberofis a margine interno aequali vbique fpatio fejunctis, macula inter punctum anticum et fecundum glauca.
Abdomen truncatum fubtus grifeum. *Pedes* grifei annulis fufcefcentibus. *Tibiae* atque femora
clauata, mutica. Tarforum articuli quatuor,
tertius bilobus planta pilofus fecundo vaginae
velut ita infixus eft, vt omnino tres tantum effe
videantur.

Der Küffelkäfer Tab. VI. fig. 1. hat vier braune
Fühlſpizen, von welchen zwo, die an dem Rücken der
Marillen a) ſizen aus vier Gliedern beſtehen, davon
das Erſte ſehr kurz, das Dritte etwas kürzer, wie das
Zwote und wie dieſes kegelförmig, das Vierte mit dem
Zwoten gleich lang und pfriemenförmig iſt. Alle Glie-

a) Fabricii Philof. Entom. p. 18. §. 3.

der sind mit feinen Borsten besezt. Tab. VI. fig. 2.
Die hintersten Fühlspizen an der Lippe haben vier kegelförmige Glieder a), wovon die drei ersten auf einer und
das Vierte auf beiden Seiten borstige Härchen hat.
Tab. VI. fig. 3. Die Freßzangen Tab. VI. fig. 5. sind
gebogen, überall glatt, am Ende spiz und haben eine
bräunliche Farbe.

Die nezförmigen Augen Tab. VI. fig. 5. würden vollkommen die Gestalt einer halben Kugel haben, wenn sie
nicht unterwärts nach dem Rüssel zu gerade wären, so
daß ein Theil von der Halbkugel abgeschnitten zu sein
scheint. Ihre Farbe ist glänzend, braunschwarz.

Die Fühlhörner des Weibchen Tab. VI. fig. 4. bestehen aus eilf Gliedern, wovon das Erste halbkugelför-
mig ist. Unter den folgenden drei Gliedern ist das Mittlere
am größten und das Erste am kleinsten. Sie haben eine
kegelförmige Gestalt, so wie die drei Glieder, welche
folgen, wovon das Leztere mit dem achten Gliede sehr
genau zusammen hängt. Dieses ist eiförmig und unter
allen am dicksten. Das Eilfte endiget sich mit einer
Spize. Die fünf lezten Glieder machen die Kolbe des
Fühlhorns aus. Alle Glieder sind bräunlich, und fallen an dem dickern Ende ins Weiße. Das Achte ist
ganz mit weißen Härchen bedeckt b).

a) Herr Fabrizius gibt Gener. Inf. p. 41. den hintern Fühlspizen des Rüsselkäfers drei Glieder. Dieses machte
mich zweifelhaft, ob ich nicht eins zu viel gesehen hätte, bis ich nach wiederholten Beobachtungen von der
Wahrheit überzeugt wurde.

b) Herr Scopoli a. a. O. legt dem siebenten Gliede eine
weiße Farbe bei. Allein er redet der angegebenen Länge nach von den Fühlhörnern des Männchen.

Der Rüssel Tab. VI. fig. 5. ist breit, kurz, flach und mit borstengleichen weißlichschimmelfarbigen Härchen besezt, welche zwei Wirbel machen, unter denen sich das Haar in der Mitte scheidet, den Wuchs nach beiden Seiten richtet, und über die Freßzangen zum Theil herwächst, wo es, so wie die Haare am Maule, eine braune Farbe annimmt.

Der Kopf bekömmt durch die borstigen Härchen, welche ihn decken, die Farbe des Rüssels, und hat über jedem Auge einen braunen Fleck. Der Theil zwischen den Augen ist etwas erhaben.

Der auf der Oberfläche unebene Brustschild Tab. VI. fig. 1. ist herzförmig, vorne stumpf oder abgekürzt. Hinten ist er mit einem Rande eingefaßt, welcher auch die hintere Hälfte der Seiten einnimmt. In der Mitte stehen querüber drei kleine Spizen, wovon die Mittlere eigentlich aus zwo Kleinern besteht, die sich nur durch eine Lupe unterscheiden lassen. Durch die darauf befindlichen borstigen schwarzen Härchen werden sie sehr sichtbar, da der Brustschild übrigens mit kurzen braunen und am Vorderrande mit weißlichen Haaren bedeckt ist.

Die Flügeldecken Tab. VI. fig. 6. schließen sehr dichte an den Hinterleib, den sie an den Seiten, aber nicht am Ende ganz bedecken. Sie sind gefurcht. Quer über die Furchen gehen Vertiefungen, so daß dadurch die Oberfläche runzlicht wird. Nicht weit vom Brustschilde steht ein erhabener Punkt. In der Mitte befinden sich dergleichen drei, welche von dem Vordern etwas weiter als von einander entfernt sind a).

a) Der Mittlere von diesen dreien entgeht bisweilen dem

Sie haben von dem innern Rande der Flügel einen gleichen Abstand und zeichnen sich durch ihre schwarze Farbe aus; denn die Flügeldecken haben durch die darauf liegenden borstigen Härchen eine braune Farbe, bis auf zween weißlichschimmelfarbene Flecke, wovon der Kleinere den Raum zwischen dem ersten und zweeten Punkt deckt; der Größre aber gleich hinter dem vierten Punkte anfängt, beinahe bis an die Spize geht, und wohl ein Drittheil der ganzen Flügeldecke einnimmt.

Der Hinterleib hat die Gestalt eines Bienenstocks und unten eine weiße ins Graue spielende Farbe.

An den vordern und mittlern Füßen Tab. VI. fig. 7. befindet sich ein starkes halbkugelförmiges Gelenke, wodurch die Hüfte mit dem Leibe zusammen hängt. An den Hinterfüßen habe ich solches nicht bemerkt. Bei diesen ist der Anfang der Hüfte auch nicht so dünn, als bei jenen. Sie werden aber insgesammt nach der Mitte zu dicker, verlieren darauf wieder ein wenig von ihrer Stärke, biegen sich unten einwärts, und bekommen zulezt eine beinahe walzenförmige Gestalt. Die Schenkel sind keulenförmig und haben so wenig, als die Hüften, einen Dorn oder Stachel a). Die Fußblätter bestehen aus vier Gliedern, wovon das Dritte, welches sich in der Mitte theilt, mit dem Zweiten gleich als mit einem Futteral oben und an den Seiten größtentheils umgeben ist,

Gesicht. Daher haben einige Schriftsteller überhaupt nur drei Punkte angegeben.

a) Die Bemerkung des Geer und andrer, daß sich an den Schenkeln der Rüsselkäfer durchgehends ein spiziges Häkchen befinde, leidet also bei dieser und ihr ähnlichen Arten eine Ausnahme. Und daher kan dieses Häkchen kein Geschlechtskennzeichen abgeben.

so daß man es nur unterwärts an den mit Haaren bedeckten Platten, die sich durch eine bräunlichweiße Farbe von
dem schwarzgefärbten zweiten Gliede unterscheiden, deutlich erkennen, beide Glieder aber beim ersten Anblick von
oben, wo sie in der Farbe übereinkommen, nicht anders,
als für ein Einziges ansehen kann. Die Füße sind
bräunlich ins Weiße gemischt und haben schwarze Ringe.
Die Glieder der Fußblätter sind schwarz und weiß ge-
randet.

Linné und Herr Fabrizius sezen diesen Rüsselkäfer
in die Familie derer, die einen kurzen Rüssel und Hüften ohne Dornen haben. Geer zählt ihn unter die Kurzrüßlichten, deren Fühlhörner gerade sind und aus einander gleichen Gliedern bestehen. Herr Müller bringt
ihn unter die, welche stumpfe Hüften haben, und deren
Rüssel breit und lang ist. Herr Scopoli macht aus denen, die einen dicken und kurzen Rüssel führen, eine besondre Familie. Ich bin darinn seiner Meinung, und
habe eben deswegen eine Art von dieser Familie abgebildet und beschrieben: doch mit der Einschränkung, daß
ich in diese Familie nur solche Arten aufnehme, deren Rüssel, wo nicht breiter, doch wenigstens nicht
schmäler ist, als der Kopf. Die Länge bestim-
me ich so wie Herr Scopoli, und nenne diejenigen Rüssel kurz, welche von Auge an bis zur äußersten Spize gerechnet, nicht so lang sind, wie der Brustschild.

Ein breiter und kurzer Rüssel also, gerade Fühlhörner, so aus eilf Gliedern bestehen, Hüften und Schenkel ohne Dornen würden die vornehmsten Kennzeichen

fein, woburch fich bie Familie bes befchriebenen Rüffel-
fäfers vor anbern auszeichnete a).

2.

CURCULIO NEBULOSUS.

Die Wolfenbecfe.

Elytr. *long.* lin. 4⅓. *lat.* 2.

Curc. breuiroftris oblongus canus, elytris fafciis
obliquis nigris.

LINN. Syft. Nat. fp. 84. ed. 12.

Faun. Suec. fp. 635.

Müllers Linn. Naturfyft. S. 238. n. 84. bie Wolfenbecfe.

Süeßlins Verz. S. 11. Nr. 213.

Glebitfch Forftwiff. 2. Th. S. 229. Nr. 31. Der furz-
fchnäblichte nebelgraue Rüffelfäfer mit fchwarz unb
fchräggeftreiften Flügelbecfen.

Frifch Inf. II. Th. S. 32. t. 23. fig. 5. Ein Käfer mit etwas furzen Rüffel.

Schäffers Icon. t. 25. f. 3.

FABRICII S. E. p. 147. n. 104.

GEOFFR. Inf. Tom. I. p. 278. Curc. 1. t. 4. f. 8. Le Charanson à trompe fillonnée.

de GEER Inf. Tom. V. p. 241. n. 27. Charanson à trompe
à arrête. Curculio (carinatus) breuiroftris, antennis
fraftis; femoribus muticis; corpore oblongo nigro
maculis fafciisque albidis: elytris gibbofis.

Defcr. Mandibulae Tab. VI. fig. 9. 10. 11. a. arcuatae latae bidentatae nigrae. *Oculi* eiusdem co-

a) Roftrum latum et breue, antennae rectae articulis vndecim, femora et tibiae mutica.

G

loris reniformes Tab. VI. fig. 10. *Antennae*
Tab. VI. fig. 10. infractae capitatae nigro-gri-
fcae, primo articulo longiore canaliculo roftri
laterali infidente, ceteris vndecim cylindraceis,
vltimo conico. *Roftrum* Tab. VI. f. 10. craf-
fum breue et cum capite canaliculatum fubfer-
rugineum ftriis atris. *Thorax* Tab. VI. fig. 8.
conico-retufus fcaber, colore nigro pilis ferru-
gineo-grifeis ftriatus. *Elytrum* Tab. VI. fig. 8.
oblongum fulcatum tomentofum atrum fafciis
quatuor obliquis grifeis. *Abdomen* ouatum fubtus
grifeum. Pedes nigri pilis grifeis. *Femora* cla-
vata mutica. *Tibiae* fpinofae. *Tarfi* fubtus pi-
lofi articulo tertio bilobo.

Der Tab. VI. fig. 8. abgebilbete Rüffelkäfer hat, fo
viel ich durch ein fehr gutes Ramsbenfches Vergrößerungsglas mit Nr. 4. fehen können, entweder gar keine
oder äußerft kleine Fühlfpizen a).

a) Diefe Behauptung wird vielleicht einige von meinen Le-
fern befremden, befonders diejenigen, welche mit Herrn
Fabrizius die Gefchlechte nach den Freßwerkzeugen be-
ftimmen. Und ich muß es geftehen: ich bin felbft fehr
lange gegen mein Geficht mistrauifch gewefen; fo wie
ich es überhaupt niemals mehr bin, als da, wo ich
von einmal hergebrachten Meinungen abzuweichen mich
gezwungen fehe. Um aber fo viel, als möglich, alle
Fehler bei meinen Beobachtungen zu vermeiden, nahm
ich folche Exemplare, die ich felbft gefangen hatte, und
wovon ich verfichert war, daß fie nicht befchädiget
worden. Ich wählte zu meinen Beobachtungen die
hellften Tage, an welchen ich meinem Vergrößerungs-
glafe eine folche Stellung gab, daß das Object überall

Die Freßzangen sind gewölbt und liegen etwas über=
einander.   Tab. VI. fig. 9. a. zeigt sich solches sehr deutlich, wenn man sie von unten ansieht.   Sie sind ziemlich breit und haben zween kleine Zähne, so wie sie
Tab. VI. fig. 11. a. abgebildet worden.   Von der Seite haben sie das Ansehen wie bei Tab. VI. fig. 10. a.
Ihre Farbe ist schwarz.   An jeder Seite der Freßzangen befindet sich eine länglichte halbrunde Fläche Tab. VI.
fig. 10. 11. b.   Sie sehen mit dem sie umgebenden
Rande wie Nasenlöcher aus.   Es findet sich aber nicht
die geringste Höhlung darinn.

Die Lippe Tab. VI. fig. 11. c. ist gedruckt rund,
auf der Oberfläche uneben und von schwarzer Farbe.
Die Theile, womit sie an den Seiten eingeschlossen ist,
stehen am Ende etwas von den Freßzangen ab, wie
Tab. VI. fig. 9. b. zu sehen ist.

Die Augen Tab. VI. fig. 10. sind nierenförmig und
von schwarzer Farbe.

Die kolbengleichen Fühlhörner Tab. VI. fig. 10.
bestehen aus einem langen und zwölf kurzen Gliedern a).

von der Sonne erleuchtet wurde und ich im Stande
war, in alle Vertiefungen des Mauls und der herum-
gelegenen Theile zu sehen.   Ich wiederholte diese Beobachtung mit mehrern selbst gefangenen zu dieser Familie gehörigen Rüsselkäfern, und glaube itzt völlig davon
überzeugt sein zu können, daß es unter diesem Käfer-
geschlecht solche Gattungen gibt, welchen die Fühlspizen
fehlen.

a) Geer gibt als ein Kennzeichen des Rüsselkäfers von den
   Fühlhörnern überhaupt eilf Glieder an; und Herr Sulzer in den Kennzeichen der Ins. S. 58. setzt ihre Anzahl auf zehn Glieder.   Herr Schäffer bildet Elem.
   Ent. Tab. 108. f. 3. den Rüssel des Rhinomacer mit
   zwölf Gliedern ab.   Angenommen, daß alle diese An-

Ersteres ist keulenähnlich, die folgenden Eilfe sind meist
walzenförmig, das lezte kegelförmig.   Das ganze Fühlhorn ist schwarz mit einzeln grauen Härchen besezt; die
leztern sechs Glieder, woraus die Kolbe besteht, sind ganz damit bedeckt und haben daher eine greise Farbe.   Das erste Glied liegt an der Seite des Rüssels zurückgebogen in
einer tiefen Rinne, die sich nicht weit vom Ende des
Rüssels anfängt und nahe am Auge endiget.   Tab. VI.
fig. 9. sind diese beide Rinnen von der untern Seite des
Rüssels abgebildet.   c zeigt ungefehr die Stelle an, wo
sie anfangen.   Diese Rinnen finden sich nicht bei allen Käfern, welche ähnliche Fühlhörner haben (antennas in-
fractas) und können daher sehr wohl zu einem Familienkennzeichen dienen a).

Auf der Oberseite des kurzen und dicken b) Rüssels
gehen vom Kopfe bis zu Ende desselben drei Furchen oder
flache Rinnen, worinn seine gelbliche in Rostfarbe spielende Härchen liegen.   Die zwischen ihnen stehenden erhabenen Linien sind schwarz.

gaben richtig sind: so erhellt daraus so viel, daß die
Natur sich bei diesem Geschlechte an keine gewisse Anzahl von Gliedern bei den Fühlhörnern gebunden habe.
Geoffroy Hist. des Ins. Tom. I. t. IV. fig. VIII. 13. bestätiget meine Bemerkung; denn das daselbst abgebildete Fühlhorn unsers Rüsselkäfers besteht aus eben so
viel Gliedern, als ich vorhin gesagt habe.

a) Ich habe diese Rinnen auch bei dem brasilischen Rüsselkäfer bemerkt, welcher im Naturf. 10. St. S. 86. 87.
beschrieben ist.   An diesem kan ich auch keine Fühlspizen entdecken, wiewohl ich nicht versichert bin, ob er
sie verloren gehabt habe.   Sonst zeigen sich auch an diesem Käfer zur Seite der Freßzangen die vorhin erwehnten länglichten halbrunden Theile.

b) Dicke Rüssel nenne ich solche, welche dicker sind als die
Hüften.

Der Brustschild Tab. VI. fig. 8. gleichet einem abgekürzten Kegel. Seine Farbe ist schwarz. Die oben
längst daraufliegenden greisen mit etwas Rostfarbe gemischten Haare machen fünf Striche, wovon der Mittlere, so über den Rücken geht, am schmälsten ist.

Die Flügeldecken Tab. VI. fig. 8. bedecken den ganzen Hinterleib und sind gefurcht. Die zwischen den Tiefen erhabenen Theile sind mit glänzenden schwarzen
Punkten besezt. Die Grundfarbe ist schwarz. Die
darauf liegenden greisen Härchen machen vier schrägste-
hende Binden aus.

Der Hinterleib ist eiförmig; unten grau. Die
Füße sind schwarz und mit greisen Härchen bedeckt. Die Hüften kommen mit Tab. VI. fig. 7. überein. Die Schenkel sind am Ende mit einem Stachel
versehen. Die drei ersten Gelenke der Fußblätter sind
unten platt und haaricht. Das dritte ist am größten
und besteht eigentlich aus zwei Gliedern, die nur an der
Wurzel zusammenhängen. Zwischen diesen steckt das
klauenförmige vierte Glied mitten inne.

Beim Linne' und Herrn Fabrizius steht dieser Rüsselkäfer unter denen, die einen kurzen Rüssel und stumpfe Hüften haben. Beim Geer trift man ihn unter der
Familie der Kurzrüßlichten an, deren erstes Glied am
Fühlhorn beinahe so lang ist, als die übrigen Glieder zusammen, und deren Hüften ungezähnt oder mit keinem
Stachel versehen sind. Geoffroy rechnet ihn unter diejenigen, so ein keulenförmiges Fühlhorn haben, welches in der Mitte gebogen ist, und mitten an einem langen Rüssel sizet. Da er diese, denen er eigentlich den
Namen curculio (Charanson) beilegt, wieder in zwo

Familien abgesondert: so rechnet er den Unsrigen
vornemlich zu solchen, deren Hüften ohne Stachel
sind a).

Wenn die linneische und fabrizische Eintheilung für
denjenigen, welcher eine Art darunter aufsuchen will, so
leicht und bequem wäre, als sie für den ist, der eine
neue entdeckte Art unterbringen will: so hätte sie allerdings den Vorzug.   Allein je mehr Arten entdeckt werden, desto nöthiger ist es, die Familien genau zu bestimmen.   Dieses haben Geer und Hr. Scopoli gethan
da sie die Fühlhörner mit zu Unterscheidungszeichen angenommen haben; und lezterer fast noch genauer, indem er nicht nur die Länge sondern auch die Stärke des
Rüssels bemerkt hat.

Sollte ich den Familiencharakter unsers Käfers bestimmen: so würde ich ihn unter diejenigen sezen, welche einen kurzen und dicken Rüssel haben; Fühlhörner
welche aus einem langen und zwölf kleinern Gliedern bestehen, und an jeder Seite des Rüssels eine tiefe Rinne, worinn das erste Glied liegt; auch Hüften ohne
Stachel b).

Daß ich die Anzahl der Glieder des Fühlhorns mit
in Anschlag nehme, wird man nicht für überflüßig halten, da es gewiß ist, daß solche bei allen Rüsselkäfern
nicht übereinkomme.   Die an den Seiten des Rüssels
befindliche Rinne aber gibt mir eine bequeme Un-

a) Herr Scopoli würde ihn unter die Infracticornes crassi-
   rostres inermes zählen.
b) Rostrum breue et crassum.   Antennae infractae articulis tredecim primo longiore caniculato laterali insi-
   dente.   Femora mutica.

terabtheilung ab, da ich solche nicht bei allen gefunden, welche die übrigen Familienkennzeichen gehabt
haben.

Ich hätte zur Abbildung eine andre Art von dieser
Familie wählen können, da die Unsrige schon von mehrern Schriftstellern abgebildet worden ist; allein es war
mir dießmal mit darum zu thun, daß ich meinen Lesern
bei genauer Vergleichung unsrer und der ältern Abbildungen mit der Natur Gelegenheit geben möchte zu urtheilen, was sie in Betracht des Fleißes und einer getreuen Nachahmung der Natur von unsern Künstlern
zu erwarten haben.

Erklärung
der Figuren.

Erste Kupfertafel.

Fig. 1. Der grüne Spannmesser mit anderthalb weißen Streifen. Ph Geom. Sesquistriataria.

Fig. 2. Das goldene C. Ph. Noct. C aureum.

Fig. 3. Der Schwärzling Ph. Geom. Melanaria.

Fig. 4. Der Punktstrich Ph. Geom. Punctaria.

Fig. 5. Die Raupe von der Punctaria.

Fig. 6. Die Puppe worinn sich die vorhergehende Raupe verwandelt.

Fig. 7. Die Raupe von der Belfußmotte Ph. Geom. Innotata.

Fig. 8. Der Schmetterling von dieser Raupe.

Fig. 9. Die Puppe, woraus gedachter Schmetterling kömmt.

Zwote Kupfertafel.

Fig. 1. Ein Zweig von Schwarzdorn, an welchem ein Schmetterling Phal. Bombyx Eueria seine Eier gelegt und mit den Haaren von seinem After bedeckt hat.

Fig. 2. a. Die Größe eines dieser Eier; b. Ein solches Ei längst in der Mitte durchgeschnitten und vergrößert; c. Der obere Rand eines solchen Eies mit dem darauf liegenden Deckel, vergrößert.

Fig. 3. Die Raupe von gedachter Phaläne.

Fig. 4. Das Tönnchen, worinn sie sich verpuppt.

Fig. 5. Die Puppe selbst.

Fig. 6. Der männliche Schmetterling.

Fig. 7. Der weibliche Schmetterling.

Fig. 8. Die Raupe von der Phal. Geom. Albicillata, dem
weißen Schleier.

Dritte Kupfertafel.

Fig. 1. Die Puppe von der Phal. Noct. Argentea, dem fil-
berfleckichten Mönche.

Fig. 2. Der Schmetterling aus dieser Puppe.

Fig. 3. Die junge Witwe, Phal. Bombyx Vidua.

Fig. 4. a. Ein Ei von der Mooßmotte Phal. Geom. Lichenaria in natürlicher Größe; b. Daselbe Ei vergrößert.

Fig. 5. Die Raupe, wovon dieser Schmetterling kömmt.

Fig. 6. Der vierte Ring von dieser Raupe.

Fig. 7. Ein Zweig von Mooß (Lichen fraxineus) worinn
sich gedachte Raupe zu ihrer Verwandlung einge-
sponnen hat.

Fig. 8. Die Puppe von dieser Raupe.

Fig. 9. Der daraus kommende weibliche Schmetterling.

Fig. 10. Das gekämmte Fühlhorn Phal. Geom. Pectinataria.

Vierte Kupfertafel.

Fig. 1. Die Raupe von dem unähnlichen Weibchen Phal.
Noct. Dissimilis fig. 3.

Fig. 2. Die Puppe von dieser Raupe, woraus der weibliche
Schmetterling kömmt.

Fig. 3. Dieser Schmetterling selbst.

Fig. 4. Das Männchen davon.

Fig. 5. Die Sturmhaube, Phal. Noct. Domiduca.

Fig. 6. Die Perlmotte, Phal. Tinea Perlella.

Fig. 7. Die Fichtenmotte, Phal. Tinea Pinetella.

Fig. 8. Die Segelmotte, Phal. Bombyx Velitaris.

Fig. 9. Die Schwanzspize von der Puppe, woraus der männliche Schmetterling von der Phal. Diſſimilis kömmt.

Fünfte Kupfertafel.

Fig. 1. Der Papilion Silvius, Pap. Pleb. Urbicola Silvius mit ausgebreiteten Flügeln, von der Oberseite.

Fig. 2. Derselbe Schmetterling in seiner natürlichen Stellung.

Fig. 3. Der Papilion Arſilache, Pap. Nymph. Phaler. Arſilache mit ausgebreiteten Flügeln.

Fig. 4. Die Unterseite der Flügel von diesem Schmetterling.

Fig. 5. Das Gelbauge Papilio plebejus ruralis Optilete, von der Oberseite der ausgebreiteten Flügel.

Fig. 6. Die Flügel dieses Schmetterlings von der Unterseite.

Sechſte Kupfertafel.

Fig. 1. Die Weißſtirn Curculio Albinus.

Fig. 2. Die vordere Fühlſpize dieſes Käfers.

Fig. 3. Die hintern Fühlſpizen deſſelben.

Fig. 4. Ein Fühlhorn von ihm.

Fig. 5. Der Kopf und Rüßel.

Fig. 6. Eine Flügeldecke.

Fig. 7. Einer von seinen Vorderfüßen.

Fig. 8. Die Wolkendecke, Curculio Nebulosus.

Fig. 9. Die Unterseite des Rüſſels von dieſem Käfer, a) die Freßzangen von unten, b) hornartige Theile, welche an den Seiten der Lippen liegen, c) der Anfang einer Rinne, welche ſich bis zu Ende des Rüſ-

fels erstreckt, worinn das erste Glied des Fühlhorns liegt.

Fig. 10. Der Rüßel von der Seite, a) die Freßzangen, b)
an der Seite der Freßzangen länglichte halbrunde
hornartige Theile.

Fig. 11. a. Die Freßzangen von vorne, b) die vorhingedachten länglichten halbrunden Theile, c) die
Lippe.

Inhalt.

Druckfehler.

Seite 1. Zeile 11. statt Naturgekunde, ließ: Naturkunde. S. 9. Z. 28. statt Raupe Ph. Chrysitis, l. Raupe der Ph. Chrysitis. S. 12. Z. 2. statt schwärzlich, l. schwärzlicht. S. 13. Z. 13. statt dieses, l. Dieses. S. 14. Z. 21. statt stavescens, l. flavescens. S. 15. Z. 27. statt porstion, l. portion. Z. 28. statt de- l. des. Z. 32. statt que celles, l. que de celles. S. 16. Z. 7. statt der, l. den. S. 23. Z. 6. statt daran, l. davon. S. 25. Z. 7. statt wenig, l. wenigen. S. 27. Z. 24. statt fast, l. auf. S. 37. Z. 11. statt komische, l. konische. Z. 24. statt an, l. am. S. 38. Z. 28. statt vielen, l. vielem. S. 39. Z. 10. statt giebt, l. gibt. Z. 14. statt Insect, l. Insekt. S. 41. Z. 29. statt Stockspannen, l. Stockspannern. S. 44. Z. 8. statt dieser Streife, l. diesem Striche. S. 45. Z. 4. statt argentea, l. argenteis. S. 50. Z. 3. statt utraque, l. utroque. Z. 29. statt macht, l. enthält. S. 51. Z. 29. statt Einschnitt, l. Einschnitte. S. 53. Z. 9. statt Hackenförmig, l. Hakenförmig. S. 55. Z. 19 statt griseo-ciliatae, l. griseo ciliatae. S. 56. Z. 26. statt braun, l. Graubraun. Z. 28. statt des, l. der. Z. 30. statt s, l. t. S. 58. Z. 22. statt zu, l. zum. Z. 28. statt Einschnitt, l. Einschnitte. S. 59. lezte Z. statt Einschnitt, l. Einschnitte. S. 62. lezte Z. statt Insects, l. Insekts. S. 66. Z. 19. statt ad basin utroque, l. ad basin alba utroque. S. 67. Z. 13. statt welche, l. welcher. S. 69. Z. 8. statt p. 243. fp. 620. l. p. 244. fp. 622. S. 76. Z. 6. statt caudatis, l. ecaudatis. S. 80. Z. 30. statt unten, l. unter. Statt ß, l. überall z.

fig. 1.

fig. 7.

fig. 4.

fig. 2.

fig. 8.

fig. 5.

fig. 9.

fig. 3.

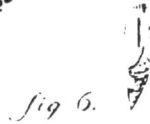

fig. 6.

A. W. Koch delin.   H. A. Schmid Sculps.

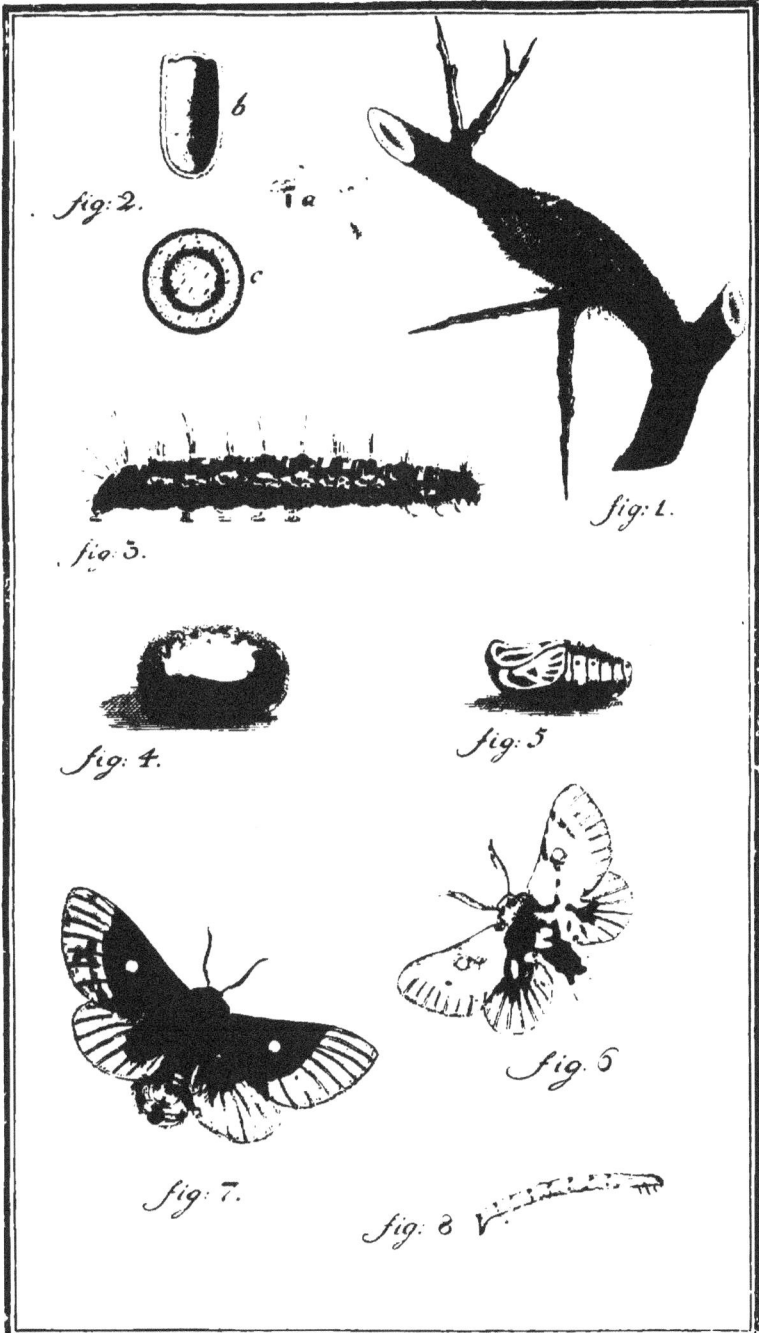

fig: 2.

b

a

c

fig: 1.

fig: 3.

fig: 4.

fig: 5

fig. 6

fig: 7.

fig: 8

A. W. Knoch delin: H. A. Schmidt Sculps.

fig: 1.

fig: 2.

a

b

fig. 4.

fig: 5.

fig: 3.

a a

b   b

c c   c

fig.6.   fig.

fig: 8.

fig: 7.

fig: 9.

fig: 10.

A. N. Knoch del.   H. A. Schmidt sculp.

fig: 1.

fig: 2.

fig: 3.

fig: 4.

fig: 5.

fig: 6.

fig: 7.

fig: 8.

fig: 9.

A.W.Knoch delin:

H.A.Schmid sculps

fig. 2.

fig. 1.

fig. 3.

fig. 4.

fig. 6.

fig. 5.

A. W. Knoch delin.   H. A. Schmidt sculps.

Beiträge

zur

Insektengeschichte

von

August Wilhelm Knoch.

II. Stück.

Leipzig
im Schwickertschen Verlage 1782.

Ἐκ μέρους γινώσκομεν.

An den Leser.

Der Beifall, womit einige Kenner meine Beiträge zur Insektengeschichte aufgenommen haben,
ist Ursache, daß ich solche in diesem zweiten Stücke
fortzusezen kein Bedenken trage.

Das Lob, welches Hr. Past. Göze a) den Abbildungen der von mir beschriebenen Insekten gefälligst
beigelegt hat, wünschte ich ganz zu verdienen. Allein
da die Künstler, welche solche verfertigen, zum Theil
von mir entfernt wohnen: so wird es mir noch einige
Mühe machen, es zu derjenigen Vollkommenheit zu
bringen, wohin es Sepp bei Abbildung der Insekten
gebracht hat.

Ein Hauptvortheil, dessen er sich bediente, be-
stand darinn, daß er den Abdruck der Tafeln mit
denjenigen Farben machen ließ, welche den Objekten

a) Entom. Beitr. 3. Th. 3. B. Vorrede S. 27.

vorzüglich eigen waren. Hierdurch vermied erdas
üble Ansehen, welches die Abbildungen gewöhnlich
durch die Druckerschwärze bekommen, wenn ihre
Farben hell und delikat sind. Ihm hierinn nachzuahmen würde mir so schwer nicht fallen, wenn
sich ein geschickter und williger Abdrucker dazu finden
wollte.

Mehr habe ich gesucht, der Arbeit eines Rösels
nachzukommen. Sollte ich in der Folge meine Absicht hierinn erreichen: so glaube ich den Freunden der
Naturgeschichte ein brauchbares Werk nach und nach
liefern zu können. Findet sich in Rösels Abbildungen nicht gerade die Feinheit, welche Sepp in seine
Arbeit brachte: so ist dennoch Wahrheit darinn, und
man kan ihm den großen Ruhm eines getreuen Nach-
ahmers der Natur nicht streitig machen. Dieß ist
auch das Wesentlichste, worauf man bei den Abbildungen der natürlichen Gegenstände zu sehen hat; es
ist Pflicht für diejenigen, welche sich mit der Natur
beschäftigen, die Werke des Schöpfers nicht zu ent-
stellen, und ihre Schönheit und Vollkommenheit durch
Fleiß und Kunst möglichst getreu auszudrücken. Denn
es bleibt einer unsrer vorzüglichsten Zwecke, warum wir
die Natur in allen ihren so vielen herrlichen Gestalten

auffuchen, in ihre verborgenften Gänge eindringen,
daß wir das Mannigfaltige und oft Geheimnisvolle
derfelben in feiner fchönften Geftalt kennen lernen, um
dem mit andern Dingen befchäftigten Menfchen eine
Mühe zu erfparen und in ihm durch eine unendliche
Menge der herrlichften Gegenftände immer höhere Begriffe von dem weifeften und gütigften Urheber derfelben rege zu machen, ihn zum Lobe und zur Verherr-
lichung deffelben anzufeuren. Was ift aber wohl mehr
diefem Zwecke zuwider, als folche vortrefliche Originale
der Schöpfung dem noch unerfahrnen, aber doch wißbe-
gierigen Zufchauer in fo fchlechten Kopien vorzulegen,
daß er auf den erften Anblick fein Auge wegwenden
und den Naturkündiger tadeln muß, der feine Zeit auf
die Betrachtung folcher Gegenftände verwendet? Sollte
man nicht bei den Vorftellungen natürlicher Dinge
eben fo gewiffenhaft verfahren, wie man bei angenommenen Meinungen, die eine Beziehung auf den Urheber der Natur haben, zu handeln gewohnt ift? Sollte
man fich nicht bemühen, fie als Abdrücke der Weis-
heit und Allmacht Gottes darzuftellen, an welchen das
Gepräge des vollkommenften Werkmeifters nicht verkannt werden könnte?

Da Hr. Paft. Göze bereits angefangen hat, ei-

nige auf dem Brocken von ihm entdeckte Infekten bekannt zu machen a): so glaube ich, wird es hier nicht
am unrechten Orte stehen, wenn ich diese kleine Samm-
lung mit einigen Entdeckungen vermehre, die ich im
vorigen Jahre zu machen Gelegenheit hatte.

Ich kam den sechsten Erndtemond gegen Mittag
auf den höchsten Gipfel des Brockens, und hielt mich
auf demselben und der Heinrichshöhe abwechselnd anderthalb Tage auf. Die damals im Lande sehr hoch-
gestiegene Hize hatte sich hier schon in eine gemäßigte
Herbstluft verwandelt, so daß man früh und Abends
ein warmes Zimmer vertragen konnte. Des Mit-
tags aber, wenn keine Wolken das Gebirge bedeckten,
belebte die Sonne noch jedes Insekt, welches sich sonst
zu verbergen pflegte. Ich bemerkte darunter den
überall zu Hause gehörenden Pap. Cardui, die fast eben
so gemeinen Danaiden Pap. Rapae, Brassicae und Jo.
Die äugigen Nimphen, P. Ligea, Aethiops Esp. b)
Die unäugigen Pap. Urticae, Atalanta, Euphrosyne,
Lathonia und noch ein Paar, welche ich wegen ihres

a) Entom. Beitr. 3. Th. 2. B. Vorrede S. 22.
b) Ein rechter Bergbewohner. Ich fand ihn häufig auf
   dem Regenstein, auf dem Heidelberge bei Blanken-
   burg, auf dem Wege nach Hüttenrode, bei Dahlen
   und den daherum liegenden Bergen.

geſchwinden Flugs nicht erkennen konnte. Ph. Noct.
Gamma fand ſich ſehr häufig; auch waren verſchiedene
kleine Spannarten da, welche, ſo viel ich weis, noch
unter keinen Namen bekannt ſind.   Es kamen mir
verſchiedene Feuer- und Mottenvögel zu Geſicht.   Daß
es hier ſelbſt am Gipfel des Brockens mancherlei Arten von Phryganeen gegeben, werden nur diejenigen
bezweifeln, welchen es unbekannt, daß dieſer Berg
ſehr reich an Quellen iſt, die ſich hin und wieder ſelbſt
Betten ausgeſpült und Seen und Teiche ins Kleine
hervorgebracht haben, worinn ſich die Larven gedachter Inſekten ſehr gut erhalten können.   Von Fliegen
ſah ich die Muſc. Piraſtri und Scripta ſehr häufig, und
noch eine dritte Art, die ich in den bekannten Siſtemen
und Hr. Schäffers regensb. Inſekten vergebens geſucht habe.   Auch fand ich eine Larve von einem Holz-
käfer, die mir unbekannt, aber noch izt bei mir am
Leben iſt.   Weil meine Abſicht eigentlich dahin gieng,
Pflanzen zu ſammeln: ſo wurde ich alle dieſe Arten
nur im Vorübergehen und mit flüchtigen Augen gewahr.   Wie wenig man aber auf dieſe Art zu ſehen
pflegt, das werden diejenigen wiſſen, die ſich ſelbſt
damit beſchäftiget haben.   Es iſt außer Zweifel, daß
ich beim genauen Nachſuchen weit mehr Arten entdeckt hätte.   Sezt man dabei noch voraus, daß

sich in einem oder etlichen Tagen nicht gleich alle Einwohner einer Gegend zeigen, daß sie ihre verschiedenen Zeiten haben, worinn sie leben, daß sich Phalänen größtentheils am Tage verbergen, und man ihren Aufenthalt oft erst durch die Raupe erfahren kan, daß ein und dieselbe Art in einem Jahre häufig, in andern selten oder gar nicht ist, und daß man nicht immer das Glück hat, sie zu entdecken: so glaube ich könnte ein fleißiger Beobachter in etlichen Jahren einen nicht geringen Vorrath zu einer Fauna bruclera mit leichter Mühe sammlen.

Geschrieben im Kollegium Karolinum.
Braunschweig den 1sten Ostermond
1782.

I.

PHALAENA NOCTVA VIRENS.

Der weiße Mond.

m. *long.* lin. 8. *lat.* 4 ⅞.

LINN. S. N. ed. 12. fp. 139. Phalaena Noctua fpirilinguis criftata, alis deflexis: fuperioribus viridibus,
lunula alba; inferioribus albis immaculatis.

Müllers Naturſſſt. 5 Th. S. 691. fp. 139. Der weiße
Mond.

Hufnagels Tabellen Berl. Magaz. 3. B. S. 300. Nr. 51.
Phal. Tridens, der Dreizack. Ganz grün mit einem
weißen ſchmalen Vorderrande und einem weißen mit
drei etwas unmerklichen Spitzen verſehenen Fleck in
der Mitte der Flügel.

Naturf. 9. St. S. 120. Nr. 51. Phal. Tridens.

Gleditſch Forſtwiſſenſch. 2. B. S. 51. Nr. 47. Phal. Tridens, der Dreizack.

Siſtem. Verz. der Schm. der W. G. S. 85. Fam. Q.
Tagliebende Eulen Nr. 8. Weißgrüne Eule. N. Virens L.

Gözens Ent. Beiträge 3. Th. 3. B. S. 140. Nr. 139.
Phal. Virens, die weißgrüne Eule.

Defcr. Palpi Phal. Tab. I. f. 1. breues obtuſi ferruginei.
Lingua ejusdem coloris. *Oculi* fufcefcentes.
Antennae pubefcentes ferrugineae a) rachi albi-
dae. *Caput* et *crifta* collaris colore mali viridi-

a) Nach Linne antennae teftaceae; allein die Farben
ſind bei ihm nicht allemal ganz genau beſtimmt.

A

2 Phalaena Noctua Virens.

eante nec non dorſalis thoracis biualuis. *Pectus*
e viridi albeſcens verſus caput ferrugineum.
Abdomen lateribus criſtatum albicans nitidum;
venter ex albido vireſcens. *Anus* lanatus. *Alae*
ſuperiores parum crenatae ſupra colore mali viridis ad marginem anteriorem et poſteriorem albicantes, puncto lunulaque alba, linea ferruginea ſubterminali; ſubtus *inferioribus* ſimiles
vtrinque albido-vireſcenti nitentibus. *Pedes* ad
latus interius ferruginei; *femora* extrorſum pilo-
ſa viridia; *tibiae* ſpinoſae latere exteriore ferrugineo viridique variae.

An den kurzen und ſtumpfen Bartſpizen der Pha-
läne Tab. I. f. 1. ſizen ziemlich lange roſtfarbige Haare.
Die Zunge iſt roſtfarbig a). Die Augen fallen ins
Bräunliche. Die roſtfarbigen Fühlhörner ſcheinen
borſtenartig: durch eine gute Lupe zeigt ſich an jedem
Gliede zu beiden Seiten unterwärts ein Büſchel von
ſehr feinen Haaren. Der Rücken iſt mit weißen
Schüppchen bedeckt. Der Kopf und Halskragen haben

a) Die Zunge iſt an meinem Exemplar von der Baſis an
bis über die Mitte getheilt, da man dergleichen Spal-
ten ſonſt gewöhnlich am Ende der Zunge von der Spize nach der Mitte hinauf antrifft. Die vortreflichen
Beobachtungen, welche Reaumür über den Bau der
Zunge und ihren Gebrauch angeſtellt und Mem. des
Inſ. T. I. p. 225-248. beſchrieben hat, haben mich
zu einem ähnlichen Unternehmen aufgemuntert und zugleich über die Richtigkeit und Genauigkeit, womit
dieſer große Mann alles ſah, in Bewunderung geſezt.

eine gelblich apfelgrüne Farbe, so wie die in zwei Klap-
pen getheilten Haare des Rückens. Der Hinterleib hat
an beiden Seiten kleine Haarbüschel und oben eine milchweiße glänzende Farbe, die unten etwas ins Grünliche
spielt. Am After sizen ziemlich lange Haare. An
den Oberflügeln ist der äußere Rand sehr zart gekerbt.
Gleich hinter dem weißen Saume geht querdurch eine
blaßrostfarbige Linie in gleicher Entfernung vom Rande. Die Oberseite ist gelblich apfelgrün ohne Glanz.
Der Vorder- und Hinterrand fällt ins Milchweiße.
Ein gleichfarbiger mondförmiger Fleck, nimmt die gewöhnliche Stelle der Nierenmakel ein. Zwischen derselben und dem Rückenwinkel steht ein weißer Punkt in
der Mitte. Die Unterseite kömmt mit den Unterflügeln überein und hat eine glänzende milchweiße etwas
ins Grünliche spielende Farbe. Die Füße sind an der
äußern Seite rostfarbig. Die Hüften sind von außen
grün und langhaarig. Die Schienbeine haben zwei
Paar Stacheln, und an der äußern Seite rostfarbige
und grüne Flecken.

2.

PHALAENA GEOMETRA PVSTVLATARIA.
Die Beule.

Ph. Geometra pectinicornis, alis rotundatis porra-
ceis: poſticis maculis binis ferrugineis; anticis vna;
omnibus fimbria albida ferrugineo interrupta.

m. *long.* lin $6\frac{1}{4}$. *lat.* $4\frac{1}{4}$.

Hufnagels Tabellen Berl. Mag. 4. Band S. 520. Nr. 35.
Phal. Puſtulata, die Beule. Schön gelblichgrün mit
einem gelblichgrauen Fleck an dem äußern Ende des innern Randes aller vier Flügel, dergleichen auch an dem
Vorrande des Unterflügels.

Naturf. 11. St. S. 72. Nr. 35. Phal. Puſtulata.

Gleditſch Forſtwiſſ. 1. B. S. 521. [Ph. Geom. Puſtulata,
die Beule. Eine schöne seltene gelblichgrüne Eichen-
phaläne im Julio, deren Flügel sowohl am äußersten
Ende des innern Randes als auch am vordern Rande der Unterflügel gelblich braun ſind.

Gözens Entom. Beitr. 3 Th. 3. B. S. 373. Nr. 42. Puſtulata die Beule.

Deſcr. Phal. Tab. I. fig. 2. *Palpi* porrecti ex albido
fuſceſcentes. *Lingua* oſſea. *Oculi* balii. *Antennae* pectinatae apice ſetaceae pallide ferrugineae; pectines piloſi. *Caput* niueum. *Thorax* et *criſta* collaris porracea; haec colore Iſabellae marginata. *Pectus* album. *Tergum* primis ſegmentis porraceum, vltimis in colorem
Iſabellae migrans. *Venter* niueum. *Anus* lanatus. *Alae* omnes ſupra colore porri hiſpani-

ti; macula in angulo vtriusque posteriori et margine anteriori ac fimbria in vtraque pagina Isabellae cólorem obtinentibus, quo obducta est etiam macula anguli anterioris et linea vndulata inferiorum submarginalis. Maculae in medio ferrugineae et limbus vtrinque eodem colore interruptus. *Primores* subtus pallide porraceae; *posteriores* albescentes. Pedes niuei; femora in medio et fine, tibiae in fine tantum fusco maculata.

Die Bartspizen der Phaläne Tab. I. f. 1. stehen gradaus und gehen aus dem Weißen ins Braune über. Die Zunge ist beinfarbig. Die Augen haben eine dunkle beinahe schwarzbraune Farbe. Die kammförmigen und an der Spize borstigen Fühlhörner sind blaßrostfarbig. Die Kämme tragen an der nach der Spize gerichteten Seite feine Härchen. Der Kopf ist schneeweiß. Den aschlauch grünen Halskragen ziert eine isabellfarbige Einfassung. Der Rücken hat eine schöne porregrüne Farbe. Die Brust ist weiß. Der Hinterleib verändert das Porregrün der Oberseite auf den leztern Ringen ins Isabellfarbige; unten fällt er ganz ins Weiße. Der After ist mit langen Haaren versehen.

Die Oberseite der Flügel deckt ein mattes spanisches Lauchgrün. Die Unterflügel haben am Vorderwinkel und alle Flügel im Hinterwinkel einen Fleck, welcher so wie ihr Vorderrand und Saum isabellfarbig ist. Die Flecken sind in der Mitte mit Rostfarbe

getieſt, womit auch der Saum abwechſelt. In dieſen roſtfarbigen Flecken des Saums finden ſich bei den
Vorderflügeln noch dunklere Punkte. Der Saum der
Hinterflügel iſt durch eine feine dunkelroſtfarbige Linie
abgeſondert, welche von den ſpizen Winkeln einer zik-
zackichten iſabellfarbigen Linie, die an ihr her und in
den Vorderflügeln ausläuft, viermal unterbrochen
wird. Die Farbe auf der Unterſeite der Flügel fällt
etwas blaßer aus; beſonders gehen die Hinterflügel
hier ſehr ſtark ins Weiße über und werden glänzend.
Der Saum iſt dem auf der Oberſeite gleich. Die
Füße ſind ſchneeweiß. Die Hüften haben in der
Mitte und am Ende; die Schenkel aber nur am Ende einen dunkelbraunen Fleck.

Das Weibchen kömmt in der Farbe und Zeichnung mit dem männlichen Schmetterling völlig überein, und unterſcheidet ſich nur dadurch, daß ſeine
Fühlhörner borſtenartig und der Leib etwas ſtärker iſt.

3.

PHALAENA GEOMETRA PRVNARIA.
VARIETAS.

Abänderung des Schlehedornmessers.

Phal. Geometra pectinicornis, alis patentibus sub-
dentatis, fuscis: anticis fascia et prope apicem aurantiis lineolisque fuscis transuersis.

m. *long.* lin 10. *lat.* 6⅘.

Füeßl. Schweiz. Insekt. S. 41. Nr. 791. Phal. Sordiata.

Röfels Insekt. Vel. 3. Th. S. 17. t. 3. f. 1. 2. 3. Die
große, weißlichbraune, gewässerte mit Spizen und
Knöpflein besezte Spannenraupe der Rofe von Jeri-
cho. (Das Weibchen).

Kleem. Beitr. I. Th. S. 236. t. 28. f. 4. Der hell um-
brabraune mit hell ledergelben Flecken und ausge-
kapoten Hinterflügeln besezte Spannenpapilion (das
Weibchen).

Siftem. Verzeichn. der Schm. d. W. G. S. 105. Anm.
Man sehe unterdessen Herrn Kleemanns Beitrag a. a.
O. welche samt jener Röfels a. a. O. (dem Herrn Lin-
näus Phal. G. Sordiata?) Abänderungen von dieser
Art (der Prunaria) sind.

Naturf. 15. St. S. 65. t. 3. f. 15. (Capieur) das Männchen.

Descr. Larua Tab. VII. f. 1. 3. geometra pallide
vmbrina dorfo fegmentis quarto atque vndecimo
fpinis duabus aequalibus, octauo duabus minoribus totidemque maioribus; plurimis praeterquam verrucis vtroque latere ordinatim difpofitis.

Palpi Phalaenae Tab. I. fig. 3. breues lutei fusco punctati. *Lingua* gilua. *Oculi* nigricantes. *Antennae* pectinatae; pectines pilosi fusci; spina
lutea fusco adsperfa. *Caput* luteum inter antennas fuscum. *Crista* collaris lutea. *Thorax*
et tergum fusca. *Venter* citrino-albidus. *Anus*
lanatus. *Alae* omnes *supra* colore terrae lemniae
perlucente aurantio; margine externo ciliis pallide aurantiis alarum colore interruptis. *Primariae* macula dimidium angulum anteriorem oc-
cupante nec non fascia adhaerente lata media
transuersa subrepanda latus tenuius abhorrente
aurantia lineolis numerofis disci craffiore fuscis;
margine anteriore ad basin iisdem coloribus spar-
so. *Secundariae* latere antico cinerascentes, mediae parte velut ex fascia superiorum desiderata
innotatae. *Subtus* omnes alae pallide vmbrinae
quaeque supra aurantia apparent hic colorem
citrinum accipiunt, multis praeterea punctis lineolisque eiusdem coloris subterminalibus. Pedes citrini.

Die Raupe Tab. VII. f. 1. kriecht im Herbstmond
aus ihrem Ei und erreicht vor dem Anfange des Win-
ters die Länge eines guten Zolls. Ihre Dicke beträgt
alsdenn kaum eine Linie. Der fast plattrunde Kopf
und die drei lezten Ringe sind breiter als der übrige
Körper, welcher sich nach vorne zu etwas verjünget
und bei den ersten vier Ringen ein wenig platt gedruckt

ist. Der vorderste Ring bedeckt einen Theil des Kopfs.

Sie zeichnet sich besonders durch einige überzwerg stehende Spizen und mehrere Wärzchen aus, womit der Leib in gewisser Ordnung besezt ist. Von jenen sieht man oben auf dem vierten Ringe ein Paar Kleinere und hinter diesen zwo Größre. Den leztern kommen diejenigen, welche sich auf dem eilften Ringe befinden, an Größe beinahe gleich. Zwo ähnliche Spizen auf dem achten Ringe unterscheiden sich von jenen vorzüglich durch ihre Größe und haben zwischen sich noch ein Paar Kleinere. Auf dem dritten, vierten, neunten und zehnten Ringe stehen querüber zwei braune Wärzchen und auf dem eilften vier dergleichen hinter den Spizen. Auf dem fünften, sechsten und siebenten finden sich zwei weiße und zwei bräunlichte. Ein Paar auf der Mitte des achten Ringes ist weißlicht. Außer diesen sind am Unterleibe der Raupe auf allen Ringen nicht weit von den Einschnitten an jeder Seite zwei und noch etliche in der Mitte, deren Ordnung und Anzahl ich wegen ihrer unmerklichen Größe übergehe.

Die Bauchfüße und Nachschieber sind mit einem halben Zirkel kleiner Häkchen versehen; leztere aber noch einmal so breit und lang als die Ersten, und mehr platt als erhaben.

Die Raupe ist übrigens glatt. Auf jeder Spize und den Wärzchen entdeckt man durch eine gute Lupe ein feines kurzes Härchen; auch etliche am Kopfe und Hintertheil.

Der Kopf ist wegen seiner besondern Zeichnung t. VII. f. 2. vergrößert abgebildet. Sein Grund ist

beinfarbig. Von einer Freßſpize zur andern quer über
dem Maul iſt ein ſchwarzbrauner Streif. Zween ähnliche etwas einwärts gebogene, welche an der äußern
Seite mit gleich entfernt ſtehenden ſchwarzbraunen
Strichelchen eingefaßt und wie gefranzt ſind, fangen
an deſſen beiden Enden an, nähern ſich allmählig einander und laufen an der Scheitel zuſammen, wodurch
ſie mit jenem Streife ein beinahe gleichſeitiges Dreiek
bilden. Von der Mitte ihrer äußern Seiten geht eine
Reihe dunkelbrauner ſchräger Striche grade nach der
Scheitel hinauf. Der innere Raum des Dreiecks fällt
an der Grundlinie ſehr ſtark ins Weiße; oben iſt er
graubräunlicht. Die gewöhnliche dreiekichte Vertiefung darinn iſt durch ſehr feine ſchwarzbraune Linien bezeichnet. Die Augen ſind braun; das Maul, die
Freßſpizen und Zähne bräunlichtgelb. Dieſes iſt auch
die Grundfarbe des ganzen Leibes. Vom Kopf bis zu
den größern Spizen des vierten Ringes iſt ſie mehr ins
Erdfarbige gemiſcht, ſo daß ſich an beiden Seiten des
Rückens nur eine zarte bräunlichte Linie ausnimmt.
Längſt den Seiten des Körpers zeigt ſich noch eine
bräunlichte bei jedem Einſchnitte etwas dunklere Linie.
Die drei lezten Ringe ſind an den Seiten ſehr dunkel.
Auf dem zweiten und dritten Ringe ſteht oben ein
ſchwarzbraunes Strichelchen. Alle Spizen auf dem
vierten, achten und eilften Ringe ſind an der Wurzel
braun, am Ende bräunlichtweiß. Die äußern Seiten der größern Spizen des achten Ringes fallen ins
Bräunlichtgelbe. Die Luftlöcher ſind in der Mitte
gelblich und mit einer braunen Linie eingefaßt.

Im Sizen ſtreckt ſich dieſes Räupchen ganz grade

aus, so daß die Vorderfläche des Kopfes mit der Fläche, auf welcher es sizt, gleichlaufend ist. Bisweilen nimmt es diejenige Lage an, worinn es abgebildet
worden. Oft schließt es die Brustfüße dichte an den
Leib, hält solchen ganz grade und biegt den Kopf und
die drei ersten Ringe so stark in die Höhe, daß diese
mit dem Rücken einen stumpfen Winkel machen; und
hält sich bei diesen verschiedenen Stellungen meistentheils an einem Faden fest.

Zwei von diesen Räupchen, welche ich genau mit-
einander verglichen, hiengen sich im Windmond
an dem Flore fest, womit ich das Glas, worinn sie gefüttert waren, zugebunden hatte, und blieben in dieser
Lage den Winter über bis zum sechsten Lenzmond des
folgenden Jahrs unbeweglich sizen. Sie giengen alsdenn wieder aus Futter und nahmen in ihrem Wachsthum merklich zu. Die Größere häutete sich noch einmal und wuchs nach Verlauf eines Monats völlig aus.
Ich konnte sie nun nicht mehr verkennen; denn sie hatte
die ganze Gestalt und Farbe bekommen, worinn die
röselsche Raupe a) abgebildet worden. Das kleinere
Räupchen häutete sich noch zweimal, und erhielt alle
Kennzeichen der Erstern. Da ich indessen noch eini-
ges an meinen Raupen bemerkte, welches Rösel vielleicht nicht für nöthig gefunden hatte, anzuführen: so
zeichnete ich sie nicht allein aufs neue, sondern beschrieb
sie auch so genau, als es mir möglich war. Der Er-
folg hat gezeigt, daß diese Arbeit nicht ohne Nuzen
gewesen sei. Hier ist die Beschreibung:

a) a. a. O.

Diese Raupen erreichen eine Länge von 1^3 Zoll a).
Der Kopf ist eine gute Linie breit. t. VII. f. 3.
Der Leib wird hinterwärts allmählig dicker und ist
beim neunten Ringe beinahe zwo Linien stark.   Der
Rücken kömmt mit der Gestalt im jüngern Zustande
nicht völlig überein; denn auf dem zweiten und dritten
Ringe stehen querüber vier kleine Warzen.   Gegen
das hintere Ende des vierten Ringes zeigen sich zwar
die Spizen wieder; allein es sind ihrer nur zwo, wovon jede an der äußern Seite noch zwei Wärzchen neben sich hat.   Das hintere Paar scheint in einander gewachsen zu sein; denn an dessen Stelle findet sich ein
länglichter Auswuchs.   Auf dem fünften Ringe sind
zwei Warzen beinahe so groß, wie die Spizen auf dem
vierten Ringe, aber das hintere Paar nahe am Ende
des Ringes besteht nur aus zween feinen Punkten.
Eben so fein sind auch die folgenden drei Paar, wovon
zwei auf dem sechsten und das Dritte auf der Mitte
des siebenten Ringes befindlich ist.   Die, welche am
Ende des siebenten Ringes stehen, kommen mit den
Größern des fünften Ringes überein.   Zwei Wärzchen auf der Mitte des achten Ringes sind wieder klein.
Hinter diesen ragen zwo sehr lange Spizen, deren Enden nach dem Rücken zu gekrümmt sind b), besonders
hervor.   Zwischen ihnen hat der Rücken einen Auswuchs, auf welchem noch zwo kleine Spizen stehen c).

a) Rösel gibt die Seinige nur zu 1$\frac{1}{2}$ Zoll an. Nach seiner
   Zeichnung zu urtheilen muß sie größer gewesen sein.

b) Rösel bemerkt, daß diese Spizen sich hinterwärts krümm-
   ten, welches ich bei den Meinigen nicht gefunden habe.

c) Rösel nennt ihn eine erhabene Querschärfe.

Auf dem neunten und zehnten Ringe sind die mittlern
Wärzchen kaum sichtbar.   Die Hintern kommen den
Größern des vierten und fünften Ringes gleich.   Jeder
der in der Mitte des eilften Ringes stehenden spizigen Höcker hat noch ein Wärzchen zur Seite.   Am
Ende dieses Ringes sind zwei Wärzchen, auf dem
zwölften Ringe stehen vier querüber in einer Reihe;
und auf der Schwanzklappe eben so viel.   Unter dieser
befinden sich zwo fleischichte Spizen, wovon jede mit
einem langen borstigen Haare versehen ist.   An den
Seiten steht hinter jedem Luftloch ein Wärzchen, unter
welchem und dem Luftloche noch drei andre zu sehen sind.
Diese Kennzeichen mögen hinreichen, um unsre Raupenart von andern zu unterscheiden; daher ich der kleinen Warzen am Unterleibe, wovon die Größten am
vierten und fünften Ringe sind, nicht erwehnen will.
Die Haut zieht sich an den Seiten zusammen, an
den sechs vordern Ringen am meisten.

Die besondre Zeichnung des Kopfes, welche ich vorhin umständlich beschrieben habe, geht bei der ausgewachsenen Raupe ganz verloren.   Er wird gelblichbraun.   Die Grundfarbe des Körpers ist blaßbraun,
hin und wieder besonders am Rücken dunkel schattirt.
Die Wärzchen sind hell; die Spizen dunkelbraun; die
Größern auf dem achten Ringe an den Seiten weißlicht.
Hervorstechende Zeichnungen finden sich nicht, außer
dunkle und helle Strichelchen am Unterleibe und an
den Seiten, nebst einem dunkelbraunen beinahe schwärzlichten Striche, welcher vom Ende des ersten Ringes
an längst der Raupe sichtbar ist.   Eben diese braune
Farbe haben auch die Füße.

Ausgewachsen halten sich diese Raupen, wie alle Stockspanner in einer grad ausgestreckten Lage, so daß die Oberfläche des Kopfes mit dem Rücken in grader Linie liegt, und machen, wie schon Rösel angemerkt hat, mit ihrem Körper von einer Seite zur andern verschiedene Bewegungen.

Ich fand sie, nicht lange nach ihrem Auskriechen an dem breiten Wegerich (Plantago major) und fütterte sie damit so lange, bis sie aufhörten zu fressen. Diese Pflanze war auch die Erste, so ich ihnen im Frühjahr wieder vorlegte. Da ich sie aber näher kennen gelernt hatte, gab ich ihnen auch Geisblatt (Lonicera caprifolium) und bemerkte, daß sie solches eben so gern fraßen. Sie thaten solches gewöhnlich des Nachts.

Dasjenige, was bisher von diesen Raupen bemerkt worden, wird es, wie ich glaube, außer Zweifel sezen, daß ich sie mit derjenigen Genauigkeit betrachtet habe, welche nöthig war, um von den daraus gekommenen Schmetterlingen ein richtiges Urtheil fällen zu können.

Ich will indessen in ihrer Geschichte fortgehen. Die Erste zog ein Blatt ihrer Futterpflanze mit einigen Fäden zusammen und verbarg sich darinn am zehnten Wonnemond. Nach einigen Tagen fand ich sie verpuppt und ihre Wohnung innerhalb mit einem leichten Gespinnst überzogen, in welches sich die Puppe mit der Spize fest verwickelt hatte. Sie war empfindlich und ließ sich sehr leicht in Unruhe bringen.

Ihre Länge beträgt etwan acht Linien t. VII. f. 4. Von der Scheitel bis zum Ende der Flügeldecken ist

sie durchgehends 2½ linie dick. Dann nimmt sie an
Stärke ab, und endiget sich zulezt in eine Spize. Die=
se ist t. VII. f. 5. von der Rückenseite vergrößert vor=
gestellt. Von a bis b ist der lezte Ring, welcher den
Körper nur zur Hälfte umgibt. Die Oberfläche des
spizzulaufenden Theils bc bekömmt wegen vieler un=
regelmäßigen Vertiefungen ein höckrichtes Ansehen.
Auf diesem Theile stehen von b etwa so weit entfernt,
als $\frac{2}{1}$ der ganzen Höhe, also bei d vier Häkchen, welche
bis ans Ende der Puppe reichen und sich einwärts
krümmen, so wie sie fig. 6. abgebildet worden. An
dem Ende der Puppe fig. 5. ee. befinden sich zween
Haken, welche noch einmal so groß als die Vorherge=
henden sind und die Gestalt eines lateinischen s haben.
Fig. 7. zeigt uns das Ende der Puppe auf der Bauch=
seite. Der Theil von a bis b ist glänzend und hat in
der Mitte ein paar in die länge gehende Vertiefungen.
Die erhabenen und beinahe halbrunden Theile bc und
cd haben sehr viele Tiefen und Höcker. Bei e tren=
nen sich beide Theile bc durch eine starke Vertiefung,
welche sich von e nach c hinaufwärts allmählig verliert.
Die Luftlöcher sind an dieser Puppen von sehr sichtbarer
Größe. Die Puppenhülse ist dünn und leicht zerbrech=
lich. Die Scheitel, die Fühlhörner= Zungen= Bein=
und Flügeldecken haben eine matte a) braunschwarze
Farbe b). Der Rücken und die Ringe glänzen, ha=

a) Rösel gibt a. a. O. dem Vordertheil der Puppe eine
   glänzende Farbe.
b) Nach Rösel sind sie schwarzbraun. Da die Flü=
   geldecken an meiner Puppe mehr schwarz als braun
   sind: so kann ich ihm nicht folgen. Vielleicht wollte
   er das nämliche sagen.

ben aber doch etwas schagrinartiges, wenn man sie
mit der Lupe betrachtet, und sind hin und wieder mit
kleinen Haaren besezt. Ihre Farbe ist eine Mischung
vom Rothbraun und Schwarz.   Die Einschnitte sind
kastanienbraun.

Der Schmetterling kam den ersten Brachmond
aus.   Es war das Männchen von der Phal. Geometra Prunaria Linn. wovon wir durch Herrn Schäffer a)
eine Abbildung haben.

Meine andre Raupe spann sich den dritten Brachmond auf dieselbe Art ein, wie die erste, und ich bemerkte sonst keinen Unterschied, als daß sie etwas mehr
Gespinnst gemacht hatte.

Sie verpuppte sich von siebenten bis zum achten desselben Monats.   Die Puppe glich der Erstern in allen Stücken; denn daß der eine große Haken am Ende
kürzer war, darf hiebei wohl eben nicht in Betrachtung kommen.   Den neunzehnten Brachmond erhielt
ich darauf denjenigen Schmetterling, welchen Rösel b)
und Herr Kleemann c) abgebildet haben, das Weibchen von der in unsrer Abbildung vorgestellten Phaläne.

Daß die Leztere in ihrem Puppenstande nur zwölf
Tage zubrachte, da die Erste hingegen achtzehn Tage
darinn gewesen war, ist ein Unterschied, den man
füglich der bereits wärmern Luft zuschreiben könnte,
wovon sich durch die Erfahrung häufige Beispiele
finden.

a) Icon. t. 17. f. 2.
c) a a. D.
b) a. ä. D.

Der männliche Schmetterling Tab. I. f. 3. hat sehr kurze mit blaß Pomeranzengelb und Braun gesprengte Bartspizen. Die Zunge ist blaßgelblich. Die braunen Augen fallen ins Schwarze. Die Kämme an den Fühlhörnern sind dunkelbraun. Sie bestehen nicht aus Haaren, sondern jeder Zahn macht für sich ein kammförmiges Fühlhörnchen aus, das längst der innern Seite mit vier Reihen feiner Härchen besezt ist, und sich mit einer stumpfen Spize endiget, welche am Ende ein einzelnes borstiges Haar hat a). Der Rücken des Fühlhorns ist gelb mit Braun gefleckt. Der Kopf hat die nämliche Farbe; zwischen den Fühlhörnern ist er braun. Der Halskragen fällt gleichfalls ins blasse Pomeranzenfarbige. Der Brustschild und der Rücken des Hinterleibes sind braun. Der haarichte After kömmt in der Farbe mit dem Halskragen überein. Die Flügel scheinen auf der Oberseite mit Pomeranzenfarbe untermahlt und mit fleischfarbenen Bolus glaßirt zu sein. Der Saum ist blaßpomeranzenfarbig, doch da, wo er anfängt, etwas dunkler. An den Vorderflügeln wird er durch die herrschende Farbe

a) Das männliche Fühlhorn der P. Geom. Prunaria Linn. ist eben so gestaltet, auf welchen Umstand ich meine Leser aufmerksam zu sein bitte. Könnte man die mannichfaltigen Abänderungen, die sich sowohl an kammförmigen als borstenähnlichen Fühlhörnern der Schmetterlinge finden, ohne Hülfe eines Vergrößerungsglases bemerken: so glaube ich nicht ohne Grund, daß selbige bei sehr vielen Gattungen ein wesentliches Unterscheidungszeichen abgeben würden; und der Entomologe, so wie der Botanist, zu genauer Bestimmung einzelner Arten, nicht immer die Farben nöthig hätte.

B

achtmal in ungleichen Entfernungen unterbrochen.
Denn die drei braunen Flecke zunächst dem Vorderwinkel stehen sehr dichte oder fließen in einander. Nach
einem etwas größern Zwischenraume folgen zween sehr
nahe auf einander. Die Zwischenräume der drei leztern werden immer größer. Sechs Flecke in dem
Saum der Hinterflügel stehen in ziemlich gleichen Entfernungen. Zwischen dem zweeten und dritten, vom
Vorderwinkel angerechnet, ist der Flügel stärker ausgekappt, als zwischen den Uebrigen a). Den halben
Vorderwinkel der Oberflügel füllt ein pomeranzenfarbiger Fleck, welcher zunächst am Vorderrande steht.
Mit ihm grenzt eine etwas gebogene Binde von derselben Farbe zusammen, welche über zwei Drittheil vom
Vorderrande einnimmt, und indem sie nach und nach
schmäler wird, quer durch die Flügel geht, aber den
Hinterrand nicht erreicht b). So viel indessen hier
fehlt scheint die Natur auf der Mitte der Unterflügel
angebracht zu haben. In der natürlichen Lage dieses
Schmetterlings grenzet das Stückchen von Binde auf
den Unterflügeln sehr nahe an die Binde der Obern.
Diese haben am Vorderrande zwischen der Binde und
dem Rückenwinkel eine pomeranzenfarbige Einfassung,
welche so wie die Binde und der Winkelfleck mit vie-

a) Alle diese Flecke oder Zähne, wie einige sie nennen
wollen (richtiger aber würde man diesen Ausdruck
von dem Umrisse, als von der Farbe der Flügel gebrauchen) kommen mit denen der Ph. Geom. Prunaria
Linn. in Ansehung ihrer Anzahl Farbe und Zwischenräume völlig überein. Auch ist die Leztere an der nämlichen Stelle stärker ausgekappt.

b) Sie ist in unsrer Abbildung zu blaß illuminirt.

len braunen querlaufenden Strichelchen und Punkten bestreuet ist, worunter sich in der Mitte ein vorzüglich starker Strich ausnimmt a). Der Vorderrand der Hinterflügel ist aschgrau.

Die Unterseite der Flügel ist hellumbrafarbig mit etwas Gelb gemischt. Alle Zeichnungen, welche auf der Oberseite pomeranzenfarbig sind, fallen hier ins Sittgelbe. Auch ist der Vorderflügel nach dem äußern Rande zu mit dergleichen Punkten bestreuet. Die Brust und der Unterleib sind braun, ausgenommen, daß der leztere mit der Binde der Unterflügel in der Mitte gleich gefärbt ist. Die Füße haben dieselbe Farbe.

Der weibliche Schmetterling dieser Phaläne ist vom Herrn Kleemann und Rösel beschrieben. Ich will nur anmerken, daß die Binde auf den Flügeln desselben völlig die Farbe und Zeichnung habe, als die Flügel von dem Weibchen der Ph. Geom. Prunaria Linn.

Die Gleichheit der Raupen von diesem und dem von mir beschriebenen Schmetterling, ihre einförmige Lebensart und Oekonomie, die nämliche Zeit, worinn sie leben, die gleichen Stuffen ihres verschiedenen Zustandes, dieselbe Gestalt ihrer Puppen, die Aehnlichkeit der Schmetterlinge selbst in Ansehung ihrer Größe, der männlichen Fühlhörner, der Flecken und deren Ordnung im Saum, der geringern und stärkern

a) Auch hier kömmt unsre Phaläne dem Männchen von der Prunaria Linn. völlig gleich. Denn die Pomeranzenfarbe mit den vielen kleinen braunen und einem stärkern Striche ist ihr völlig eigen.

Ausschweifungen der Hinterflügel und der Farben in ihren Hauptzeichnungen sind Gründe genug für die Richtigkeit des Urtheils der Wiener - Entomologen, welche beide Phalänen für bloße Abänderungen einer und derselben Art nämlich der Prunaria Linn. angeben.

Diejenige Phaläne, welche uns Linné unter dem Namen P. Geom. Sordiata beschrieben, und wobei er das röselsche Zitat mit einem Fragezeichen gesezt hat, muß meiner Meinung nach ein ganz andrer Schmetterling sein, weil er sagt a), daß sein Leib die Größe vom Papilion Argus, und die Flügel ein fast ziegelfarbiges Ansehn und gar keine Flecke haben.

a) Alis subtestacaeis immaculatis — Corpus magnitudine Papil. Argi. Syst. Nat. ed. 12. p. 871. sp. 262.

4.

PHALAENA NOCTVA LVCIPARA.

Der Purpurglanz.

long. lin. 7¾ *lat.* 4½.

LINN. S. N. ed. 12. fp. 187. Phal. Noctua fpirilinguis
criftata, alis purpurafcentibus lucidis: fafcia nigra,
ftigmate poftico flauo.

FAVN. SVEC. ed. 2. fp. 1201. Phal. Noctua lucipara
fpirilinguis criftata, alis deflexis purpurafcentibus:
fafcia nigra: poftice macula flaua.

Müllers Naturfift. 5 Th. S. 702. fp. 187. Der Purpurglanz.

Hufnagels Tab. Berl. Magaz. 3. B. S. 404. Nr. 80.
Phal. Dubia, der Leberfleck. Hellgelbbraun mit einer
fchwarzbraunen breiten Binde und einem hellgelben
nierenförmigen Fleck.

Naturf. 9. St. S. 135. Nr. 80. Ph. Dubia (v. Rottemb.)

Siftem. Verz. der Schm. der W. G. S. S. 84. Fam. P.
Nr. 3 Brombeerftraucheulenraupe (Rubi fruticofi);
Brombeerftraucheule, N. Lucipara L.

Gözens Entom. Beiträge 3. Th. 3. B. S. 181. Nr. 187.
Lucipara, der Purpurglanz.

Defcr. Larua Tab. I. fig. 4. nuda fupra rotunda fubtus
plana; pfittacina, lineis lateralibus duodecim
obliquis faturioribus, incifuris et linea laterali
e viridi flauefcentibus; fegmento vndecimo tu-
berofo ac puncto albo vtrinque notato; fpiracu-
lis vnguibusque ferrugineis.

Palpi Phal. Tab. I. fig. 6. 7. breues porrecti fufci.
Lingua fufcefcens. *Oculi* nigricantes. *Anten=*

nae setaceae, *caput*, *crista* collaris, *thorax* caf-
faeata. Crista supra-abdominalis infundibiliformis eiusdem coloris. *Abdomen* tergo cristatum,
furuum. *Alae* incumbentes, plicatae, crenatae.. *Superiores antrorsum* cupreae, nitentes;
versus basin et marginem externum fusco vndulatae; fascia lata media ad latus tenuius angu-
stiore, nigro nebulosa; stigmatibus ordinariis,
inferiore ac punctis quatuor in margine crassiore versus apicem vtrinque stramineis: *retrorsum*
furuae strigis posticis nubilis. *Inferiores* e fusco
cinereae, strigis duabus ac macula lunari in vtraque pagina valde obsoletis. *Pedes* fusci flauido
puluerulenti.

Die Länge der Raupe Tab. I. fig. 4. kömmt selten
über 1½ Zoll. Ihre größte Breite beträgt etwan 2½ Linie. Der Kopf ist herzförmig; der Leib von oben
rund gewölbt und unten beinahe platt, zumal wenn die
Raupe still sizt und die Bauchfüße an sich zieht, so daß
ihre Gestalt einem halben Zilinder nicht unähnlich sein
würde, wenn sich nicht die drei vordersten Ringe nach
dem Kopfe zu verjüngten, und der Eilfte sowohl wegen
seiner Breite, als der darauf stehenden merklichen Erhabenheit von der Stärke der Uebrigen unterschiede.
Ihre Haut ist sammetartig und mit einzelnen kaum
sichtbaren Härchen besezt; der Kopf glänzend. Die
Bauch= und Schwanzfüße haben einen halben Zirkel
mit Häkchen.

Ihre Farbe ist überall ein schönes Papageigrün,

das sich bei den Einschnitten und zu beiden Seiten ins Grünlichgelbe verliert. Die Zähne und Augen sind dunkelbraun, die Lippen gelblichweiß. Unter den Luftlöchern zieht sich die Haut zusammen und macht einen Rand zwischen dem Ober= und Unterleibe. Sie verliert hier wegen ihrer Durchsichtigkeit von der Grundfarbe und fällt mehr ins Weiße. Daraus entsteht eine längst den Seiten fortgehende grünlichgelbe Linie. In der Mitte eines jeden Ringes nahe über den Luftlöchern fängt eine aus dunklen Punkten zusammengesetzte Linie an, steigt schräg hinterwärts hinauf und endiget sich, nachdem sie immer breiter und einem Streife ähnlich geworden, oben am hintern Ende des folgenden Ringes, so daß sie über dem, wo sie anfängt, halb und dem dahinter stehenden Ringe ganz weggeht; daher auf jeder Seite der Ringe anderthalb schrege Querlinien zu sehen sind. Diese Linien vereinigen sich am Rücken bei den Einschnitten und machen da eben so viele Winkel; allein an den drei vordern Ringen fallen sie sehr schwach aus und sind kaum zu bemerken.

Die Farbe sowohl, als die izt beschriebenen Zeichnungen hat diese Raupe mit mehrern von ihrer Familie gemein. Um sie gleichwohl mit einiger Zuverläßigkeit von den mit ihr verwandten Arten zu unterscheiden, muß man, wie ich glaube, vorzüglich auf ihre Gestalt, auf die am eilften Ringe befindliche Erhabenheit, auf zween hinter derselben stehende weiße Punkte, und endlich auf ihre rostfarbigen Luftlöcher Klauen und Häkchen an den Bauchfüßen aufmerksam sein.

Die Raupe kömmt gewöhnlich im Erndtemond aus

ihrem Ei, und erreicht im Herbſtmond ſchon ihren
völligen Wachsthum. Sie lebt auf Sträuchen und
Kräutern, Brombeeren, (Rubus fruticoſus) Steinklee,
(Trifolium Melilotus officinal.) Sauerampfer, (Rumex acetoſa) Sallat, (Lactuca ſatiua) Kamillen,
(Matricaria Chamomilla) Ochſenzunge, (Echium vulgare). Die Goldwurz, (Chelidonium maius) ernährt
ſie in großer Menge.

Ju ihrer Ruhe verſteckt ſie den Kopf beinahe ganz
unter dem erſten Ringe, ſo daß dieſer kaum halb ſicht=
bar iſt. Wenn ſie beunruhiget wird: ſo krümmt ſie
den Kopf unter ſich und den ganzen Leib wie eine Uhr=
feder zuſammen. Wird ſie durch öfters Berühren auf=
gebracht: ſo läßt ſie zu ihrer Vertheidigung einen grün=
lichen Saft aus dem Munde, der, wie man deutlich
ſieht, durch einen Druck des Halſes hervorgebracht
wird, und auf der Zunge eine gelinde Schärfe hat.

Am Ende des Herbſtmonds auch noch im Wein=
mond macht ſie ſich nicht tief unter der Erde eine kleine
Höhlung, deren Wände durch ihren Saft wahrſchein=
lich ihre Feſtigkeit erhalten. Nach acht Tagen legt ſie
die Raupenhaut ab.

Die Puppe Tab. I. fig. 5. iſt beinahe acht Linien
lang und an den ſtärkſten Theilen nicht völlig drei Li=
nien dick. Die Augen liegen etwas erhaben; die Flü=
geldecken aber noch viel höher. Der fünfte und ſechſte
Einſchnitt iſt ſehr tief. Auf der Rückenſeite ſind der
ſechſte, ſiebente und achte Ring nicht weit vom Ein=
ſchnitte gerändelt oder mit tiefen Punkten beſezt, welche
nach den Seiten zu immer kleiner werden. Auf dem
dritten und folgenden ſechs Ringen laſſen ſich ſieben

luftlöcher ganz deutlich erkennen. Die Schwanzspize
ist mit zwei sehr feinen Häkchen versehen, welche in
einander greifen, und die Gestalt eines umgekehrten s
oder Fragezeichens haben. Tab. I. fig. 5. a. b. Die
Puppe hat durchgehends eine rothbraune Farbe. Mit
den hintern Ringen ist sie fast in beständiger Bewegung.

Der Schmetterling bringt völlig acht Monat in seiner
Puppenhülse zu, denn er schlupft nicht vor dem Anfange des Brachmonds aus. Diejenigen, welche erst im
Heumond auskommen, sind wahrscheinlich solche,
welche sich spät im Weinmond verpuppt haben.

Die Phaläne Tab. I. fig. 7. hat kurze mit dem
Körper geradelaufende kaffebraune Bartspizen a). Ihre
aufgerollte Saugspize fällt ins Bräunlichweiße. Die
Augen sind schwarz. An den borstenähnlichen Fühlhörnern zeigt uns ein gutes Vergrößerungsglas zwo
Reihen ganz feiner Härchen, unter welchen auf beiden
Seiten eines jeden Gliedes ein stärkeres borstenartiges
hervorragt. Ihre Kaffefarbe haben sie mit dem Kopfe,
dem Halskragen und Brustschilde gemein. Nahe am
Ende des Brustschildes, wo der Hinterleib anfängt,
stehen zween kleine trichterförmige Haarbüschel von der
nämlichen Farbe. Durch die Lupe entdeckt man auf
dem braunen Grunde aller dieser Theile hin und wieder verlorne gelbe Punkte, oder dergleichen Federchen,
welche unter die Braunen gemischt sind. Der bräun-
lichgraue Hinterleib hat auf dem Rücken ähnliche Haar-

a) Aehnliche Bartspizen hat Degeer Tom. I. Quart. r.
S. 83. tab. 5. fig. 15. der Ueberf. von Göze, beschrieben und abgebildet.

büschel, worunter der auf dem vierten Ringe am größ=
ten und von brauner Farbe ist.

Alle Flügel sind gekerbt.   Die Grundfarbe der
Vordern kömmt auf der Oberseite dem geschliffenen
Kupfer sehr nahe, welches röthlich oder purpurfarbig
angelaufen ist.   Dunkle schwarzbraune Adern und
Flecke, die in der Mitte ein Querband bilden, lassen
diesen Grund noch immer durchscheinen.   In diesem
Querbande, welches am Vorderrande noch einmal so
breit als an dem entgegengesezten ist, neigen sich die
gewöhnlichen Makeln gegen einander nach dem Hinter=
rande zu.   Die Obere ist dunkelbraun und an ieder der
längsten Seiten durch zwei sehr feine Linien ganz deut=
lich begrenzt, wovon die Innere eine gelbe, die Aeuße=
re eine schwarze Farbe hat.   Die untere Makel ist
strohfarbig und auf denselben Seiten, wie jene, von
der Grundfarbe abgeschnitten.   In ihrer Mitte findet
man sie mehr oder weniger mit etwas Kupferbraun ge=
tieft.   Beide Makeln haben nach dem Vörder= und
Hinterrande zu keine bestimmte Grenzen.   Der Saum
und ein schmaler Streif am äußern Rande ist kaffe=
braun.   Von da bis zu dem Querbande gehen drei
wellenförmige braune Adern quer durch den Flügel, wo=
von die beiden Untersten nicht weit vom Vorderwinkel
zusammenfließen, und ein oder zwei schwarzbraune
mondförmige Fleckchen bilden, zwischen welchen und
dem Querbande der Grund des Flügels mehr ins Ku=
pferbraune als Purpurfarbige fällt.   In demselben
Zwischenraume finden sich hart am Vorderrande vier
strohfarbige Punkte, wovon der Unterste das Ende ei=
nes Aederchen ist, welches hart unter den mondförmi=

gen Flecken hinläuft und dieselbe gelbe Farbe hat. Zwischen dem Querbande und Rückenwinkel bemerkt man noch eine schwarzbraune Ader und einige dunkle Flecken und Punkte. Die Unterseite dieser Flügel ist glänzend bräunlichgelb, und hat zwo undeutliche wellenförmige Streifen zunächst dem äußern Rande. Die Unterflügel kommen auf beiden Seiten mit dieser Farbe und Zeichnung überein, und unterscheiden sich nur durch einen mondförmigen Fleck in ihrer Mitte, so wie jene einen Schein von der auf der Oberseite stehenden strohfarbenen Nierenmakel und vier gleichfarbige Punkte am Vorderrande als etwas Besonders haben.

Die Füße sind kaffebraun und am Ende eines jeden Gliedes gelb.

Wenn dieser Schmetterling in der Ruhe ist: so legt er die Oberflügel etwas übereinander, schlägt den Vorderrand in eine Falte, und hält sie von der Fläche, worauf er sizt, gleich weit entfernt. Tab. 1. fig. 6. Die Fühlhörner liegen alsdenn an den Seiten etwas unter den Flügeln.

Die äußere Gestalt dieser Phaläne, ihre vorhinbeschriebenen Fühlhörner, die trichterförmigen Haarbüschel am Brustschilde, die Büschel auf dem Rücken des Hinterleibes, der minder oder stärker gekerbte oder ausgekappte Rand der Flügel, das breite nach dem Hinterrande sich verjüngende Querband, die nach eben der Seite sich zusammen neigenden Nierenmakeln, die Adern zwischen dem Querbande und äußerm Rande, die drei bis vier Punkte am Vorderrande sind lauter Merkmale, so mehrere Arten unter sich gemein haben, Familienzüge. Um sie zu unterscheiden ist uns die Na-

tur durch die Abwechslungen und mannichfaltigen
Schönheiten ihrer Farben zu Hülfe gekommen.   Er-
leichterung genug für den Forscher; aber doch auch ein
Beweis, wie unentbehrlich oft das Geschäfte einer rich-
tigen Bestimmung der Farben für den Entomologen
werde, und wie nothwendig es sei, manche Insekten
mit ihren natürlichen Farben abzubilden.

Linne' gibt diese Art für selten aus.   Ich gestehe
es, daß mir der Schmetterling selbst im Freien noch
nie zu Gesicht gekommen sei; dahingegen die Raupe
jährlich in großer Anzahl vorhanden ist.   Wie viele
der bereits bekannten Nachtschmetterlinge würden uns
noch fehlen, wenn ihre Raupen nicht aufgesucht worden, die sich wegen ihrer lebhaften Farben, ihrer Begierde zur Nahrung und der davon zurückgebliebenen
Spuren, oft auch ihrer das Auge an sich ziehenden
Kunsttriebe, ihrer Unruhe bei bevorstehender Verwandlung und andrer Ursachen wegen nicht so sorgfältig verbergen können, als sie es größtentheils in ihrem lezten
und vollkommenen Zustande zu thun pflegen, worinn
sie am Tage gewöhnlich der Ruhe genießen, und einen
ihren trüben und dunklen Farben sehr ähnlichen Aufenthalt wählen, der sie auch oft durch seine Dunkelheit gegen alle Nachstellungen in Sicherheit sezt? Dahingegen finden sich meistentheils an denen Schmetterlingen
sehr in die Augen stechende Farben und Zeichnungen,
deren Raupen uns durch ihr Ansehn und durch den
Aufenthalt in Samenkapseln, in dem Mark des Hol-
zes oder in der Erde sehr oft verborgen bleiben.

5.

PHALAENA NOCTVA TANACETI.

Die Rheinfarneule.

Phal. Noctua fpirilinguis criftata, alis deflexis lanceolatis canis, mediis atro in longitudinem lineatis.

long. lin. 9. *lat.* 4.

Siſtem. Verzeichn. der Schm. d. W. G. S. 73. I. Tiſgerraupen 2) Weiß mit ſchwarz und gelb. Kappenhalſigte Eulen. Nr. 5. Rheinfarneule, Tanaceti vulgaris?

Gözens Entom. Beitr. 3 Th. 3. B. S. 211. Nr. 102. Ph. N. Tanaceti, die Rheinfarneule?

Defc. Larua Tab. II. f. 1. nuda glabra antice poſticeque attenuata, margaritacea ſtrigis quinque citrinis directis, maculis lineis punctisque nigris ordinatim toto corpore difpofitis.

Palpi Phal. Tab. II. f. 9. reflexi cani. *Lingua* fufca. *Oculi* cinerei. *Antennae* teretes fetaceae fufcefcentes rachi canae. *Caput* cineraſcens. *Criſta* collaris cucullaeformis duplex cana. *Thorax* et abdomen eiusdem coloris. *Anus* barbatus. *Alae* fubcrenatae, *fuperiores* canae vndulis nubilis cineraſcentibus, lineis directis nigris; *fubtus* cinereae. Alae *inferiores* vtrinque lacteae margine fubterminali cineraſcentes. *Pedes* piloſi cani.

Die Raupe Tab. II. f. 1. gewinnt eine Länge von
1¼ Zoll und darüber. Ihr runder und an den Enden
abwachsender Körper wird beinahe drei Linien dick.
Die Gestalt des Kopfes und der Ringe, an welchen
die Einschnitte sehr tief liegen, kömmt einer gedruckten
Kugel sehr nahe. Neben den Einschnitten zieht sich
die Haut in eine Falte, besonders am Unterleibe. Die
Bauchfüße sind nach Verhältniß sehr lang und stark.
Der dicke häutige Schenkel a) Tab. II. f. 5. gleicht hier
mehr, als gewöhnlich, einem abgekürzten Kegel;
denn die Ebene des Schnittes fällt stärker in die Augen, und der in der Mitte stehende mit einem halben
Zirkel brauner Häkchen versehene Fuß hat einen viel
kleinern Durchmesser. Die Haut ist am ganzen Leibe
glatt, pergamentartig; denn die zwölf Härchen, so ich
an jedem Ringe außer einigen am Kopfe gezählet, sind
so fein, daß man sie mit der Lupe suchen muß.

Der Grund dieser Raupe ist perlfarbig in ihren erstern Häuten mehr ins Bläuliche, als ins Graue gemischt. Vor dem Kopfe Tab. II. f. 2. ist diese Farbe
in der Mitte gewöhnlich etwas getieft. Die Zähne
und Augen sind dunkelbraun, die Freßspizen und Oberlippe strohgelb. Diese ist oben mit einem grünlichen
Streife eingefaßt, über welchem zween länglichte Flecke neben einander gesezt sind, die einen auch wohl
zween Punkte zwischen sich haben. Auf beiden Seiten
stehen, außerhalb des Dreiecks, zween größre Punkte
etwas schräg über einander. Im Dreieck selbst, ungefähr gegen die Mitte des Kopfs, bemerkt man noch
zween Punkte und außerhalb demselben etwas höher

a) Jambe membraneuse nach Reaumur.

auf jeder Seite einen Fleck. 　Zwischen denselben ist
die Stirn zitronengelb. - Den Raum über jeden neh=
men zwei Paar und ein einzelner Punkt ein. 　Außer
diesen sind noch fünf von vorne sichtbare Punkte auf je=
der Seite in gleicher Ordnung gestellt. 　Alle diese
Flecke und Punkte haben eine schwarze Farbe. 　Längst
dem Leibe laufen fünf zitronengelbe Streifen, einer
über den Rücken und zween auf beiden Seiten. 　Zwi=
schen denen zunächst dem Rücken finden sich folgende
schwarze Linien, Flecke und Punkte. 　Auf dem ersten
Ringe Tab. II. f. 3. sieht man gleich hinter dem Kopfe
zween Punkte neben einander und bei jedem einen Quer=
strich. 　Hinter diesen, etwan in der Mitte des Ringes,
zeigen sich zween Flecke, welche eben so viel, aber
größre, so nach dem Rücken zu gespizt sind, hinter
sich haben. 　Diesen folgen zwei feine Querstrichelchen
jeder mit einem Punkte in der Mitte. 　Zween längere
Querstriche liegen in dem ersten Einschnitte, und machen
hier gleichsam die Grenze. 　Den zweeten Ring be=
zeichnet ein dreimal gebogener und an den Enden spiz=
zulaufender Querstrich, dann vier länglichte Makeln,
ferner eine in der Mitte sehr feine an den Enden aber
starke Querlinie und endlich zween Querstriche, so an
den Enden sehr spiz sind. 　Dieser Ring ist wieder mit
einem Querstriche begränzt. 　Den dritten Ring unter=
scheiden zween Querstriche, an deren äußerm Ende sich
ein Punkt befindet, hinter ihnen zween andre, welche
an den Enden spiz zugehen, vier überzwerg stehende
Makeln und drei Paar Querstriche. 　Die Flecke und
Punkte an den Seiten dieser Ringe übergehe ich. 　Die
Zeichnung des vierten und fünften Ringes ist von der

an den folgenden vieren wenig unterschieden.　Diese
Leztern aber sind sich völlig gleich).　Tab. II. fig. 4. ist
der Rücken abgebildet.　Man nimmt hier zuerst zween
krumme Striche gewahr, die an jedem Ende einen
Punkt haben und hier zur Grenze dienen.　Unter den
drei Paar Makeln, welche nach ihnen kommen, weicht
das erste Paar von dem gelben Rückenstreife weiter ab,
als die beiden Leztern.　Den Beschluß machen drei
Paar Querlinien.　An den Seiten dieser Ringe
Tab. II. f. 5. zwischen den beiden gelben Streifen nach
dem Kopfe zu sind erstlich zween Flecke durch eine Linie
mit einander verbunden, dann zween unter einander
stehende Punkte, wovon der Obere am stärksten ist,
hierauf zwo Makeln in der nämlichen Lage, und endlich
ein starker etwas gebogener Strich.　Unter diesen Makeln wird man ein feines Pünktchen, unter dem Striche einen starken Punkt, und zwischen beiden Punkten
hart an dem untern gelben Streife das schwarze Luftloch gewahr.　Unter diesem kann man noch einen und
da, wo der dicke Schenkel anfängt, vier Punkte bemerken.　Auf der Mitte des Schenkels ist ein starker
Punkt; und zween Kleinere, so an dem Fuße selbst
unter einander stehen, fallen sehr deutlich in die Augen.
Nach der hintern Seite haben diese Ringe zwischen den
gelben Streifen noch einige Querstriche, wovon zween
unten zusammenlaufen.　Der Anfang des zehnten Ringes Tab. II. fig. 6. ist zwar so wie bei den Vorhergehenden, allein unter den drei Paar folgenden Makeln
entfernt sich das Mittlere von dem Rückenstreife am
meisten.　Nach diesen stehen zween Flecke, wovon jeder ein Komma oder einen schrägen Strich neben sich

hat. Der eilfte Ring zeichnet sich durch sechs Makeln
aus; und der zwölfte, so durch einen Querstrich abgesondert ist, durch zween Punkte und eben so viel Querstriche in einer Reihe. Die Schwanzklappe ist mit
zwei krummen Strichelchen und acht Punkten bedeckt.
Alle erwehnte Flecken und Punkte habe ich in der Zeichnung nach ihrer rechten Lage und Gestalt auszudrücken
gesucht. Ich befürchte, die Geduld meiner Leser zu
ermüden, wenn ich ihnen noch alle die Punkte an den
Seiten dieser drei lezten Ringe, der Brust= und der
Schwanzfüße und am Unterleibe dieser Raupe vor-
rechnen wollte. Ich merke nur an, daß sie insgesammt, so wie die Beschriebenen, in dem genauesten
Ebenmaaße geordnet sind. Außerdem sind Streifen,
Flecke, Punkte und Striche an dieser Raupe, auch
deren Lage und Ordnung in allen Häutungen sich ohne
Ausnahme gleich; denn so viel ich ihrer gehabt habe,
so ist mir doch nie die geringste Abweichung zu Gesicht
gekommen.

Kenner, welche die genaue Verwandschaft unsrer
Raupe mit andern Arten aus der Erfahrung wissen,
werden meine umständliche Beschreibung um so weniger für unnöthig halten, weil ihnen überhaupt bekannt
ist, daß superficielle Beschreibungen nur so lange zu-
länglich sind, bis wieder neue noch ähnlichere Arten
entdeckt worden.

Die beschriebene Raupe hat so wohl der Grundfarbe als ihren Zeichnungen nach so viele Aehnlichkeit mit der Raupe der Ph. Noct. Linariae a), daß

a) Sistem. Verz. der Schm. d. W. G. S. 73. fam. J. Nr. 6.
Leinkrautseulenraupe Antirrhini Linariae.

C

die Beschreibungen, welche uns Reaumur und Degeer von dieser gemacht haben, sich sehr wohl auf sie
anwenden lassen. Ersterer sagt von der Leinkrautsraupe a): „sie sei glatt und von mittelmäßiger Größe; ihre Farbe sei weißperlgrau; aber sie scheine wegen der
verschiedenen nach der Länge des Leibes gerichteten
Streifen sehr wenig durch; längs dem Rücken finde
sich ein breiter gelber Streif; hinter diesem habe sie auf
jeder Seite einen schwarzen, oder noch genauer, einen
Streif der aus schwarzen Flecken bestünde, welche durch
den perlgrauen Grund etwas von einander abgesondert
wären; jeden von diesen folge ein gelber geraderer
Streif, nach welchem ein gerader schwarzer Strich käme; ihr Kopf sei klein und platt; der Vordertheil ihres Leibes sei schmäler, als der Hintertheil, welches
ihr das Ansehn eines Blutigels gäbe„. Degeer b)
beschreibt sie folgendergestalt: „eine sechszehnfüßige,
platte, perlgraue Raupe mit fünf gelben längs herunter laufenden Streifen, wozwischen verschiedene schwarze Punkte und Flecken liegen„.

So sehr sich nun beide Arten nach den izt angegebenen Kennzeichen einander nähern: so sind sie doch in
folgenden Stücken hinlänglich unterschieden. Die
Leinkrautsraupe hat, wie Degeer ferner bemerkt, am
Bauche zwischen den Füßen keine Punkte; die Haut ist
daselbst perlgrau. Jeder häutige Bauchfuß hat an
seinem Grundtheile einen gelben Fleck. Die schwarzen

a) Inf. T. l. p. 536. Tab. 37. f. 4. ed. 4. la chenille de la
 Linaire.

b) Inf. 2. B. 2. Theil S. 315. Tab. VIII. f. 1. 2. übers.
 v. Göze.

Makeln zunächst dem gelben Rückenstreife haben eine andre Gestalt und Lage.   Sowohl zwischen den beiden gelben Seitenstreifen, als unter dem Leztern ist die Raupe mit unzähligen schwarzen Punkten gesprenkelt, u. s. f.

Man darf hiemit nur obige Beschreibung unsrer Rheinfarnraupe vergleichen, um sich von ihrem wesentlichen Unterschiede zu überzeugen ; wovon man desto gewisser wird, je beständigere Farben und Zeichnungen ihr von der Natur verliehen sind.

Der Heumond ist gewöhnlich die rechte Zeit, worinn sie zum Vorschein kömmt.   Ich habe sie im Anfange des Erndtemonds schon in der Größe eines halben Zolls meistentheils an den obern Spizen der Pflanzen in mehrerer Gesellschaft; später aber schon ausgewachsen und selten über zwo oder drei beisammen gefunden.   Sie nährt sich von Wermuth, (Artemisia Absinthium) Beifuß, (Artemisia vulgaris) wilden Beifuß, (Artemisia campestris) Stabwurz, (Artemisia Abrotanum) Mutterkraut, (Matricaria Parthenium) Rheinfarn, (Tanacetum vulgare).

Der obere Theil ihres Kopfs ist gewöhnlich von der Haut des ersten Ringes bedeckt.   Die dicken Schenkel ihrer häutigen Bauchfüße zieht sie während der Ruhe nicht so, wie andre Raupen an den Leib, weil sie, wie es scheint, durch die starke pergamentartige Haut derselben gehindert wird; die Füße aber steckt sie alsdenn in die Schenkel.   Sie kriecht sehr geschwind und besizt eine so große Federkraft, daß sie den Körper zusammenziehen, dann auf einmal ausstrecken und auf einer Ebene links und rechts Sprünge auf fünf bis

sechs Zoll weit nach Art verschiedener Blattwickler machen kann. Um die Stärke ihrer Muskeln und Ner-
ven kennen zu lernen, darf man sie nur zwischen die
Finger nehmen. Ohne sie zu zerdrücken ist man kaum
im Stande sie fest zu halten. Durch mancherlei Biegungen, durch das Ausdehnen und Zusammenziehen
ihrer Ringe macht sie sich gar bald aus ihrer Gefangenschaft los, wobei ihr dann ihre glatte schlüpfrige
Haut sehr zu statten kömmt. Man kann diese Versuche mit ihr viertel Stunden lang anstellen, ohne
daß sie ermattet und nachläßt sich in Freiheit zu sezen.
Ich habe mich nicht überwinden können, sie so lange
zu ängstigen, als sie es gewöhnlich schien aushalten zu
wollen. Wird sie an der Pflanze berührt: so pflegt
sie mit dem Kopfe sehr stark um sich zu schlagen, auch
wohl die vorhin erwehnten Sprünge vorzunehmen.

Obgleich diese Raupe eine glatte Haut und helle
in die Augen fallende Farbe hat, also von dieser Seite
gegen ihre Feinde nicht sonderlich geschäzt ist: so habe
ich dennoch keine, auch selbst nicht unter den gesunde-
nen Ausgewachsenen angetroffen, deren ich oft eine
Menge zusammengebracht, welche von andern Insekten beschädiget gewesen wären. Auch waren die Puppen, welche mir nicht ausgekommen sind, niemals besezt. Ich will es gern zugeben, daß sie sich durch
ihr starkes Schlagen mit dem Kopfe und andern hefti-
gen Bewegungen gegen die Angriffe ihrer Feinde ver-
theidiget. Allein warum sezen diese Waffen nicht auch
andre Arten, welche damit versehen sind, in eben die
Sicherheit? Sollten vielleicht die bittern Säfte, welche unsre Raupe aus ihren Nahrungspflanzen zieht,

den gewöhnlichen Raupenverfolgern einen Ekel erregen, so wie den Bohrkäfern, Holzläusen und Schab-
käfern bei ausgetrockneten Insekten, welche mit bittern
Extrakten bestrichen sind? a) Ich wünschte, daß auch
andre Naturforscher hierüber Beobachtungen anstellen
möchten; denn die Erfahrungen von mehrern geben der
Sache ihr gehöriges Gewicht.

Gegen die Mitte des Erndtemonds früher oder später macht sich diese Raupe ein sehr festes Behältniß
für ihren künftigen Puppenstand. Um zu erfahren,
ob sie solches auch ohne Erde zu Stande bringen könnte,
warf ich einigen unter ihre Futterkräuter große und
kleine Stücken von morschen Weidenholze. Sie zogen solche mit ihrem Gespinnst so aneinander, daß der
innere Raum einem halben Tönnchen glich, dessen
Grundfläche der Boden der Schachtel war, worinn sie
saßen. Die Holzstückchen waren an dem ganzen Ge-
wölbe in die Länge und Quer oder schräg dicht über
einander gelegt und überall mit Seide befestiget. Die
Rizen zwischen den größern Stücken füllten Kleinere
aus. Die inwendige Seite war sehr dicht mit Seide
übersponnen, und ihr dadurch nicht nur alle Rauigkeit
benommen, sondern auch eine hinlängliche Festigkeit
verschafft. Doch war diese Arbeit an dem Kopfende

a) Ob ich gleich dieses Mittel noch nicht durchgängig be-
währt gefunden: so hat es mir doch in vielen Fällen
sichre Dienste geleistet. Vielleicht würde eine genaue
Untersuchung, ob das zu erhaltende Insekt, nicht
schon vorher, ehe es bestrichen werden, besetzt gewesen, und ein nach gewissen Zeiten wiederholtes An-
streichen uns mehr Gewißheit von der Richtigkeit dieses Mittels geben.

etwas leichter gemacht, wahrscheinlich deswegen, da=
mit hier der Schmetterling mit desto geringerer Mühe
durchbrechen könnte. Andre Raupen, welche von je=
nen abgesondert waren, giengen unter die Erde, und
hatten sich, wie ich nachher fand, in dicht durchwebten
Erdhülsen verpuppt.

Da einige Entomologen a) bemerkt haben, daß
sich die Raupen der kappenhalsigten Eulen auf diese Art
zu verpuppen pflegen, sich aber schon bei der Leinkrauts=
raupe eine Ausnahme gefunden hatte: so war ich voll
Verlangen zu wissen, welchen Weg die Meinige ein=
schlagen würde, wenn ich ihr eine freie Wahl ließe.
Zu dem Ende sezte ich sie in ein mit Erde halbange=
fülltes Glas, nachdem ich zuvor einige Stücke vom
morschen Holze und verschiedener Größe an eine Seite
so hineingelegt hatte, daß zwischen dem Glase und
Holze noch wohl ein halbzölliger Raum blieb. Mei=
ne Absicht gieng dahin, der Raupe, wenn sie sich nicht
in die Erde verkröche, Gelegenheit zu geben, sich ihre
Hülse an der Seite des Glases zu verfertigen, und
solches als eine Seitenwand zu Hülfe zu nehmen, da=
mit ich ihre Arbeit desto besser beobachten, auch sehen
könnte, wann sie ihre Raupenhaut ablegte. Sie
kroch einige Minuten im Glase herum, gleich als wenn
sie die ganze Gegend erst untersuchen und sich bekannt
machen wollte. Darauf wählte sie die ihr angewiesene
Stelle und legte den Grund zu ihrer künftigen Woh=
nung. Die vorräthigen Materialien wußte sie vor=
treflich zu nuzen, und jedem Stücke den ihm ange=
messenen Plaz und die gehörige Richtung zu geben.

a) Sist. Verz. der Schm. d. W. G. S. 73.

Der geschickteste Maurer ist kaum im Stande ein Werk
von rauhen Steinen fester zu verbinden und aufzuführen. Die Wände des Gebäudes waren bereits fertig, als ich einige Unruhe bei meiner Raupe verspürte, wovon ich die Ursach nicht so gleich errieth. Materialien waren noch von jeder Größe vorhanden und
hinreichend um den Bau ganz aufzuführen. Ich bemerkte, daß sich das Thier in einer Verlegenheit be-
fand, und verdoppelte meine Aufmerksamkeit. Es
kroch auf dem Holze hin und her und machte viele Bewegungen mit dem Kopfe und Vordertheil des Leibes.
Allein auf einmal schien der Entschluß gefaßt zu sein,
und die Arbeit nahm ihren Fortgang. Um meinen
Lesern eine deutliche Vorstellung davon zu machen, hab'
ichs für nöthig gefunden Tab. II. f. 7. eine Zeichnung
davon zu entwerfen. AB stellt ein Stück des Glases
vor, wovon die Holzspäne nicht weit entfernt lagen.
Dem bereits in Grund gelegten Gebäude, welches
hier nicht mit abgebildet ist, fehlte nur noch das Dach.
Die Verfertigung desselben hatte wahrscheinlich der
Raupe einige Unruhe verursachet; denn kleinere Stückchen konnte sie dazu nicht wählen, weil solche leicht
auf den Boden gefallen wären, den innern Raum be-
enget und ihre Absicht vereitelt hätten. Es waren
längere Stücke oder Sparren nöthig, und diese lagen
unbequem für sie und entfernt. Dennohngeachtet unternahm sie es, solche mit einiger Mühe herbei zu
schaffen. Sie wählte dazu das in seiner wahren Größe
und Lage abgebildete Stück ab, befestigte solches bei a
an dem darunter liegenden Holze mit ihrer Seide.
Dann hieng sie einen Faden an das andre Ende bei b

und spann ihn, da sie sich mit dem ganzen Leibe grade
in die Höhe gehoben hatte, und auf den Schwanzfüßen
stand, so hoch als sie reichen konnte, bei c an dem
Glase fest. Sie wickelte hierauf bei b einen zweeten
Faden ums Holz, hieng sich mit den Klauen der Brustfüße auf den Ersten bei d an, zog ihn dadurch bis in e
herunter und ließ nicht eher los, als bis sie den zweeten
Faden fg bei g am Glase befestiget hatte. Dadurch
wurde das Stück ab bei b in die Höhe gehoben und in
die Lage af gebracht. Daß nunmehr das Ende b dem
Glase näher gekommen, und folglich cf kürzer geworden als bc lehrt der Augenschein. Und man darf nur
wenige Begriffe von einem Dreieck haben, um einzu-
sehen, daß in dem Dreieck ccf die Seiten ce und ef,
welche zusammen genommen der Linie bc gleich sind,
größer sein müssen als die Seite cf. Unsre Raupe
spann gleich wieder einen dritten Faden an das Ende
bei b, hieng sich an die zuletzt gezogene Linie fg und
während, daß sich diese mit ihr herunter ließ, und das
Stück bei b noch mehr in die Höhe zog, machte sie den
dritten Faden am Glase fest. Mit diesem verfuhr sie
auf die nämliche Art und sezte dieß Geschäfte so lange
fort, bis daß das Stück ab lothrecht stand, und durch
eine geringe Anziehung des leztern Fadens die Lage ah
bekommen hatte. Hierdurch war also die größte
Schwierigkeit gehoben; denn es konnten nunmehr von
beiden Seiten kleinere Stücke an dieß Größre gelegt,
alle Oefnungen gefüllt, und die Arbeit völlig zu Stande
gebracht werden. Es ist wider meinen Zweck, über diese in allen
Betracht höchst merkwürdige Kunsthandlung unsrer

Raupe anizt eine philosophische Untersuchung an=
zustellen, so viel Anleitung sie mir auch immer dazu
an die Hand gibt. Ich will nur anmerken, daß die
Raupe das Stück Holz, welches sie durch ihre gespon=
nenen Fäden in die Höhe winden wollte, zuvor, ehe
sie solches unternahm, an dem Punkte a befestigte,
grade als wenn sies eingesehen, daß sie das Stück,
wenn es bei a keinen festen Punkt hätte, anstatt es bei
b zu heben, sehr leicht von a nach i schieben und ihm
also eine unrechte Lage geben würde; daß sie ferner den
Faden bc bei c so hoch anhieng, als sie nur reichen
konnte, und die folgenden Fäden immer nur etwas tie=
fer, damit sie jedesmal eine hinlänglich Höhe behielt,
das Stück bei b um einen Zug höher zu bringen; denn
das Holz würde kaum aus der Stelle gewichen sein,
wenn sie den ersten Faden bc bei h oder tiefer angehef=
tet hätte. Ziehe ich dabei noch dieß in Betrachtung,
daß diese ganze Handlung der Raupe nicht in den von
der Natur ihr angewiesenen Plan ihres eigentlichen
Baues gehöre, und daß sie nur eine Folge der von
mir veranlaßten Umstände, also ganz zufällig war: so
glaube ich nicht zu irren, wenn ich diese Kunsthand=
lung unter die Ersten seze, die jemals an Insekten be=
merkt worden sind. Sie ist ein wahrer Beweis von
der Richtigkeit des von Degeer aus der Natur her=
geleiteten Urtheils: Oft scheint es so gar, als ob
sie (die Insekten) nach Vernunft handelten, indem
sie sich sehr gut in die vorkommenden Umstände
zu schicken und die zufälligen Hindernisse zu ver=
meiden wissen a).

a) Inf. 2. B. 1. Th. S. 14. überf. von Göze. Die

Von der Art, wie die Raupe das Stück Holz näher ans Glas und also zween von einander entfernte Körper zusammen brachte, hatte ich bereits bei einigen Blattwicklern etwas Aehnliches bemerkt. Diese spinnen von einem Blattrande zum andern querüber einen straffen Faden, und ziehen solchen in der Mitte mit den Brustfüßen nach sich. Dieses kann aber alsdenn nur merklich geschehen, wenn die Ränder, an welchen seine Enden geheftet sind, von beiden Seiten nachgeben und einander nahe kommen; denn im entgegengesezten Falle würde der straffe Faden, da er durch das Anziehen in der Mitte einen Winkel macht, sich entweder ausdehnen oder abreißen müssen. Während, daß die Raupe diesen Faden noch in Winkel gezogen hält, hängt sie den Zweeten eben so straff an die bereits etwas zusammengezogenen Ränder an, und erhält sie dadurch nicht allein in der ihnen gegebenen nähern Lage, sondern sie läßt auch sogleich den Ersten fahren, zieht den zweeten Faden nach sich, und bringt dadurch die Ränder wieder um einen Theil näher an einander. Auf diese Art spinnt sie einen Faden nach dem andern, und biegt dadurch, daß sie jeden nach sich zieht, die Blattränder immer näher zusammen, bis sie zulezt dichte auf einander liegen. Wie viel

Schriften eines Bonnets, Trembley, Reimarus und andrer, so hieher gehören, sind zu bekannt, als daß ich nöthig hätte, sie anzuführen. Indessen empfehle ich Anfängern in dieser Wissenschaft aus den allgemeinen Betrachtungen des Reimarus über die Triebe der Thiere den 122 und 123 §. des 9ten Kapit. und das ganze folgende Kapitel zu richtiger Beurtheilung der von mir erzählten Thatsache, nachzulesen.

Stärke sie hierinn besizen, davon will ich folgendes
Beispiel anführen. Einen Blattwickler, der etwa
fünf Linien lang und mit eingetragenen Futterkräutern
zu mir gekommen war, traf ich unvermuthet auf
dem Deckel eines meiner Insektengläser an. Diese
Deckel bestehen aus einem zollbreiten pappenen Reife,
welcher fest auf das Glas passet, und auf der obern
Seite mit schwarzem Flore straff überzogen ist. Auf
diesem Flore arbeitete der Winkler und zog ihn auf die
angezeigte Art nach und nach von beiden Seiten so
stark zusammen, daß unter seinem Gespinnst eine anderthalb Linien breite Falte zu sizen kam. Da der
Flor sehr straff gespannt und rund herum angeleimt
war, so schien mir diese Arbeit noch weit schwerer, als
an einem Blatte, das, zumal wenn es noch frisch ist,
weit eher nachgeben kann. Mit diesen Bemerkungen
stimmen die von Degeer a) völlig überein.

Ich komme wieder auf unsre Raupe, welche ihre
Arbeit den 16ten Erndtemond des Nachmittags anfieng
und noch vor Abend bis auf die innere Bekleidung zu
Stande brachte. Mit dieser war sie am folgenden
Morgen fertig. Sie lag in ihrem Gehäuse bis zum
20ten ganz ruhig und streifte in der darauf folgenden
Nacht ihre Raupenhaut ab.

Ihre Puppe Tab. II. f. 8. ist ohne die Schwanzspize zehn Linien lang, an dem Scheitel etwa 2½ und
in der Mitte 3¼ Linie dick. Sie hat, so wie überhaupt
die Puppen der zu dieser Familie gehörigen Raupen, in
ihrer Gestalt etwas Eigenes. Der Scheitel ist mehr
platt und nach dem Gesicht zu aufgeworfen. Rücken

a) Inf. 1. Th. 3. Quart. S. 28. 29.

und Brust sind durch ihre Form sehr sichtbar davon
abgesondert.   Zwischen den erhabenen Augendecken
steht an dem Scheitel ein flaches Knöpfchen.   Die
Fühlhörner= Bein= und Rollzungenfutterale liegen hoch
und nicht so dicht neben einander, als gewöhnlich bei
andern Puppen.   Das Futteral, worinn die Rollzun=
ge steckt, geht über die Flügeldecken hinaus bis zu En=
de des zweeten darauf folgenden Ringes a).   Das zwi=
schen den Flügeldecken liegende Stück desselben ist da=
mit genau verbunden; der Theil aber, welcher über
die Ringe weggeht, steht frei, so daß er die Ringe
selbst nicht berührt, und hat eine keulenförmige Ge=
stalt.   Die Flügeldecken sind sehr zart und durchschei=
nend; denn man kann die darunter befindlichen Ringe
deutlich erkennen.   Die Einschnitte sind tief, und die
Luftlöcher, deren man an jeder Seite sieben bemerkt,
von ziemlicher Größe.   Der lezte Ring läuft in eine
beinahe eben so breite als lange am Ende zugerundete
Platte aus, welche auf der Rückenseite glänzend und
unten rauh, nach dem Leibe zu gebogen und nur mit
wenigen zarten Häkchen auf der Oberseite besezt ist.
Es scheint, daß sich der Schmetterling beim Aus=
schlupfen derselben nicht so wohl zum Anhängen be=
dient, als vielmehr sich damit gegen die innere Wand

a) Die verlängerten Zungenfutterale sind beinahe ein un=
terscheidendes Merkmal bei allen Puppen der kappen=
halsigten Eulen; doch weichen sie auch unter sich von
einander ab. Von denen, welche ich kenne, ist das
der Ph. Noct. Linariae am längsten; denn es geht bis
ans Schwanzende der Puppe. Bei unsrer Raupe
kömmt es dem von der P. N. Lactucae der Gestalt
nach am nächsten; es ist aber länger.

des um ihn befindlichen Gehäuses zu stämmen und
solches desto leichter aufzusprengen. Die Oberfläche
der ganzen Puppe ist glatt und etwas glänzend.

Der Scheitel die Augendecken auch die Fühlhörnerfutterale, so weit sie an dem Scheitel liegen, sind
dunkel rostfarbig. Die Brust und der Rücken haben
ein dunkles Grün. Die Flügeldecken sind aus einem
bräunlichen Gelb gemischt und nähern sich auf der
Brust dem Grünen. Die Ringe und das kolbenför-
mige Ende des Rollzungenfutterals kommen mit der
Farbe des Scheitels überein.

Der Schmetterling Tab. II. f. 9. erscheint am Ende des Brachmonds oder im Anfange des Heumonds.
Von seiner Gestalt darf ich nicht viel sagen; denn die
zugespizte Halskappe, die lanzetförmigen Oberflügel
und lange Saugspize hat er mit allen kappenhalsigten
Eulen gemein. Sein Leib hat eine vorzügliche Länge.
So wenig er sich also durch diese Merkmale von andern seiner Familie unterscheidet, fast eben so wenig
geht er auch durch seine Farben und Zeichnungen von
einigen derselben ab. Ich will ihn genauer betrachten.

Die weißlichgrauen Bartspizen sind etwas zurückgebogen. Die Rollzunge fällt ins Dunkelbraune.
Die grauen Augen haben schwarze Flecken. Die Glieder der borstenartigen Fühlhörner, an deren Enden
sich einige feine Härchen befinden, passen so genau zusammen, daß sich ihre Fugen kaum erkennen lassen.
Sie sind bräunlich und auf dem Rücken mit weißlichgrauen Schüppchen bedeckt. Der Halskragen theilt
sich in der Mitte, wenn der Schmetterling die vordere

Kappe über den Kopf wirft. Der ganze Kragen ist
hellgrau. Die vordere Kappe hat einen aschfarbigen
Querstrich und ist durch einen ähnlichen von der Hintern abgesondert. Der Rücken trägt beinahe dieselbe
lichtgraue Farbe. Allein der Hinterleib fällt bis auf
eine etwas dunklere Rückenlinie mehr ins Weiße. Die
Brust geht ganz ins Weiße über. Der After ist gebärtet. Die Oberflügel sind sehr fein ausgekerbt.
Ihre grauweiße Grundfarbe scheint durch viele hellaschgraue undeutliche Zeichnungen, worunter sich nach
vielen mühsamen Suchen höchstens einige Aederchen
und ein Paar zikzackichte Querlinien zusammen bringen lassen, nur an wenigen Stellen durch. Am
Vorderrande nach der Spize zu stehen drei weißlichte
Punkte. Nach diesen Farben und Zeichnungen würde es noch schwer fallen, die Ph. Noct. Lactucae a)
von unserm Schmetterling zu unterscheiden, wenn sich
dieser nicht durch drei bis vier zarte schwarze Linien, so
längs durch die Mitte der Flügel laufen, standhaft
auszeichnete. Die glänzend graue Farbe der Unterseite
dieser Flügel nimmt gegen den Rand und Rückenwinkel
etwas Weißes an. Die Unterflügel sind auf beiden
Seiten glänzend milchweiß, da sie hingegen bei der
Ph. Noct. Lactucae ins Bräunliche spielen. Am
äußern Rande hinter dem Saume haben sie, so wie
die Sehnen, ein helles Aschgrau, das nach der Mitte
zu ins Weiße vertrieben ist. Durch den weißlichten

a) Rösels Insekt. Bel. 1. Th. N. V. 2. Cl. S. 243. t. 42.
f. 6.
Sistem. Verz. der Schm. d. W. S. 74. Nr. 7. Lat-
ticheule.

Saum geht eine lichtgraue zarte Linie. Auf der Un=
terſeite zeigt ſich noch ein hellgrauer Punkt. Die an
den Hüften und Schenkeln ſtark behaarten Füße haben
dieſelbe Farbe. Die Fußblätter ſind an der innern
Seite mit drei längsherunterlaufenden Reihen ſehr feiner Dornen verſehen, welche ich auch bei andern Arten
von dieſer Familie wahrgenommen habe.

Ob unſre Eule der Wiener. Ph. Noct. Tanaceti
ſei, kann ich mit Gewisheit nicht ſagen. -

6.

PHALAENA NOCTVA ARTEMISIAE.

Der bunte Mönch.

Phal. Noctua ſpirilinguis criſtata alis deflexis lanceolatis murino-cineraſcentibus lineis duabus vndulatis
nigris oblitteratis.

long. lin 8⅓. *lat.* 4.

Hufnagels Tabellen Berl. Mag. 3. Band S. 492. Nr. 38.
Der bunte Mönch. Dunkelaſchgrau, ſo an einigen
Orten ins Helle fällt, mit einem nierenförmigen Fleck
und andern Zeichnungen.

Naturf. 9. St. S. 114. Nr. 38. Phal. Artemiſiae. (v.
Rottemb.)

Nraders (Kleem.) Raupenkalend. S. 81. Nr. 232. Die
ſchöne grüne Kamillenraupe mit rothen dornähnlichen
Spizen.

Röſels Inſ. Bel. 3. Th. S. 289. t. 51. f. 1. 4. Die ſchöne grüne Kamillenraupe.

Siſtem. Verz. der Schm. der W. G. Famil. J. Nr. 2.

Stabwurzeule, Ph. N. Artemiſiae Abrotani et cam-
peſtris.

Gözens Beitr. 3. Th. 3. B. S. 187. Nr. 5. Artemiſiae,
der bunte Mönch.

Deſcr. Palpi Phal. Tab. II. f. 10. porrecti obtuſi cinerei. *Lingua* fuſca caniculo piceo. *Oculi*
nigricantes. *Antennae* ſetaceae teretes fuſcae
ſpina helua. *Caput* cineraceum. *Criſta* collaris duplex cucullaeformis cinerea cano faſciata.
Thorax eiusdem coloris. *Abdomen* nitidum
cineraſcens; *venter* albicans. *Anus* cinereico-
mus. *Alae* ſubcrenatae, *anticae* ad latus exterius nebuloſae, margine ſubterminali veluti ſer-
rato, ſtigmatibus cano marginatis inter lineas
tranſuerſas iacentibus; *ſubtus* lucide cineraſcentes: *poſticae* pallide fuſcae, ſubtus albicantes,
ad marginem exteriorem vtrinque cinereae albido ſimbriatae. *Pedes* cineracei piloſi.
Maris venter faſciculis piloſis duobus buxeis ha-
miformibus.

Die Phaläne Tab. II. fig. 10. gehört zur Familie
der kappenhalſigten Eulen, deren Geſtalt und Kennzeichen bei der Rheinfarneule ſchon vorgekommen ſind.
Ihre aſchfarbigen Bartſpizen ſtehen gerade aus, ſind
am Ende ſtumpf und ragen ſehr wenig über dem Kopfe
hervor. Die Rollzunge iſt an den Seiten blaß dunkelbraun und die längs ihrer Mitte befindliche Rinne
glänzend ſchwarz. Die Augen fallen ins Schwärzlichte. Die Fühlhörner ſind ganz rund und borſtenar-

tig, so wie ich sie bei der vorigen Art beschrieben habe;
unten haben sie eine hellbraune und an dem mit Schuppen besezten Rücken eine graue Farbe. Der Kopf und
die beiden Halskragen sind dunkel aschgrau. Der
Vordere hat eine hellgraue Querbinde, mit einem
dunklern Striche und ist am obern Rande schwarz.
Der Rücken kömmt mit dem Kopfe überein. Der
glänzende Hinterleib ist oben hellaschgrau, unten fällt
er ins Weiße.

Der mausefahle Grund der Oberflügel scheint nur
wenig durch, denn er ist an den meisten Stellen mit
dunklem Aschgrau minder oder stärker bedeckt. Nahe
an dem aschfarbigen Saume des äußern Randes ist er
durch dunklere Flecken unterbrochen, und bekömmt dadurch eine sägeförmige Einfassung. Die Nierenmakeln, welche in der Mitte dunkelgrau und durch eine
hellere Linie eingeschlossen sind, gehen etwas von der gewöhnlichen Gestalt ab. Sie liegen in einem dunkel-
aschfarbigen ins Schwarze übergehenden Grunde.
Ueber und unter demselben läuft eine zifzackichte schwarze Linie quer durch die Flügel, welche nur nach dem
Hinterrande zu deutlich, zunächst den Makeln aber von
dem dunklen Grunde kaum zu unterscheiden ist. Zwischen der untersten Linie und dem äußern Rande geht
querdurch eine bräunliche Wolke. Am Vorderrande
zunächst der Spize zeigen sich, so wie bei vielen andern
Arten, drei hellere Punkte. Auf der Unterseite sind
diese Flügel glänzend aschgrau, und haben nahe am
Saume eine zifzackichte Linie, die gleich dem Vorder-
und Hinterrande von hellgrauer Farbe ist. Die Hinterflügel sind auf beiden Seiten glänzend und am äus-

D

fern Rande afchfarbig, oben blaßbräunlicht, unten
weiß. Sie sind überall mit einem weißlichen Saum
eingefaßt. Die Füße sind dunkelgrau; und an den
Fußblättern finde ich die nämlichen Dornen, deren
Ordnung ich bei der Rheinfarneule angezeigt habe a).

Der männliche Schmetterling kömmt mit dem
weiblichen beim ersten Anblick überein. Er unterscheidet sich dennoch nicht allein durch seinen Leib, der weit
schmäler und länger, und am After mit noch einmal so
langen aschgrauen Haaren versehen ist, sondern auch
vorzüglich durch zween Haarbüschel unten am Leibe.
Diese bestehen aus vielen steifen gleich langen Haaren,
sizen in dem Einschnitte zwischen dem dritten und vierten Ringe mit der Wurzel an beiden Seiten fest, gehen ungefähr bis auf die Mitte des vierten Ringes
gerade aus, und biegen sich dann zurück nach dem
Kopfe, wodurch sie die Gestalt kleiner Häkchen bekommen. Sie sind etwan eine Linie lang, und lassen sich
durch ihre gelbe dem Buxbaumholz sehr ähnliche Farbe
von den weißlichen Haaren des Unterleibes gar leicht
unterscheiden.

Ich wollte es versuchen, ob ich die Raupe von dieser Phaläne noch etwas genauer und der Natur ge-
treuer abbilden könnte, als ich sie in der bereits vorhandenen Abbildung gefunden habe; allein meine Raupen
verpuppten sich, ehe ich diese Arbeit zu Stande brachte.
Ich will deswegen die röselsche Zeichnung nicht ta-

a) Diese kleinen Dörnchen führe ich bei diesen Arten besonders wegen ihrer sehr in die Augen fallenden Ordnung an. Uebrigens sind sie fast allen Eulen gemein
und dienen ihnen wahrscheinlich zum Mittel, sich fest
anzuhalten.

deln. Sie behält allemal so viel für sich, daß sie
in Vergleichung mit der Natur nicht wohl zu verkennen ist.

7.

PHALAENA NOCTVA TRAPEZINA.

Der Tischfleck.

long. lin. 6. *lat.* 3½.

LINN. S. N. fp. 99. ed. 12. Phal. Noctua fpirilinguis
laeuis, alis depreffis pallidis fafcia latiffima faturatiore puncto nigro margineque punctato.

· Faun. Suec. fp. 1157. ed. 2.

Müllers Linn. Naturfift. 5. Th. 1. B. S. 683. Nr. 99. der
Tischfleck.

Süeßl. Magaz. der Entomol. 2. Band. S. 12. Phal. Trapezina, (Chorherr Meyer).

FABRIC. S. E. p. 600. Nr. 41. Trapezina. Noctua lae-
vis, alis deflexis, albidis: fafcia latiffima faturatiore puncto nigro margineque punctato.

Hufnagels Tab. Berlin. Magaz. 3. B. S. 296. Nr. 44.
Phalaena rhombica, das verschobene Viereck. Röthlich grau mit einem großen verschobenen Viereck, in
deffen Mitte ein schwarzer Punkt.

Naturf. 9. St. S. 118. Nr. 44. Ph. Rhombica. (b. Rottemb.)

Siftem. Verzeichn. der Schm. der W. G. S. 88. Fam. T.
Mordraupen. Gewäfferte Eulen. Nr. 13. Ahorneule,
N. Trapezina Linn.

Merian Europ. tab. II.

Gözens Entom. Beitr. 3. Th. 3. B. S. 95. Nr. 99. Trapezina, der Tischfleck.

Defcr. Larua Tab. III. f. 1. nuda laeuis pallide her-
bacea, lineis tribus dorfalibus albidis ftrigaqué
laterali ex albo viridefcente a), incifuris pallide
citrinis, verrucis albicoloribus ac piceis, fingulis fegmentis certo ordine pofitis. Verrucae piceae inter ftrigam lineasque dorfales margine
candicantes.

Palpi Phal. Tab. III. fig. 4. enfiformes porreCti capite longiores, flauo-rufefcentes. *Lingua* offea.
Oculi grifei. *Antennae* fetaceae flauicantes. *Caput* pallide buxeum. *Crifta* collaris bis arcuata
et *thorax* triualuis eodem colore. *Abdomen* lateribus criftatum. *Anus* barbatus. *Alae* de-
flexae incumbentes nitidae; *primores* colorem
ligni Syringae ducentes, fafcia trapeziformi faturatiore dilucide marginata, ftigmate valde ob-
foleto, in quo punCtum nigrum; poft fafciam
lineola vndulata transuerfa nubila; margo fubterminalis feptem punCtis minutiffimis nigris.
Subtus cinerafcentes verfus marginem exteriorem obfolete rufefcunt. Alae *pofteriores* antror-
fum cineraceae verfus latus anticum flauentes,
retrorfum flauo-rubidae, ftriga maxime nubila
ac punCto cinereo magis confpicuo. *Pedes* palpis concolores.

Die Raupe Tab. III. fig. 1. erreicht nicht immer
eine gleiche Länge. Ueber einen Zoll habe ich fie nie-
a) Sulphurea, nach Chorh. Meyer.

mals gefunden. In der Mitte ist sie meist 1⅓ Linie dick, an den Enden schwächer und überall rund.

Der Kopf hat eine blaßgrüne ins Gelbe spielende Farbe und auf beiden Seiten der Stirn einen doppelten braunen Fleck, welcher nur einfach ins Auge fällt und sich am Rande in die Grundfarbe verliert. Ein ähnlicher aber größrer Fleck zeigt sich über jeder Freßspize und einer in der Mitte des Kopfs. Der Leib ist grasgrün. Die Einschnitte gelb a). Längst den Seiten findet sich eine weißlichte Streife, die hin und wieder besonders in der Mitte mit Grün gemischt ist b). Ein gleichfarbiger schmaler Strich läuft über dem Rücken, zwischen welchem und dem Seitenstreife sich beiderseits noch eine feine Linie von derselben Farbe befindet c). Tab. III. fig. 2. Zwischen dem Rücken und dieser Linie stehen auf beiden Seiten des ersten Ringes zwei glänzend schwarze Wärzchen gerade unter einander, und vor und hinter denselben ein Einzelnes. Auf dem zweeten und dritten Ringe nur die beiden erstern und zwar in der nämlichen Lage; auf den sieben folgenden Ringen aber schräg unter einander und das Vordere näher am Rücken. Auf dem eilften Ringe sind sie neben einander gestellt, und auf dem zwölften wieder schräg, aber so, daß das Hintere dem Rücken am nächsten ist. Die Schwanzklappe hat

a) Dieß Gelbe verliert sich oft, besonders an ausgewachsenen Raupen.
b) Nach Chorh. Meyers Bemerkungen soll dieser Streif schwefelgelb sein. Auch nach Hr. von Rottemburg.
c) Nach Hr. von Rottemburg hat sie auf dem Rücken nur eine schmale weiße Linie.

zwei. Außer diesen findet sich auf jedem Ringe noch
ein weißer Punkt, welcher damit in einem Dreieck
steht. Zwischen der Linie und dem Seitenstreife sind
auf dem ersten Ringe hinter dem Kopfe zwei schwarze
Wärzchen unter einander und eins hinter denselben.
Die beiden Erstern stehen auch auf dem zweeten und
dritten Ringe. Die übrigen Ringe haben nur eins,
aber ein Größeres und die Schwanzklappe wieder zwei.
Alle diese Wärzchen sind mit einem schneeweißen Rande eingefaßt, der nach dem Hintertheile breiter ist.
Im Seitenstreife stehen auf dem ersten Ringe zwei
schwarze Wärzchen unter einander, auf den folgenden
aber neben einander, und auf dem lezten Ringe und
der Schwanzklappe nur ein Einziges. Unter dem
Streife sieht man über jedem Brustfuße eins, über
den Bauchfüßen zwei schräg unter einander und über
den Nachschiebern fünfe. Die Ringe, so ohne Füße
sind, haben drei unten am Leibe, und jeder Bauchfuß
hat eins. Auf jedem Wärzchen steht ein feines Haar.
Die Klauen an den Füßen sind schwarz. Die Haut
der Raupe ist glatt sehr dünn und durchsichtig. Man
kann alle Bewegungen in der großen Rückenader sehr
deutlich erkennen.

Diese Raupenart lebt im Wonnemond und Anfange des Brachmonds auf der Roth- und Weiß-
buche a). Daß sie aber auch Raupen und selbst die
von ihrer Art frißt, ist eine so bekannte Sache, daß
ichs nicht nöthig habe anzuführen. Die verschiedenen

a) Herr von Rottemburg gibt auch die Weiden, Chorh.
  Meyer die Haselstaude und das wiener Verzeichniß
  den wilden Ahorn zu Futterpflanzen an.

Bemerkungen, welche der Chorh. Meyer hierüber
gemacht hat, will ich hier nicht wiederholen. Den
Zweifel einiger Entomologen, ob diese Raupen auch
wohl in ihrer Freiheit andre Raupen verzehrten, kann
ich durch meine eigene Erfahrung heben, indem ich sie
selbst dabei angetroffen habe. Besonders ist es, daß,
wenn man die Raupen eine zeitlang mit andern gefüttert, sie sich sehr ungern wieder an die Pflanzen ge-
wöhnen, wenigstens erst durch großen Hunger dazu
genöthiget werden müssen. Auch verlieren sie durch
das Fleischfressen bisweilen etwas von der gränlichen
Farbe und werden bräunlich. Daß eine Kleinere oder
Schwächere oft einer Größern überlegen wird, kömmt
nicht von ihrer Stärke, sondern von dem hinterlistigen
Verfahren her, womit sie dieselbe angreift. Sie
sucht ihr erst von hinten zu durch einen tückischen Biß
eine Wunde beizubringen. Ist ihr solches geglückt;
so läßt sie die Verwundete alsdenn so lange unange-
fochten, bis sie von ihrer Wunde matt und krank
wird. Dann fällt sie über sie her, und gibt ihr, um
ihre unersättliche Begierde zu befriedigen, die lezten
tödtlichen Bisse. Wie viel Aehnlichkeit mit der Ge-
sinnung mancher Menschen! Oft leben dergleichen
Raupen von einem solchen Raube wohl etliche Tage.
Zu ihrer Vertheidigung gegen andre pflegen sie mit
dem Kopfe um sich zu schlagen. Eine zu schwache Gegenwehr gegen die Hinterlist ihrer Feinde, welche ihren
Angriff nicht von vorne, sondern im Rücken zu thun
pflegen. Es geht diesen aber eben so, wie den Raub-
süchtigen überall: sie werden gemeiniglich wieder ein
Opfer für andre.

Nachdem diese Raupen früh oder spät auskommen, erreichen sie auch ihren völligen Wachsthum.   Bei mir giengen sie gewöhnlich in den ersten Tagen des Brachmonds unter die Erde, und verpuppten sich a) binnen acht Tagen in einem dünnen Gewebe.

Die Puppe Tab. III. fig. 3. ist etwas über fünf Linien lang und in der Mitte zwei Linien bick.   Am Ende hat sie zwo Spizen, deren Wurzeln aneinander sizen und daher das Ansehn einer Gabel bekommen. Die Farbe ist ein helles Rothbraun b).

Der Schmetterling Tab. III. fig. 4. erscheint gewöhnlich nach vier Wochen.   Dennoch kam bei mir einer, dessen Raupe sich den zweiten Brachmond in die Erde begeben, und den zehnten desselben verpuppt hatte, schon den 22ten aus c).

Er hat vorstehende Bartspizen, welche gelb und etwas ins Röthliche gemischt sind.   Die Rollzunge ist beinfarbig.   Die Augen grau.   Die borstenartigen Fühlhörner haben an jedem Gelenke zu beiden Seiten ein borstiges Härchen; unten ganz kurzes dichtes Haar und am Rücken glänzende Schüppchen.   Ihre gelbe Farbe fällt etwas ins Röthliche.   Der Kopf hat mit dem Halskragen, welcher am obern Rande zweimal gebogen ist, und dem mit drei Haarklappen bedeckten

a) Nach Chorh. Meier insgemein in einem zusammengezogenem Blatte hinter einem schwachen Gewebe.

b) Nach Hr. von Rottemburg soll das Hellbraune blau bestäubt sein, wie eine reife Pflaume.

c) Dieser Fall dient aber wohl nicht zur Regel; denn so ist Sphinx Euphorbiae bei mir nach acht Tagen ausgekommen, der gewöhnlich ein auch zwei Jahr, bisweilen noch länger in der Puppe liegt.

Rücken eine dunkle Burbaumfarbe. Die Bruſt iſt
weißlicht. Der Hinterleib iſt oben auf den drei erſten
Ringen gelblich, auf den ſeztern aſchgrau; unten ganz
gelb. An den Seiten hat er burbaumfarbige Haarbüſchel. Die ähnlichen Haare am After ſind bei dem
Männchen wohl eine ſinie lang und etwas ins Röthliche gemiſcht. Die Grundfarbe der Oberflügel kömmt
dem ſpaniſchen Hollunderholz ſehr nahe; denn ſie haben außer dem Gelben ein feines Roth, beſonders nach
dem äußern Rande zu. Quer durch die Mitte geht
eine breite etwas dunklere Binde, welche die Figur eines Trapezium hat a), und mit einer weißlichen feinen ſinie begrenzt iſt. Eine blaſſe Nierenmakel, ſo
nach der hintern Seite mit einem ſchwarzen Punkte
bezeichnet iſt, fällt ſehr undeutlich in die Augen. Unter dieſer Binde zeigt ſich eine grünliche Schattirung,
an welcher eine hellere Ader quer durch die Flügel geht.
Unter dieſer Ader iſt der Grund röthlicher, beſonders
am Saume, deſſen Anfang ſich durch ſieben feine
ſchwarze Punkte deutlich unterſcheiden läßt. Unten
ſind dieſe Flügel aſchgrau, am äußern Rande röther,
als oben, und am Hinterrande weißlichgelb. Dieſelben Farben haben die Unterflügel auf der Oberſeite,
nur mit dem Unterſchiede, daß das Weißlichgelbe den
Vorderrand einnimmt. Auf der entgegengeſezten
Seite ſind ſie hellgelblich roth, haben in der Mitte

a) Hr. Hufnagel gibt ihr den Namen eines verſchobenen
Vierecks, und ſinne' ſelbſt bedient ſich des Aus-
drucks faſcia rhomboide in der Faun. Suec. Es
kömmt hiebei eben nicht auf ein Wort an. Will man
aber eine ähnliche Figur finden; ſo wird man nicht
wohl einen rhombum dafür anſehen können.

einen ſehr unmerklichen Querſtrich und darüber einen
ſchwarzen Punkt.   Alle Flügel ſind auf beiden Seiten
glänzend.   Die Füße haben mit den Bartſpizen einerlei Farbe.

Man erhält dieſen Schmetterling ſelten anders,
als durch die Raupe.

8.

PHALAENA BOMBYX FAGI.

Der Eichhornſpinner.

m. *long*. lin. 10½. *lat*. 5⅔.
f. — — 13⅝. — 7¼

LINN. S. N. ſp. 30. ed. 12. Phal. Bombyx elinguis, alis
reuerſis rufo-cinereis: faſciis duabus linearibus luteis flexuoſis.

Faun. Suec. ſp. 1113. ed. 2. Ph. Bombyx? Fagi.

Müllers Linn. Naturſiſtem 5. Th. 1. B. S. 659. Nr. 30.
Das Eichhörnlein.

ALDROV. de Inſ. p. 267. fig. 5. ed. Bonon. 1638. fol.
Erucaneum. Sex primum a capite ex primis corporis flexibus pedes aranearum pedibus ſimillimos
emittit; dein interpoſitis aliquot flexuum interual.
lis, alios octo more erucarum, quas alioqui toto
corpore refert. Tota ex cinereo ad luteum vergit,
ſed annuli coloris ſunt plane caſtanearum ſicut etiam
pedes et caudae.

MOUFFET. inſ. p. 197.

ALBIN. inſ. t. 58. (die Raupe).

VDDM. diſſ. 61.

Röſels Inſ. Bel. 3. Th. S. 69. t. 12. Die Eichhornraupe
mit vier langen Vorderfüßen und zwei Schwanzſpizen.

Gleditsch Forstwiss. 1. Th. S. 437. Nr. 3. Phal. Noctua
  Fagi, die Buchenraupe auf der Birke; S. 454. Nr. 6.
  P. Bombyx Fagi, auf der Haselstaude.

Maders (Kleem.) Raupenkal. S. 79. Nr. 228. Phal. Fagi,
  die Eichhornraupe, das Eichhorn.

Füeßlins schweiz. Inf. S. 34. Nr. 648. Phal. Fagi.

Fabric. S. E. p. 562. No. 23. Bombyx Fagi. nom. Linn.
  Larua brunnea, dorfo dentato, pedibus fex anterioribus elongatis; cauda reflexa, corniculis duobus;
  quiefcit capite caudaque eleuatis; pedibus anticis
  pendentibus.

Mvlleri Faun. Fridr. p. 39. Nr. 357. Phal. Fagi. nom.
  Linn.

— Zool. Dan. Prodr. p. 117. No. 1356. nom. Linn.

Abhandl. der schweb. Akad. der Wiss. Ueberf. II. B. 1749.
  S. 137. t. 4. f. 10 — 14. Buchenraupe. (Rabe).

Siftem. Verz. der Schmett. d. W. G. 1 S. 64. fam. S.
  Nr. 2. Buchenspinnerraupe (Fagi fyluaticae); Bu-
  chenspinner.

Onomat. hist. nat. P. 6. p. 364. Phal. Fagi, der Eichhornvogel.

Gözens Entom. Beitr. 3. Th. 2. B. S. 305. Nr. 30. Phal.
  B. Fagi, der Eichhornfpinner.

Defc. Larua balia, fegmentis 4, 5, 6, 7, 8, 9 eleuatis
  dorfo concauis, tribus primoribus bis mucronatis ceteris obtufis, 10 ac 11 vna cum 12 plano-
  conuexis, valuulis lateralibus femirotundo-cre-
  natis; corniculis duobus ani clauatis infra tegmi-
  nis apicem adnatis; pedibus fex anterioribus in-
  folenter elongatis.

Palpi Phal. Tab. III. f. 5. perbreues porrecti cinerei
  apice albefcentes. *Oculi* grifei. *Antennae* fer-

rugineae maris pectinatae apice setaceae, pectines pilosi; foeminae setiformes. *Caput* cineraceum vtroque latere albicans. *Crista* collaris et *thorax* cinerascens. *Abdomen* tergo cristatum cinereum subtus albidum, *ano* lanato. *Alae*
subcrenatae *supra* rufo-cinereae ad marginem
posticum rubricosae, linea subterminali arcuata
albescente, fimbria albo distincta; *anticae* praeter fascias lineares punctis septem externis nigricantibus lacteo releuatis; *posticae* ad latus tenuius pallidiores, striga ac maculis baseos sublu-
teae: *subtus* omnes eiusdem coloris. *Pedes* albicantes femoribus cineraceis.

Die Länge der Eichhornraupe erstreckt sich nicht selten über 1⅔ Zoll. Ihr Kopf ist 3⅓ Linie hoch, unten
2½ Linie und oben, wo er am schmälsten wird, 2 Linien breit. Seine Dicke kömmt nicht an die Hälfte
der Breite. Die Gestalt läßt sich am besten aus
Tab. VII. fig. 8. abnehmen. In der Mitte der Scheitel zeigt sich eine sehr geringe Vertiefung. Der erste
Ring verliert sehr viel von der Höhe des Kopfs und
hat eine gewöhnliche Form. Die beiden folgenden
hingegen sind merklich höher, und haben einen von
vorn und hinten schräg anlaufenden Rücken. Die
nächsten sechs Ringe gehen von dem Bau der
meisten Raupen ganz ab. Der Vierte, Fünfte und
Sechste unterscheiden sich nur durch ihre Größe, weil
der Folgende immer höher wird, wie der Vorhergehende. Ihre Gestalt ist dieselbe. Die Vorderfläche

Tab. VII. f. 9. ad biegt sich oben auswärts und unten einwärts wie eine Glockenleiste. Die hintere Seite bd läuft flach hohl aus. Die Seitenfläche bde ist etwas erhaben. Der Rücken dd in der Mitte bei c getieft. An beiden Enden desselben bei dd sizt ein kleines Wärz=chen, welches sich mit einer kurzen starr hervorstehen=den Spize endiget a).

Die Erhabenheiten an dem siebenten, achten und neunten Ringe gehen zwar nicht so spiz zu, als diese; aber auch nicht so stumpf, wie sie beim Rösel abge=bildet worden. Der zehnte Ring und der Eilfte mit dem Zwölften zugleich sind flach erhaben, und an beiden Seiten mit einem halbrunden Lappen versehen, dessen Rand ausgekerbt ist. Unter der Schwanzklappe kom=men ein Paar harte drei Linien lange keulenförmige Spizen b) hervor, welche nicht an dem äußersten En=de, sondern so angewachsen sind, daß man einen wohl eine halbe Linie langen Theil noch unter der Klappe er=haben liegen sehen kan. Am obern Ende dieser Spi=zen, welche mit ganz kurzen Börsten besezt sind, zeigt sich ein feines Löchelchen, dessen Gebrauch ich noch nicht habe bemerken können. Was diese Raupe ganz besonders auszeichnet, sind ihre langen Brustfüße, wo=von das zweite und dritte Paar von ungewöhnlicher Länge sind. Das erste Paar reicht nahe an 1½ Linie.

a) Rösel legt diesen erhabenen Ringen eine fast dutten= oder zizenförmige Gestalt bei, welche ich nicht habe finden können.

b) Nach Linne' borstenförmige (corniculis duobus seta=ceis) und nach Rösel kolbichte. Diese leztere Abwei=chung liegt wohl nur im Ausdrucke; denn er hat sie keulenförmigt abgebildet.

Davon hat die Hüfte $\frac{5}{6}$ L. der Schenkel $\frac{2}{3}$ L. Das
zweite Paar ist $5\frac{1}{2}$ L. die Hüfte $2\frac{2}{3}$ L. der Schenkel
$2\frac{5}{8}$ L. Das dritte Paar kömmt an $7\frac{1}{4}$ L. die Hüfte
nämlich $3\frac{1}{12}$ und der Schenkel $3\frac{1}{2}$ L. Die Klaue mit
ihrem Gelenke ist an allen Füßen gleich an $\frac{1}{3}$ Linie.
Hüfte und Schenkel sind etwas gebogen und keulen=
förmig.   Die Raupe kan solche dicht aneinander le=
gen, weil der dickere Theil des Schenkels allemal auf
dem dünnern des Hüftbeins zu liegen kömmt, und so
umgekehrt.   In dieser Lage scheinen beide Glieder ein
Ganzes von gleicher Dicke auszumachen.   Die Ge=
lenke daran sind so eingerichtet, daß die Raupe diese
Füße sehr leicht nach dem Leibe biegen und zusammen=
schlagen, folglich einen Zweig ganz bequem umfassen
und sich daran fest halten; aber nicht ohne Mühe da=
mit gehen oder kriechen kann, welches sich auch außer
dem aus ihrem ungewissen und unsichern Gange wahr=
nehmen läßt.   Die acht Bauchfüße sind wie gewöhn=
lich mit einem halben Zirkel kleiner Häkchen versehen.
Die Nachschieber fehlen ganz.   Die Haut ist überall
schagrinartig und mit sehr kurzen Härchen besezt, die
über dem Munde und an den lezten Ringen etwas län=
ger ausfallen; aber ohne Lupe kaum sichtbar sind.

Die herrschende Farbe dieser Raupe ist kastanien=
braun a), am Rücken der sechs mittlern Ringe, beson=
ders des siebenten, achten und neunten fällt sie ins
Grünliche.   Der glänzende Kopf hat ein dunklers
aber blaßes Braun.   Mitten durch die Vorderfläche
geht ein hellerer Streif, welcher sich nach dem Munde

a) Die Farbe an der vor mir liegenden röselschen Abbildung ist zu hellbraun.

zu gabelförmig theilt. Zu beiden Seiten dieses Streifs
ist eine dunkelbraune dreiseitige länglichte Makel
Tab. VII. f. 8. Die Augen und die Oberlippe sind
blaßbräunlicht. Die Zähne dunkelbraun, die Freßspizen fallen ins Schwärzlichte. Längst dem Rücken
und Unterleibe läuft ein grünlich gelber Strich, welcher beiderseits mit einem schwarzbraunen Striche eingefaßt ist. Die Vorderseite des vierten, fünften und
sechsten Ringes ist sehr dunkel und unten mit einem
hellern Striche bezeichnet. Die beiden Erstern haben
unten seitwärts einen mondförmigen sammetschwarzen
Fleck. Oben auf dem siebenten und achten Ringe stehen zwei schwarze Punkte. Vom Ende des lezten
Bauchfußes steigt eine doppelte dunkelbraune Linie
schräg an der Seite hinauf; mitten am vordern Ende des neunten Ringes wird sie einfach, geht sodann
über den achten, siebenten und sechsten Ring weg, und
endiget sich an den Seiten des fünften und vierten Ringes über den sammetschwarzen Flecken durch zwei schräge Querstrichelchen. Die vorstehenden Ecken an den
ausgekerbten Lappen der hintersten Ringe und die innere Seite der Schwanzspizen sind glänzend blauschwarz.
Die Luftlöcher haben eine graue Farbe.

Von dieser Raupenart habe ich voriges Jahr verschiedene auf der Rothbuche und Haselstaude in einer
Höhe von zwo bis drei auch wohl sieben bis acht Fuß
von der Erde im Erndtemond und Anfange des Herbst-
monds angetroffen; in derselben Zeit also, welche Rösel angegeben hat. Nach den Abhandlungen der
schwedischen Akademie fand sie sich schon im Heumond.
Zwo, welche ich auf den Haseln gefunden, fraßen

dennoch lieber Buchenlaub, wenn ich ihnen die Wahl
ließ.   Die Erste, so mir aufstieß, hätte ich wegen
ihrer sonderbaren Stellung, worinn sie einem trockenen
zusammengeschrumpften Blatte sehr ähnlich sah, beinahe verkannt.   Sie saß gleich den andern, so ich
nachher fand, unter einem Blatte.   Ihr Kopf war
so stark zurückgebogen, daß der obere Rand auf die erstern Ringe stieß.   Die Schenkel der Brustfüße waren
mit der nach dem Leibe gerichteten Seite der Hüftbei-
ne wie ein Taschenmesser zusammengelegt.   Die drei
leztern Ringe lagen auf dem Mittlern, an welchen die
Bauchfüße sizen, und stießen beinahe mit dem Kopfe
zusammen,   über welchem die Schwanzspizen hervor-
ragten.   Sobald die Raupe Geräusch oder Nachstellung verspürte, hob sie den Vorder- und Hintertheil
gerade in die Höhe, und streckte die Brustfüße mit einer zitternden Bewegung voraus, nahm also diejenige
Stellung an, worinn sie Rösel a) zuerst abgebildet,
und wobei sie das Ansehn hat, als wenn sie sich gegen
ihren Feind zur Gegenwehr sezen wollte.   Ich habe
sie nachher sehr oft in dieser Stellung angetroffen, wenn
ich die Schachtel eröfnete, worinn sie verwahrt wurden.   Wahrscheinlich hatte sie solche sogleich bei dem
Geräusch der Eröfnung angenommen.   Es war also
nicht die ruhige Lage, worinn sie zuvor gewesen war.
Sobald um ihr her alles ruhig wurde, legte sie den
Kopf und die vordern Ringe platt auf den Boden nieder, worauf sie saß; hielt aber den Hintertheil noch
immer in die Höhe gerichtet b).   Der Gang mit den

a) Inf. Bel. Th III. Tab. XII. f. 1.
b) Rösel Inf. Bel. f. 2.

Bruſtfüßen wurde ihr ſehr beſchwerlich a). Dieſe
ſchienen zum Gebrauch auf einer ebenen Fläche gar
nicht gemacht zu ſein. Sie kroch daher ungemein
langſam und gleitete oft mit dieſen Füßen aus. Indem ſie ſolche vorwärts ſezte; hob ſie die drei lezten
Ringe in die Höhe. Zog ſie aber den hintern Körper
nach ſich; ſo bog ſie die nämlichen Ringe wieder nieder, ſo daß ſolche während ihrem Gange in einer be-
ſtändigen auf und niederſteigenden Bewegung waren.
So oft ſie ſich ausleerte, gaben ſich die beiden Schwanzſpizen auseinander.

Ich brachte nach und nach eilf Stücke zuſammen,
welche in ihren Sitten von jener gar nicht verſchieden
waren. Aber einige hatten verſtümmelte Bruſtfüße;
andre waren ſchon von Fliegen beſezt; ein Paar verloren bei mir einige Schenkel, ohne daß ich die Urſache
davon bemerken konnte, ſo daß ich überhaupt von allen
meinen Raupen nur zwo Puppen erhielt.

Sobald ſie dieſer Veränderung nahe kamen, welches etwan um die Mitte des Herbſtmonds geſchah,
ſponnen ſie zwiſchen zwei Blätter ein ſehr feines Gewebe. Man nehme zwei länglichtrund geſchnittene
Stückchen von feinen ſeidenen Flor, in der Breite eines Buchenblattes; aber nicht völlig ſo lang, reihe
ſolche am Rande mit einem Faden zuſammen, und lei-
me auf beide Seiten ein Blatt dichte auf: ſo hat man
ungefehr die Geſtalt eines ſolchen Geſpinnſtes, als dieſe
Raupen ſich machen. Sie kleben ſolches ſo dichte ans
Blatt feſt, daß, wenn man es davon losreißt, die
Figur des Blattes in dem Geſpinnſte ſizen bleibt, wel-

a) Röſel Inſ. Bel. fig. 3.

E

ches denn auch mit von dem starken Gummi herrührt, womit das ganze Gewebe verarbeitet ist.

Die Puppe ist ungefähr 11 Linien lang, am Kopfe 3½ und in der Mitte 4 Linien dick. Ihre Gestalt kömmt der von der Ph. Bomb. Bucephala Lin. sehr nahe. Sie ist glänzend rothbraun und hat am Ende einen kleinen Stiel mit vier krummen spizigen Häkchen, welche fest in der Seide verwickelt sind, womit die Raupe die innere Fläche des Gespinnstes etliche male überzogen hat. Ein Mittel, desto gewisser und leichter die Puppenhülse durchzubrechen. Tab. VII. fig. 10.

Die Zeit, darinn der Schmetterling auskömmt, erwarte ich noch. Rösel gibt den Brachmond an a).

Die sehr kurzen Bartspizen des Buchenspinners Tab. III. fig. 5. stehen gerade aus. Sie sind aschfarbig und an den Spizen weiß. Die Augen grau. Beide Geschlechter haben rostfarbige Fühlhörner. Bei dem Männchen sind sie kammförmig. Die Zähne der Kämme sind wieder auf beiden Seiten mit Härchen und ihre zugerundeten Enden mit zwei kurzen starken borstigen Haaren besezt. Die funfzehn lezten Glieder des Fühlhorns haben an jeder Seite nur eine Vorste und unterwärts dichtes kurzes Haar. Mit dem Ende der männlichen kommen die borstengleichen Fühlhörner des Weibchen überein. Beide haben auf dem Rücken graue Schuppen. Der aschgraue Kopf ist auf beiden Seiten weiß. Der Halskragen und Rücken fallen ins Asch-

a) Ob es gleich Frostschmetterlinge gibt, welche auch in freier Luft mitten im Winter auskommen, wie ich selbst dergleichen künftig bekannt machen werde; so glaube ich doch immer, daß dieß bei der Phal. Fagi der Fall nicht sein dürfte. Schwed. Abh. a. a. O.

farbige.   Der Hinterleib hat auf den erſten Ringen
einige Haarbüſchel.   Oben iſt ſeine Farbe dem Kopfe
gleich, unten weiß.

Die Flügel ſind rothbräunlich aſchgrau.   Die
Vordern werden oben durch zween ſchmale gebogene
weißlichtgelbe Streifen in drei Felder abgetheilt.   Das
Obere zunächſt dem Rückenwinkel fällt mehr ins Gelbliche und iſt ſchwarz gefleckt.   Zwiſchen dieſem und
dem zweiten Streiffe iſt der Grund mehr ins Rothe gemiſcht und am Hinterrande ganz röthelfarbig.   In
dem unterſten Felde zähle ich ſieben ungleiche querüber-
gehende ſchwärzliche auf einer Seite weißlichtgelb eingefaßte Flecken, worunter der zunächſt dem Vorderrande der Größte iſt und höher ſteht.   Die Hinterflügel
haben am Rückenwinkel außer einigen weißlichtgelben
Flecken auch eine dergleichen kurze Streiffe; nach dem
Hinterrande fallen ſie röthlicher aus.   Der Saum iſt
überall von den Flügeln durch eine weißlichte bogenförmige Linie abgeſondert und durch Striche von derſelben
Farbe unterbrochen.   Unten haben alle Flügel die Farbe einer gelblichen Tripelerde.   Die Füße ſind oben
grau, unten weiß.

9.

PHALAENA GEOMETRA PVLVERARIA.

Der Staubling.

long. lin. 8½. *lat.* 5⅖.

LINN. S. N. p. 862. fp. 215. ed. 12. Phalaena Geometra peⱭinicornis, alis omnibus teftaceo puluerulentis: fafcia lata ferruginea fubtus purpurafcenti ferrugineis.

Faun. Suec. fp. 1243. ed. 2.

Müllers Linn. Naturfift. 5. Th. 1. B. S. 708. Nr. 215. Der Staubling.

CLERC Phal. t. 5. f. 6.

Füeßlins Inf. S. 40. Nr. 764. Ph. Pulueraria, der Staubling.

MULLER Zool. Dan. Prodr. p. 125. no. 1446. Phal. Pulueraria. Nom. Linn.

FABRIC. S. E. p. 627. no. 39. Phal. Puluer5ria.

Schriften der Drontth. Gef. IV. p. 284. no. 43. Phal. Pulueraria. Nom. Linn.

Gözens Entom. Beitr. 3. Th. 3. B. S. 300. Nr. 215. P. Pulueraria, der Staubling.

Defcr. Palpi Phal. Tab. III. fig. 6. capite longiores rutilati. *Oculi* nigricantes. *Antennae* fetaceae maris peⱭinatae fuluefcentes. *Caput, crifta thorax* ac *tergum* eiusdem coloris. *Alae* fubangulatae, *fuperiores* fupra antennis concolores, fafcia latiffima transuerfa finuata verfus latus tenuius anguftiore oleagino-fufca; *inferiores* fubluteae. Omnes alae ante fufco puluerulentae, re-

tro pallide aurantiae carmesino adspersae, fascia
superiorum carmesina.

Die Bartspitzen dieser Phaläne fallen ins Röthlichgelbe. Die Augen ins Schwarze. Die Fühlhörner
des Weibchens Tab. III. f. 6. haben an jedem Gliede
beiderseits eine kurze aber verhältnißmäßig starke Borste; sie sind wie der Kopf, Halskragen, Rücken,
Hinterleib und die Oberseite der Vorderflügel aus einem
sehr blassen Gelb mit wenigen Braun gemischt. Die
lezter führen in der Mitte ein sehr breites ölgelbes
Querband, das nach dem Hinterrande zu schmäler und
gebogener ist, unten aber sehr starke Buchten hat. Auf
den blaßgelben Unterflügeln zeigt sich nur am Hinterrande ein kleiner Querstrich, welcher bei einigen Exemplaren ganz gelinde durch die Flügel fortgeht. Der
ganze Schmetterling ist oben mit vielen braunen
Punkten bestäubt, am stärksten die Vorderflügel und
das Querband, an dessen Rande die Punkte sich häufen und eine braune Einfassung machen. Auf der Unterseite sind alle Theile blaß pomeranzenfarbig oder
rauschgelb, und mit einer noch größern Menge karminrother Punkte geziert. Das Querband der Oberflügel, welche am Hinterrande ganz weißlichtgelb werden,
läßt sich hier nur bloß durch seinen karminfarbigen
Rand Tab. III. f. 7. von der Grundfarbe unterscheiden.

Dieser Spannmesser hält sich im Wonnemond
in hiesiger Gegend ziemlich häufig auf; doch trifft man
ihn sehr selten unbeschädigt an, weil die Flügel ungemein zart sind und leicht ihren Staub, mithin

auch die eigentlichen Merkmale ihrer Zeichnung verlieren.

Linné hat die Farben dieses Schmetterlings anders bestimmt, als ich sie angegeben habe.   Gleichwohl ist es der nämliche Spannmesser, welcher beim
Clerc abgebildet worden.

Die Wiener halten ihn für eine Abänderung
der Ph. Geom. Defoliaria Linn. *) welches wohl
nicht sein kan, da diese gewöhnlich erst im Wein-
oder Anfange des Windmonds ausschlupft, und
ihre Raupe gerade in dem Monat lebt, worinn
unsre Phaläne zu fliegen pflegt; weil ferner die
Zeichnung an beiden Arten merklich unterschieden,
und endlich auch das Weibchen nicht kurzflügelicht
ist, wie das von der Defoliaria.

a) Sistem. Verz. der Schm. d. W. G. S. 105. Fam. G.
staubichte Spanner. Nr. 1. Anmerkung.

10.

PHALAENA NOCTVA PARTHENIAS.

Das Jungfernkind.

m. *long.* lin. 7¾. *lat.* 4⅓·
f. — — 8½. — 4⅔·

Linn. S. N. p. 835. fp. 94. ed. 12. Phal. Noctua fpirilinguis, alis deflexis fufco alboque variis; inferioribus luteis: punctis duobus nigris.

Faun. Suec. f. 1160. ed. 2.

Reifen durch Weftgothland S. 163. Ueberf. Phalaena
feticornis fpirilinguis, alis deflexis: exterioribus
albo maculatis, inferioribus nigro-fuluoque variis,
Magnitudo media. Alae exteriores cinereo fuligi-
nofae, feu nigro albo-cinereaque variae: inferiores
nigro-fuluoque variae: omnes alae fubtus luteae,
margine poftico et fafcia media nigrae.

Müllers Linn. Naturfift. S. 682. Nr. 94 Das Jungfernkind.

Süeßlins Schw. Inf. S. 37. Nr. 695. Ph. Parthenias.

Siftem. Verz. der Schm. d. W. G. S. 91. Fam. X. Franzenraupen, Laruae ciliatae; gefchmückte Eulen, Phal.
Noct. Feftiuae. 3) mit gelben Unterflügeln, faft ungezähnt. Nr. 9. Hangelbirkeneulenraupe (Betulae albae); Hangelbirkeneule, Phal. Noct. Parthenias L.

Gözens Entom. Beitr. 3. Th. 3. B. S. 92. Nr. 94. Ph.
N. Parthenias, das Jungfernkind. ingl. S. 206.
Nr. 63. Ph. Noct. Glaucefcens, der Blaufleck. Alis
incumbentibus anguftis, flauo fufco-nigroque maculatis anticis macula transuerfa glaucefcente.

Kleem. Beitr. 1. S. 333. t. 40. Die halbfpannende, gras-
grüne gelbgeftreifte Raupe mit ungleichen Bauchfüßem

Maders (Kleem.) Raupenkalend. S. 50. Nr. 137.

Descr. Palpi Phal. Tab. III. fig. 8. piloſi, cano-ni-
gricantes. *Oculi* ouales acnei.   *Lingua* atra
caniculo pallide fuſceſcente.   *Antennae* nigrae,
foeminae ſetaceae albo annulatae, maris pectinatae, pectines piloſi.   *Caput, thorax* ac *tergum* villoſa nigro-fuſca.   *Pectus* piloſum ca-
num.   *Venter* foemineus ſegmentis primis ca-
neſcens, vltimis fuſco villoſus.   *Alae ſuperiores
ſupra* fuſco-rubidae glauco puluerulentae, foeminae macula diſci apicisque lactea, linea verſus baſin ac latus exterius transuerſa vndulata:
inferiores aurantiae margine ſubterminali nigrae,
maculis duabus atris altera foeminae vtraque
maris cum nigredine baſeos-cohaerente. Subtus
omnes alae ferrugineo-aurantiae luteo variae,
maculis paginae ſuperioris nigris vnaque oblonga primorum accedente: fimbria vtriusque ſexus
teſſalata.   *Pedes* nigri albo-annulati.

An den Bartſpizen dieſer Phaläne habe ich kein mit
Haaren oder Schuppen vom Kopfe abſtehendes Glied
entdecken können.   Es ſind ſehr feine lange Haare von
ſchwarzgrauer Farbe, welche auf beiden Seiten der
Rollzunge neben einander am Kopfe ſizen, und hier
die Dienſte der Bartſpizen zu verrichten ſcheinen.   Die
Augen ſind, welches bei Schmetterlingen etwas unge-
wöhnliches iſt, länglichtrund, ſo daß die Zirkelbögen
an beiden Enden einen gleichen Durchmeſſer haben.
Ihre Farbe gleicht vollkommen einer dunklen Meſ-
ſingsbronze. oder dergleichen Metall.   Die Rollzunge

ist schwarz; die Rinne in der Mitte blaßbräunlich.
Die borstigen Fühlhörner des Weibchen Tab. III. fig. 8.
sind schwarz und mit Weiß geringelt.   Bei dem
Männchen haben die Zähne an den Kämmen dieselbe
Gestalt, wie die Fühlhörner bei einigen Sphinren
(Zygaenis Fabric.)   An der Wurzel sind sie am dün=
nesten, werden allmählig dicker und nehmen gegen das
Ende wieder ab.   Ihre Farbe ist gleich dem Rücken
des Fühlhorns schwarz.   Durch die kurzen feinen
bräunlichen Härchen, womit sie rund herum besezt sind,
fallen sie etwas bräunlicht aus.   Der Kopf, Rücken
und Hinterleib auf der obern Seite würden ganz schwarz
aussehen, wenn sie nicht durch bräunliche Härchen
überall bedeckt wären.   An der Brust sizen lange
graue Haare.   Bei dem Männchen auch am ganzen
Unterleibe; allein bei dem Weibchen nur an den obern
Ringen.   Denn die lezten Ringe sind mit blaßgelbli=
chen Haaren besezt, die beinahe kreisförmig neben ein=
ander stehen und sich mit ihren Spizen nach der Mitte
krümmen, auch von den grauen Haaren in Betracht
ihrer Steifigkeit sehr verschieden sind.

Die Farbe der Vorderflügel ist auf der Oberseite
eine Mischung von Rothbraun und Schwarz, wovon
dieses bei dem männlichen Schmetterling die Oberhand
hat.   Jenes ist bei dem Weibchen Tab. III. fig. 8.
nach dem Rückenwinkel dunkler; unten aber heller auf=
getragen.   In der Mitte steht eine weißlichte braun
punktirte ziemlich große Makel, nach der Spize zu eine
kleinere.   Zwischen jener und dem Rückenwinkel zeigt
sich eine sehr dunkle Querlinie, und nicht weit vom
äußern Rande eine dergleichen wellenförmige, welche in

der Mitte etwas unterbrochen scheint.   Den Vorderflügeln des Männchen fehlen die weißen Makeln und
die Linien sind sehr trübe und undeutlich); aber das haben sie mit den weiblichen gemein, daß sie mit schim-
melfarbigen Punkten oder Schüppchen bestäubt sind,
welche sich besonders bei diesen unter der großen weißen
Makel am häufigsten finden a).   Die am Hinterrande
stark behaarten Unterflügel sind pomeranzenfarbig.
Vom Rückenwinkel an bis über die Mitte ist der halbe Flügel schwärzlicht.   Mit diesem schwärzlichten
Theile hängt eine länglichtrunde schwarze Makel zusammen, welche nach dem Vorderrande steht.   Der äus-
sere Rand beim Weibchen ist mit schwarzen Punkten
und Flecken sehr fein geziert.   Bei dem Männchen hat
dieser Rand eine schwarze Binde, welche sich in der
Mitte mit dem schwärzlichten Theile des Flügels ver-
einiget.   Die Zeichnungen der Unterseite kommen
bei beiden Geschlechten ziemlich überein.   Der Grund
der Oberflügel fällt beinahe ins Rostfarbige, doch
ist er auch etwas mit Pomeranzenfarbe gemischt, die
noch stärker auf den Unterflügeln des Weibchens zu
sehen ist.   Die weißlichen Makeln der weiblichen
Oberflügel scheinen unten etwas durch und machen den
Grund hell.   Ungefähr an der Mitte des Vorderrandes haben beide Geschlechte eine länglichtschwar-
ze Makel und auf den Unterflügeln die nämlichen
schwarzen Flecken, wie auf der Oberseite.   Der

a) In der Kleemannschen Abbildung sind sie in Vergleichung mit meinem Original etwas zu blau; und mögen daher zu dem Namen Blaufleck Anlaß gegeben
   haben.

Saum ist überall gelblich, am stärksten bei den Unterflügeln, und mit Braun gefleckt. Die Füße haben an den Hüften langes graues Haar, und die Fußblätter sind weißlich geringelt.

Die Raupe dieses Schmetterlings hat Herr Kleemann bereits beschrieben und abgebildet. Nach den Fühlhörnern des Männchen zu urtheilen, müßte diese Phaläne eine Stelle unter den Spinnern bekommen; allein wegen ihrer Raupe verdient sie ihn mit mehrerm Rechte unter den Eulen, wo ihr bereits von den wiener Entomologen der rechte Plaz unter den Franzenraupen mit zwei Paar kurzen Bauchfüßen in der Familie X angewiesen worden. Das Spannenartige derselben äußert sich bei allen Arten in dieser Familie auch an den Schmetterlingen; daher der Name Parthenias mit gutem Rechte ein Familienname sein könnte.

II.

PHALAENA PYRALIS TARSICRINALIS.

Der Haarfuß.

Phal. Pyralis alis glabris vtrinque cinereo-fuscescentibus, atomis strigis duabus rectis vnaque flexuosa lineolaque fuscis, pedum primorum fasciculo comoso locum tarsorum obtinente.

long. lin. 6⅓ *lat.* 3⅖.

Descr. Palpi Phal. Tab. IV. fig. 2. a. recuruati. *Lingua* et *oculi* pallide fuscescentes. *Antennae* Tab. IV. fig. 3. 4. subpectinatae. *Caput* barba

longa Tab. IV. f. 2. b. eiusdem coloris; *Abdo-*
men alis concolor; cauda bifurca buxea.   *Pedes*
antici femoribus tibiisque barbati Tab. IV. fig. 6.
fig. 11. abc apice fig. 9. ab fig. 10. folliculo
fig. 7, 8. inclufo inftructi.

Die Bartfpizen diefer Phaläne Tab. IV. fig. 2.a.
find ftark zurückgebogen und haben eine hellbraune Farbe.   Die Röllzunge ift etwas dunkler.   Die Augen
heller; aber etwas ins Graue gemifcht.   Unter dem
Kopfe zeigt fich ein langhaarigter Bart Tab. IV. fig. 2. b.
Die Fühlhörner, wovon Tab. IV. fig. 4. ein Stück
abgebildet worden, find auf dem Rücken fchuppicht,
unten nackt fig. 3.   An beiden Seiten find fie mit
kurzen Härchen gefranzt Tab. IV. fig. 3. 4. cc.   Die
Glieder haben feitwärts am obern Ende einen Zahn.
Ein Glied ums andre find diefe Zähne länger und mit
einem langen borftigen Haare befezt Tab. IV. fig 3. 4. aa.
Diejenigen Glieder, welchen diefe Haare fehlen, haben
am Rücken ein ähnliches, fo aber nicht halb fo groß ift
Tab. IV. fig. 4. bb.   Sie find wie der Kopf, Halskragen, Rücken und Hinterleib hellbräunlich afchgrau.
Der After hat einen langen gabelförmigen Haarbüfchel
von Buxbaumfarbe.

Der Grund der Flügel ift auf beiden Seiten hell-
afchgrau und überall braun beftäubt, fo daß fich beide
Farben ftark unter einander mifchen.   Durch die
Oberfeite der Vorderflügel gehen zwei ziemlich gerade
braune Querftriche, und in der Mitte noch ein gebogener, über welchem ein kurzes Strichelchen fteht.   Die
drei Querftriche zeigen fich auf den Unterflügeln fehr

undeutlich. Der mit den Flügeln gleichgefärbte
Saum ist durch eine sehr dunkelbraune Linie abgesondert, unter welcher noch ein ganz blasser Strich gezogen ist. Die Unterseite aller Flügel hat eine sehr matte
Querlinie. Die Vorderfüße sind Tab. IV. fig. 5. in
natürlicher Größe und fig. 6. vergrößert abgebildet.
Hüfte und Schenkel weichen von der gewöhnlichen Gestalt der Schmetterlingsfüße nicht ab. Das Hüftbein
hat an der innern Seite an beiden Enden Bärte. Der
zunächst dem Leibe steht gerade aus. Tab. IV. fig. 11. a.
Der andre nahe am Schenkel geht bogenförmig aufwärts. fig. 11. b. Der Schenkel hat gleichfalls zween;
aber größre Bärte. Der eine in der Mitte auf der
obern Seite fig. 6. besteht aus dunkelbraunen borstenähnlichen Haaren, welche an der Spize kolbenförmig
sind. fig. 6. b. An der äußern Seite sizt der andre,
dessen Haare aber keine Kolben haben. fig. 11. c. Die
gewöhnlichen Fußblätter fehlen diesen Füßen ganz.
Statt derselben sind sie mit einem länglichten Säckchen oder einer Scheide versehen, die in der Mitte beinahe walzenförmig, unten meist gerade, oben nach den
Enden zu verjüngt fig. 6. 9. und auf der Oberfläche mit
Schüppchen bedeckt ist. fig. 8. b. Unterwärts hat dieses
Säckchen eine länglichtschmale Oefnung, fig. 8. welche
mit einer Klappe fig. 7. a. versehen ist, die durch eine
Charniere bei b auf und zu gemacht werden kan. Die
innere Fläche dieser Klappe ist mit langen borstenförmigen Haaren besezt, fig. 9. ab. welche sehr dicht bei
einander und am Ende stärker sind. fig. 10. Diese
Haare, welche immer kürzer werden, je näher sie dem
obern Ende der Klappe sizen, gleichen zum Theil den

Fühlhörnern der Zygänen des Herrn Fabrizius fig. 13. a.
andre den Papilions=Fühlhörnern, fig. 13. b. einige
haben eine hakenförmige Geſtalt fig. 13. cd. Der
Schmetterling kan dieſen Haarbuſch vermöge der Klappe bewegen, ihn aus dem Säckchen herausziehen, und
wieder darinn verſchließen.   Der rechte Gebrauch deſ=
ſelben iſt für mich noch ein Geheimniß.   Vielleicht
entdeckt ein glücklicher Augenblick das, was ſich durch
vieles Suchen und Nachdenken nicht ausſpähen läßt.
Die Hinterfüße dieſer Phaláne haben dieſelbe Geſtalt,
wie bei andern Arten Tab. IV. fig. 12.

Beim erſten Anblick hielt ich dieſe Phaláne
für eine ſehr bekannte Art, und ich würde mich
nicht darnach umgeſehen haben, wenn ſich nach
meiner Meinung gerade etwas erheblichers um mich
her gezeigt hätte.   Dieß, glaube ich, iſt oft die
Urſache von dem Mangel unſrer Naturkenntniſſe,
daß wir viele Gegenſtände, deren Unterſchied nicht
gleich auffällt, für einerlei halten, und uns den
großen Gedanken von der unendlichen Mannigfal-
tigkeit nicht tief genug einprägen.

12.

PHALAENA PYRALIS BARBALIS.

Der Schenkelbaart.

LINN. S. N. p. 881. fp. 329. ed. 12. Phalaena Pyralis palpis breuioribus, antennis pectinatis, femoribus anticis barba porrecta.

Faun. Suec. fp. 1345. ed. 2.

Müllers Naturſiſt. 5. Th. 1. B. S. 732. fp. 329. Der Schenkelbaart.

SCOPOLI Ent. Carn. fp. 605. Alae omnes vtrinque ci-nerafcentes; atomis ftrigisque tribus. Antennae fubpectinatae. Femora antica barbata.

CLERC Phal. t. 5. fig. 3.

RAI. inf. 227. no. 103?

Defcr. Palpi Phalaenae porrecti Tab. V. fig. 1. *An-tennae* pectinatae fig. 2. 3. 4. 5. *Tibiae* anticae barba porrecta longitudine palporum, *femora* barbata. Tab. V. f. 7. *Tarfi* vagina inclufi. Tab. V. f. 6. *Corpus* et *alae* praecedentis.

Diefe Phaläne iſt von der Vorhergehenden in der Größe, Geſtalt des Leibes und der Flügel auch deren Far-be und Zeichnung faſt gar nicht unterſchieden, deſto mehr aber durch ihre Bartfpizen, Fühlhörner und Vor-derfüße. Ein Beweis, daß die Flügel nicht durchge-hends ein unterſcheidendes Kennzeichen iſt. Die Bart-fpizen beſtehen aus drei Gliedern, worunter das Mitt-lere wohl dreimal fo lang, als die beiden Aeußern ſind. Tab. V. fig. 1. Die Fühlhörner ſind fo fchön geſtal-tet, als ich fie je an einem Schmetterling gefunden

habe, Tab. V. fig. 2. und verdienen wohl, etwas genau betrachtet zu werden. Die Glieder, deren ich
beinahe funfzig zähle, sind an einem Ende gerundet,
am andern ein wenig ausgehölt Tab. V. fig. 5. aa. so,
daß das Fühlhorn sich sehr gut krümmen kan, weil allemal das runde Ende in das konkave hineinpaßt, wie
aus dem vergrößerten Theile fig. 5. ki. deutlich ist.
Am Rücken haben sie die Gestalt, wie bei fig. 3. aa.
Auf der untern Seite sind sie übers Kreuz ausgehölt
und stehen daher an den vier Winkeln in die Höhe
fig. 4. aaaa. Auf jeden dieser Winkel steht ein Büschel
Haare fig. 3. bc. fig. 4. bbcc. fig. 5. bc. An den
Seiten der Glieder fig. 5. dd. sizt ein langes borstenartiges Haar fig. 3. ee. fig. 4. eec. fig. 5. ee. Die Glieder sind am Rücken mit silberfarbigen Schüppchen bedeckt, fig. 3. 5. hghg. die in der Größe abwechseln
und bei g länger sind, als bei h. Die Vorderfüße haben am Ende des Hüftbeins einen kleinen Bart, der
Schenkel hingegen ist auf der Oberseite ganz mit Haaren besez; wovon die Untersten so lang sind, als der
Schenkel selbst. Tab. V. fig. 7. Das erste Glied der
Fußblätter ist sehr lang und mit einer Scheide beinahe
ganz umgeben Tab. V. fig. 6.

So wohl der gebärtete Schenkel, als das in einer
Scheide steckende Fußblatt verrathen, daß die vorher-
beschriebene Art mit dieser sehr nahe verwandt sein
müsse. Sollten beide ein Paar ausmachen; so würde
jene wegen ihres gebärteten Afters vielleicht das Männchen sein.

13.

PHALAENA TINEA DEGEERELLA.

Das Silberband.

foemin. *long.* lin. 4¼.

LINN. S. N. p. 895. fp. 426. ed. 12. Phal. Tinea antennis longiffimis, alis atris: fafcia argentea.
Faun. Suec. fp. 1393. ed. 2.

Müllers Linn. Naturfift. 5. Th. 1. B. S. 751. Nr. 426.
Das Silberband.

Degeer Inf. 1. Th. 3 Quart. S. 98. t. 32. f. 13. 14. 15.
1. Th. 2. B. S. 359. fp. 6. Ueberf.

UDDM. diff. 78. Phalaena nafuta aurea, antennis corpore quadruplo longioribus.

CLERC Phal. t. 12. f. 3. Phalaena Degeerella.

SCOPOLI Entom. Carn. p. 251. fp. 647. Phal. Degeerella. Alae nigrae; fafcia argenteo-aurea. Antennae longae.

FABRIC. S. E. p. 669. fp. 15. alis atro-aureis: fafcia flaua,
antennis longis.

GEOFFR. Inf. 2. p. 193. fp. 29. t. 12. f. 5. la Coquille
d'or. Tinaea nigra, alis fuperioribus lineis longitudinalibus fafcia lata transuerfa inferneque radiis plurimis aureis, antennis corpore triplo longioribus.

MULLERI Faun. Fridr. p. 56. fp. 497. Tinea Degeerella antennis longiffimis, alis atris: fafcia flaua.

— Zool. Dan. Prodr. p. 136. fp. 1587. nom. Linn.
Variat antennis longitudine alarum nigris fubpilofis
apicem verfus albis, glabris.

Süeßl. Schweiz. Inf. p. 43. Nr. 844.

CRAMER Pap. exotiq. p. 19.

Siftem. Verz. der Schm. der W. G. Fam. D. Schnau-
zenlofe Schaben (Ph. Tineae Impalpes) 2) mit ge-

F

spizten Oberflügeln Nr. 25. Goldgeſtrichte Schabe
mit gelbem Querbande. T. Degeerella L.

Deſc. *Palpi* Phal. Tab. V. f. 8. filiformes porrecti
albido-fuſceſcentes. *Lingua* cirrhoſa oſſea, baſi
imbricata. *Oculi* nigri. *Antennae* foeminae
Tab. V. fig. 9. ſubclauato-attenuatae baſi nodo-
ſae aeneae a medio vsque ad finem palpis concolores. *Caput* viridi-aeneum. *Criſta* collaris rutila. *Thorax* et *abdomen* aeneo-fuſca.
Alae ſublanceolatae aeneae; *ſuperiores* lineis
directis argenteo-aureis, faſcia transuerſa eiusdem coloris faſciis violaceo-purpuraſcentibus
marginata: *ſubtus* omnes aeneae, faſcia ſuperiorum pallida. *Pedes* aenei.

Die Phaläne Tab. V. fig. 8. hat fadenförmige
Bartſpizen von weißlich bräunlicher Farbe mit einem
ſchwärzlichten Ende, deren Lage von der gewöhnlichen
ſehr abgeht; denn anſtatt, daß dieſe an dem Vordertheil des Kopfes auf eine ſolche Art ſizen, daß ſich die
Zunge dazwiſchen aufrollen und von beiden Seiten damit gedeckt werden kan, ſo ſtrecken ſich die bei unſrer
Phaläne gleich ſeitwärts vor, und laſſen die Rollzunge unbedeckt a). Dieſe windet ſich nicht, wie eine
Spiralfeder, ſondern nach der Spize zu wie die Ga-
beln an einigen Blätterarten. Sie iſt von der Wurzel an zum Theil mit Schüppchen bedeckt, vielleicht,

a) Die wiener Entomologen ſezen dieſe Phaläne mit unter die ſchnauzenloſen Schaben, worinn ich ihnen
nicht folgen kan.

weil sie von den Bartspizen keinen Schuz hat. Ihre Farbe ist gelblichweiß. Die schwarzen Augen stehen sehr stark heraus. Die Fühlhörner des weiblichen Schmetterlings Tab. V. f. 9. kommen mit den männlichen nur darinn überein, daß sie nicht zwischen den Augen, sondern oben auf dem Kopfe an einem kegelförmigen Knoten sizen. fig. 9. a b. Von da aber werden sie allmählig dicker, bis etwan in die Mitte bei c. So weit ist ihre Farbe schwärzlichbraun bronzirt und schielt ins Purpur. Von der Mitte bis fast ans Ende fig. 9. d. werden sie immer dünner und nehmen eine glänzende bräunlichweiße Farbe an. Der lezte Theil von d bis e ist in der Mitte dicker als an den Enden und eben so gefärbt. Das ganze Fühlhorn ist mit Schuppen bedeckt, die an den Seiten besonders des Theils von b zu c sehr hervortreten und dem Fühlhorn ein kammförmiges Ansehen geben. Es ist besonders, daß die weiblichen Fühlhörner so gestaltet sind, dahingegen die männlichen ganz borstenartig ausfallen. Uebrigens bestehen sowohl diese, als jene aus einer Menge Glieder, die alle ihre Gelenke haben und noch mit kleinern Schüppchen bedeckt sind. Betrachtet man dabei, daß diese Fühlhörner, besonders die männlichen, gegen das Ende den feinsten Haaren gleich kommen, und das Thierchen dieselben bei einer Länge von einem Zoll und vier Linien, am Ende, ohne Bewegung der übrigen Theile, biegen und drehen kan; so wird man durch den wunderbaren Bau dieser Theile und ihrer Muskeln in die größte Bewunderung gesezt. Der Kopf ist grünlichbraun bronzirt. Der Halskragen fällt ins Röthlichgelbe. Der Rücken und

Hinterleib hat die Farbe des Kopfs nur etwas dunkler.

Die Flügel sind vollkommen so gefärbt, wie der körnerichte Laufkäfer (carabus granulatus Linn.) bräunlich purpurschimmernd bronzirt. Längs der Oberseite der Vorderflügel gehen silberne vergoldete Striche, deren nach dem äußern Rande zu achte sind. Etwas unter der Mitte ist eine gleichfarbige Querbinde, die auf jeder Seite eine violette ins Purpur scheinende etwas schmälere Binde hat, die aber nicht ganz bis an den Hinterrand geht. Durch die hellgoldgelben Striche und Querbinde wird der Grund meistens bedeckt, und scheint nur an wenigen Stellen durch. Der Saum der Flügel, besonders der Hintern, ist sehr langhaaricht. Auf der Unterseite der Vorderflügel ist die gelbe Querbinde matt. Die Füße haben die Farbe der Flügel.

I.

PAPILIO PLEBEIVS RVRALIS W ALBVM.

Das weiße W.

Pap. Pleb. rur. alis bicaudatis fupra furuis: pofticis fubtus W albo notatis, fafcia arcuata aurantia faturatiore.

long. lin. 7. *lat.* 4¾.

Defcr. Palpi pap. Tab. VI. fig. 1. porrecti latere interno niuei, externo niueo nigroque varii. *Oculi* rubricofi margine albi. *Antennae* nigrae, capitulo apice et fubtus fuluo. *Caput* nigrum. *Thorax* et *tergum* furua. *Pectus* albo - coerulefcens; venter cinereus. *Alae* fubtus cinereofufcae Tab. VI. fig. 2. *fuperiores* linea transverfa recta alba verfus latus tenuius curua; *inferiores* caudis binis nigris apice albis, fupra puncto in angulo ani aurantio vix confpicuo; fimbria vtrinque albefcente: margo fubterminalis infra nigricans intra quem fafcia arcuata transverfa margine nigro. *Pedes* nigro alboque variegati.

Varietas Pap. Ilicis Efper. a) an diuerfa fpecies?

Die Bartfpizen des Zweifalters Tab. VI. fig. 1. 2. ftehen gerade aus und find an der innern Seite ganz weiß; an der äußern aber nur bei der Wurzel; das Uebrige ift fchwarz. Die Augen find röthlichbraun

a) Efpers Schmetterl. S. 353. t. 39. fuppl. 15. fig. 1. 6.

und haben eine weiße Einfaſſung.   Die Fühlhörner
ſchwarz mit Weiß geringelt.   Die Kolbe iſt am Ende
und unten rothbraun.   Der Kopf ganz ſchwarz.   Der
Rücken und Hinterleib fällt oben ins Braunſchwarze.
Die Bruſt iſt bläulichweiß.   Der Unterleib aſchgrau.
·   Die Oberſeite der Flügel iſt rußfarbig, gegen den
äußern Rand meiſt ſchwarz.   Der Hinterrand der Unterflügel, ſo weit er am Leibe liegt, und der Saum
ſind mit demſelben Braun, aber ſehr blaß gefärbt. Die
Borten am Hinterwinkel dieſer Flügel beſtehen aus
langen ſchwarzen Haaren, über welchen ſich ein pomeranzenfarbiger kaum ſichtbarer Punkt befindet.   Zwiſchen dieſem Winkel und den beiden Schwänzen iſt
der Saum weiß, an den äußerſten Spizen ſchwarz.
Die Unterſeite der Flügel iſt umbrafarbig mit wenigen
Rothbraun gemiſcht, nach dem Rückenwinkel aſchgrau.
Etwas unter der Mitte der Obern zeigt ſich ein weißer
Querſtreiff, welcher anfangs eine Neigung gegen den
äußern Rand nimmt; nachher aber ſich hinaufwärts
krümmt.   Der Hinterrand der Unterflügel und der
Saum am äußern Rande iſt weiß.   Ueber dieſem
läuft eine ſchwarze Linie weg, welche noch eine weiße
über ſich hat.   Zunächſt dem ſchwarzen Hinterwinkel
ſtehen zwei ſchwarze dreiſeitige Flecken, über welchen
eine bogenförmige dunkelpomeranzenfarbige beinahe
mennigrothe Querbinde weggeht, welche ſich gegen den
Vorderwinkel in die Grundfarbe verliert.   Sie iſt unten durch die ſchwarzen Flecken, und oben mit einer
ähnlichen Linie eingefaßt, die durch einen zarten weiſ-
ſen Strich von der Grundfarbe abgeſondert iſt. Veide
auſen mit der Binde in gleicher Entfernung.   Vier

weiße Streiffen, wovon drei oberwärts einen sehr feinen schwarzen Rand haben, bilden ein großes lateinisches W. Der Erste auf dem linken und der lezte auf dem rechten Flügel, wenn man den Schmetterling verkehrt hält, geht bis zur Mitte des Vorderrandes ganz gerade hinauf. Die äußern Streiffen an den entgegengesezten Seiten endigen sich in der Mitte des Hinterrandes. Die Füße sind weiß mit schwarzen Flecken und Punkten bestreut, und die Fußblätter haben weiße Ringe.

Ob dieser Zweifalter gleich große Aehnlichkeit mit dem Pap. Pruni L. und dem Männchen des Pap. Ilicis Esper. a) hat: so zeigt sichs doch gleich beim ersten Anblick, daß er zu der ersten Art nicht gehöre. Mit dem leztern ist er schon näher verwandt, gleichwohl aber dadurch von ihm wesentlich verschieden, daß er doppelt und weit länger geschwänzt ist. Der Kopf ist schwarz, bei jenem braun. Der Rücken und Hinterleib, so wie die Oberseite der Flügel, haben bei dem Männchen des Pap. Ilicis gar nichts Schwarzes. An dem Hinterwinkel seiner Unterflügel steht ein pomeranzenfarbiger Flecken, da es bei dem Unsrigen kaum ein sichtbarer Punkt ist. Auf der Unterseite der Flügel ist er auch weit heller und der weiße Querstreiff der Obern sehr stark unterbrochen, er steht viel tiefer herunter, und erreicht so wenig den Vorder= als Hinterrand. Auf der Unterseite der Hinterflügel weicht er am meisten ab; denn der Saum am äußern Rande ist nicht weiß, sondern blaßbräunlich. Die schwarzen dreisei=

a) Espers Schmetterl. S. 353. t. 39. suppl. 15. f. 1. b. Naturforsch. 6. St. S. 6. 7. Nr. 24. von Rottemburg.

tigen Flecken fehlen ganz. Statt der pomeranzenfarbigen Querbinde finden sich sechs zugespizte Flecken von
ähnlicher aber weit blässerer Farbe, davon zwei am
Hinterwinkel zusammen hängen, die übrigen aber von
einander abgesondert sind. Der weiße beinahe zifzackichte Querstreiff, so über ihnen steht, hat nichts
weniger, als die Gestalt eines lateinischen W.

Pap. Ilicis ist in hiesiger Gegend nicht selten, dahingegen unser weißes W bisher hier noch unbekannt
und ein Produkt der Gegend von Leipzig ist.

2.
PAPILIO PLEBEIVS RVRALIS HIPPOTHOE.
Feminae Varietas.

Espers Schmetterl. 1. St. S. 329. t. 31. suppl. 7. fig. 3.
Hippothoe sem.
— S. 350. t. 38. suppl. 14. f. 1. b. Hipp. fem.
SCHAEFFER. Icon. t. 280. f. 3. 4.
Hufnagels Tab. Berl. Magaz. 2. Band. S. 80. Nr. 45.
Pap. Virgaureae.
Naturf. 6. St. S. 28. Nr. 16. Pap. Euridice fem.
SCOPOL. Entom. Carn. p. 181. Sexus alter etc.
Gözens Entom. Beitr. 3. Th. 2. B. S. 45. 46. Nr. 254.
Hippothoe, der Feuervogel.

Descr. Varietas haec Tab. VI. fig. 3. ad similitudi-
nem feminae communis proxime accedit exceptis alis primoribus supra sericeo nitore ful-
vis, margine vndique fuscis, duplici serie liturarum atrarum praeter duas maculas versus latus anterius.

Daß sich von dem weiblichen Schmetterling des Pap. Hippothoe mancherlei Spielarten finden, hat Hr. Esper a) bei dessen Beschreibung bereits angeführt. Ich rechne dahin den Tab. 6. fig. 3. abgebildeten Zweifalter, welcher sich von den gewöhnlichen Weibchen b) durch die Oberseite seiner Vorderflügel merklich unterscheidet. Diese sind glänzend rothbraun oder vielmehr dunkelfeuerfarbig, und haben überall, vorzüglich am Vorder- und Hinterrande, eine dunkelbraune Einfassung. Zunächst dem äußern Rande befinden sich zwei Reihen schwarzer Flecken; desgleichen eine große länglichte Makel in der Mitte am Vorderrande und darüber ein schwarzer Punkt.

a) Esp. Schm. S. 330.
b) Ebend, t. 31. suppl. VII. f. 3.

3.

PAPILIO PLEBEIVS RVRALIS AMPHIDAMAS.
FEMINA.

Das Weibchen des Pap. Amphidamas.

Pap. Pleb. rur. alis subangulatis furuis, saturate
coeruleo huc illuc micantibus: anticis nigro maculatis, posticis fascia vtrinque arcuata sulua: subtus
omnibus aurantiis praeter duas series maculis decem
nigris albo marginatis.

long. lin. 5¾. *lat.* 3¾.

Naturforsch. 6. St. S. 114. Tab. V. fig. 2. Das Männchen (Hr. Rect. Meinefe).

Espers Fortf. der europ. Schmetterl. S. 46. Tab. 58.
Cont. 8. f. 4. P. Amphidamas, der Amphidamas,
das Männchen.

— S. 82. Tab. 63. Cont. 13. fig. 5. Das Weibchen des
Amphidamas.

Descr. Palpi Pap. Tab. VI. fig. 4. 5. porrecti nigri
albo varii. *Oculi* fusci albo marginati. *Anten-*
nae subclauatae nigrae albis annulis variegatae,
apice fuscescente. *Caput* nigricans; *thorax* ac
tergum eiusdem coloris. *Pectus* et *venter* albida. *Alae* antrorsum furuae, limbo albescente, duplici liturarum serie ac duabus maculis
nigris, retrorsum quatuor praeter duos ordines.
Posticae subtus serie punctorum ocellarium, lineola ac maculis quinque sparsis. Fascia circumdata est lituris antice trigonis, postice luna-

ribus atris albo terminatis.   *Pèdes* albo-coeru-
lefcentes.

Die Bartfpizen des Zweifalters Tab. VI. fig. 4. 5.
find weiß mit Schwarz gefprengt, an den Spizen
fchwarz. Die braunen Augen haben eine weiße Einfaffung. Die Fühlhörner find fchwarz und weiß geringelt, an den Spizen bräunlich. Der Kopf, Rücken
und die Oberfeite des Leibes braunfchwarz. Die Bruft
und der Unterleib weiß.

Die Außenfeite der Flügel ift fchwärzlichbraun,
und fchillert hin und wieder in ein fchönes Türkisblau.
Die Vorderflügel haben nach dem äußern Rande zu
eine doppelte Reihe fchwarzer Flecken, über welchen
zwei dergleichen größere ftehen. Diefe Flecken find
mit einem rothbräunlichen Schimmer eingefaßt. Die
Unterfeite ift pomeranzenfarbig, zunächft dem äußern
Rande am dunkelften. Zwei Reihen fchwarzer Flecken
und Punkte, wovon die Obere ganz, die Untere aber
nur auf einer Seite weiß eingefaßt ift, laufen zunächft
dem äußern Rande querdurch. Ueber diefen ftehen
noch ein länglichter und drei andre dergleichen Flecken.
Die Unterflügel haben oben am äußern Rande eine bo=
genförmige rothbraune Querbinde, welche auf der
graugelblichen Unterfeite noch etwas ftärker und beinahe ins Mennigrothe gemifcht, auch etwas breiter ift.
Der innere Raum diefer Bögen ift hier mit fchwarzen
mondförmigen Flecken gefüllt, unter welchen noch eine
zarte weiße Linie durchgeht. Ueber jedem Bogen fteht
ein dreifeitiger fchwarzer Flecken, den Größten am Hin=
terwinkel ausgenommen, über welchem fich zwei Punk=

te befinden. Alle diese Flecken haben oberwärts eine weiße Einfaffung. Außer denselben ift noch eine Reihe schwarzer Augenpunkte, und darüber find fünf dergleichen und ein länglichter Flecken in der Mitte des Flügels.

Dieser Schmetterling hat ungemein viel Aehnlichkeit mit dem Weibchen des Pap. Hippothoe, wie Hr. Esper solches bereits vom Männchen sehr richtig angemerkt hat. Die ganze äußerliche Gestalt ift dieselbe, Kopf und Fühlhörner, die schwarzbräunliche Farbe der Außenseite mit den darauf befindlichen schwarzen Flecken und der gelben Querbinde der Hinterflügel kommen völlig überein, auch find die Flecken und Augenpunkte der Unterseite auf die nämliche Art geordnet. Der ganze Unterschied besteht, wie ich glaube, darinn, daß beim Amphidamas die röthlichbraune Binde der Hinterflügel bogenförmig und nicht von gleicher Breite ift, wie bei jenem, daß er auf der Unterseite der Oberflügel zunächst dem Rückenwinkel vier Flecken hat, da sich bei jenem nur drei zeigen, daß die Hinterflügel unten nicht so stark ins Graue gemischt find, und statt des länglichten Flecken in deren Mitte bei dem Weibchen des Hippothoe zwo Augenpunkte gesezt find, und seine Größe von diesem merklich verschieden ift. Der Schiller, welcher sich hauptsächlich bei dem männlichen Schmetterling findet, würde noch kein hinreichendes Unterscheidungszeichen sein, da er sich auch bei den Spielarten des Hippothoe antreffen läßt.

Die Platte, worauf dieser Schmetterling vorgestellt ift, war schon fertig, als ich die Abbildung des

Amphidamas in dem esperschen Werke zu Gesicht bekam.

4.

PAPILIO PLEBEIVS RVRALIS EREBVS.

Erebus.

Pap. Pleb. rur. alis integerrimis fuscis: subtus pallidioribus, anticis ocellis sex; posticis septem ordine angulari dispositis.

long. lin. 9. *lat.* 6.

Descr. Palpi Pap. Tab. VI. fig. 6. 7. niuei margine et apice nigri. *Oculi* rubricosi albo terminati. *Antennae* capitatae nigrae annulis albis variae; capitulum fuscum subtus albidum. *Caput* inter antennas albescens. *Thorax* indico-fuscus, *pectus* coerulescens. *Abdomen* fuscum subtus cinereum. *Alae* versus basin indico-fuscae, fimbria fuscescente; subtus lineola disci lineari valde obsoleta.

Der Tab. VI. fig. 6. 7. abgebildete Zweifalter hat weiße Bartspitzen, deren äußerer Rand nebst der Spitze schwarz ist. Die Augen fallen ins Rothbraune und sind mit weißen Ringen umzogen. Die schwarzen mit Weiß geringelten Fühlhörner haben braune unten ins Weißliche fallende Kolben. Der Kopf ist bräunlich weiß. Der Rücken stark braun nach dem Hinterleibe indigblau. Dieser hat oben eine braune unten eine aſchgraue Farbe.   Die Bruſt geht. ins Hellblaue über.

Die Oberſeite der Flügel iſt dunkelerdbraun, ſo wie le demi argus des Geoffroy; am Rückenwinkel indigblau.   Der Saum und die Unterſeite der Flügel leberfarbig.   Quer durch die Flügel geht eine winklicht gebogene Reihe ſchwarzer Augenpunkte, wovon ſechs auf dem Vorder- und ſieben auf dem Hinterflügel ſtehen.   Außer dieſen zeigt ſich noch ein ſehr undeutliches Strichelchen in jedem Flügel.

Dieſer Schmetterling kömmt unter den mir bekannten Arten dem Pap. Arkas des Hr. Eſper a) am nächſten.   Seine Abweichung aber iſt zu groß, als daß man ihn für eine Spielart halten könnte.   Er hat ſich in der Gegend von Leipzig gefunden.

a) Eſpers Schmetterl. Tab. 34. ſuppl. 10. fig. 4. 5.

SCARABAEVS HEMIPTERVS.

Der Käfer mit halben Flügeldecken.

LINN. S. N. fp. 63. ed. 12. Scarabaeus scutellatus muticus, thorace tomentofo rugis duabus longitudinalibus marginato, elytris abbreuiatis.

Clypeus apice emarginato. *Antennae* piceae. *Corpus* nigrum. *Thorax* marginatus, planiufculus, rugis duabus longitudinalibus eleuatis. *Elytra* abdomine dimidio breuiora. *Abdomen* pone elytra faepe cinereum. *Plantae* piceae. *Aculeus* ani feminae ferratus exfertus.

Müllers Linn. Naturfift. 5. Th. 1. B. S. 83. Nr. 63. Der Halbdecker.

FABRIC. S. E. p. 41. Trichius 4. thorace tomentofo rugis duabus longitudinalibus marginato, elytris abbreuiatis.

GEOFFROY Inf. T. I. p. 78. fc. 12. le Scarabé à tarrière. Ater, depreffus et fquamofus, maculis albis variegatus, elytris abdomine breuioribus, femina aculeo ani.

SCOPOLI E. C. p. 12. Nr. 82. Scarab. variegatus, mas.

Leicharting Verzeichn. und Befchreib. der Tyroler-Jufekten 1. Th. 1. B. S. 46. Nr. 2. Trich. hemipterus, der halbbedeckte Schirmblumenkäfer.

Fueßlins Verz. S. 2. Nr. 26. Der Stachelkolben- käfer.

MULLER Zool. Dan. Prodr. p. 55. no. 472. Scar. fquamulatus niger, thorace inaequali: lineola duplici abrupta; elytris abdomine breuioribus.

SCHAEFFER. Icon. Tab. 46. fig. 10. 11.

VOET Scar. Arboric. p. 21. Nr. 88. t. 10. fig. 88. Scar. femicrufta, de Halffchaal. (Der männliche Käfer.)

Totus e nigro alboque difcolor; elytris tres modo quartas partes corporis tegentibus.

VOET Scar. Arboric. p. 21. Nr. 89. t. 10. fig. 89.

Scar. Caudiger maior, de grootte Staartkever, (der weibliche Käfer) abdomine fpiculo corneo acuto.

— p. 21. Nr. 90. t. 10. fig. 90. Caudiger minor, de kleene Staartkever. Ebenderfelbe.

Neues hamb. Magaz. 37. St. S. 36.

ONOMAT. Hift. nat. P. 6. S. 918. Der Käfer mit fehr kurzen Flügeldecken.

Gözens Entom. Beitr. 1. Th. S. 41. Nr. 63.

Diefer Käfer ift bereits vom Linné und Voet fehr gut befchrieben, und in des Leztern Käferwerk richtig abgebildet worden, fo daß eine neue Abbildung hätte erfpart werden können. Allein darauf war meine Abficht auch nicht gerichtet. Ich wollte Anfängern, welche das Siftem des Hr. Fabrizius gebrauchen, an dem Kopfe diefes Käfers einige Theile bekannt machen, die fie vielleicht für das nicht anfehen, was fie wirklich find. Es ift oft fchwer an trockenen Exemplaren die Gefchlechtskennzeichen der Infekten nach Hr. Fabrizius zu entdecken, wo nicht ganz unmöglich, wenn man nicht warmes Waffer zu Hülfe nimmt, und das Infekt darinn fo erweichet, daß alle Theile, welche zum Freßwerkzeugen gehören, bewegt und unterfucht werden können. Und dennoch bleibt es bei kleinen Infekten eine fehr mühfame Arbeit, die viele Muße, behutfame Behandlung und ein gutes Vergrößerungsglas vorausfezt. Wir müffen es daher der Natur Dank wiffen, daß fie uns durch weniger fchwierige Unterfcheidungszeichen, als die Freßwerkzeuge find, den

Unterschied der verschiedenen Geschlechte an den Insekten vor Augen gelegt hat.

Herr Fabrizius gibt zu Geschlechtskennzeichen des Trichius a) vier fadenförmige Fühlspizen, eine bis an die Basis gespaltene Maxille und blättrige Fühlhörner an. Die Erstern sieht man an unserm Exemplar Tab. VII. fig. 12. bbcc ganz deutlich. Die Fühlhörner gleichfalls. Nicht so leicht möchte man die kegelförmigen Theile fig. 12. aa für diejenigen ansehen, an welchen die Maxillen sizen, weil sie bei dieser Art unten breit sind, sehr flach und bei weitem nicht so erhaben, wie bei andern Käfern liegen. Wenn ich nicht irre, so sind es diejenigen Theile, welche den Rücken der Maxillen decken, und also das, was Hr. Fabrizius galea q) nennt. Bei andern Käfern sind sie mehr walzenförmig. Geoffroys Kolbenkäfer c), den Hr. Pallas d) unter dem Namen Sc. Mopsus sehr genau beschrieben und abgebildet hat, und wovon wir auch eine Abbildung vom Hr. Sulzer e) haben, hat ganz ähnliche Freßwerkzeuge und könnte aus dem Grunde zu den Trichiis gerechnet werden. Bei ihm sind die vorerwehnten Theile schon deutlicher, auch mehr erhaben, und man kan ihre Gestalt sowohl als die daran sizenden Maxillen ganz genau erkennen.

a) Palpi quatuor filiformes Maxilla bifida. Antennae lamellatae S. E. p. 40.
b) Galea, cylindrica, obtusa fere vesiculosa maxillarum dorsum tegens. Fabr. Philof. Entom. p. 19.
c) Geoffr. Inf. Tom. I. p. 91. Copris §. le Boufier à Couture.
d) Pallas Icon. Inf. Kuffiae et Sibiriae p. 3. Tab. A. f. 3.
e) Sulzers Gef. S. 18. t. 1. f. 7. Geoffroys Käfer.

Ich habe zu den angezeigten Beschreibungen dieses Käfers, von welchem ich Tab. VII. fig. 11. noch
eine Abbildung beigefügt, sonst nichts hinzuzusezen,
als daß er sich auch in hiesiger Gegend auf Blumen
antreffen läßt. Ich fand ihn auf einem Spierstrauche.
(Spiraea salicifolia).

Wozu die vielen Haare in dem Munde dieses Käfers? Hängt sich vielleicht der Blumenstaub daran,
und wird ihm der Gebrauch seiner Nahrungsmittel dadurch erleichtert?

Erklärung
der Figuren.

===

Erste Kupfertafel.

Fig. 1. Der weiße Mond, Phal. Noct. Virens.

Fig. 2. Die Beule, Ph. Geom. Pustularia.

Fig. 3. Eine Spielart des Schlehedornmessers, Varietas
Phal. Geom. Prunariae.

Fig. 4. Die Raupe der Ph. Noct. Lucipara.

Fig. 5. a. Die Puppe derselben,
b. die Häkchen an der Schwanzspize der Puppe.

Fig. 6. Der Purpurglanz, Ph. Noct. Lucipara in der
Ruhe.

Fig. 7. Ebenderselbe im Fluge.

Zweite Kupfertafel.

Fig. 1. Die Raupe von der Ph. Noct. Tanaceti.

Fig. 2. Der Kopf dieser Raupe.

Fig. 3. Die drei ersten Ringe derselben.

Fig. 4. Die Gestalt und Zeichnung der mittlern sechs Ringe auf dem Rücken.

Fig 5. Dieselben Ringe von der Seite.

Fig. 6. Die drei lezten Ringe.

Fig. 7. Eine Vorstellung der Art, womit diese Raupe das
Gehäuse verfertiget, worinn sie sich verpuppte.

Fig. 8. Die Puppe dieser Raupe.

Fig. 9. Die Rheinfarneule, Ph. Noct. Tanaceti.

Fig. 10. Der bunte Mönch, Ph. Noct. Artemisiae.

Dritte Kupfertafel.

Fig. 1. Die Raupe von der Ph. Noct. Trapezina.

Fig. 2. Die Ordnung der Striche, womit diese Raupe längs dem Leibe gezeichnet ist.

Fig. 3. Die Puppe von dieser Raupe.

Fig. 4. Der Tischfleck, Ph. Noct. Trapezina.

Fig. 5. Der Eichhornspinner, Ph. Bomb. Fagi.

Fig. 6. Der Staubling, Ph. Geom. Puluerária.

Fig. 7. Ein Vorderflügel desselben von der Unterseite.

Fig. 8. Das Jungfernkind, Ph. Noct. Parthenias.

Vierte Kupfertafel.

Fig. 1. Der Haarfuß, Ph. Pyralis Tarsicrinalis.

Fig. 2. Der Kopf dieser Phaläne, a, die Bartspizen; b, der Bart unter dem Kopfe.

Fig. 3. Ein Stück vom Fühlhorn derselben von der untern Seite; aa, borstenförmige Härchen, so ein Glied ums andre an den Seiten sizen; c, feine Härchen, womit die Seiten kammförmig besezt sind.

Fig. 4. Ein Stück desselben Fühlhorns von der Rückenseite; aa, borstenförmige Härchen an den Seiten; bb, dergleichen am Rücken; cc, kammförmig gesezte Härchen an den Seiten.

Fig. 5. Ein Vorderfuß dieser Phaläne.

Fig. 6. Derselbe vergrößert; b, kolbenförmigtes Haar an dessen Schenkel.

Fig. 7. Derjenige Theil dieses Fußes, welcher die Stelle der Fußblätter einnimmt; a, eine länglichte Klappe; b, eine Charniere, an welcher die Klappe auf und zugemacht werden kan.

Fig. 8. Derselbe Theil offen; b. Schüppchen, womit derselbe von außen bedeckt ist.

Fig. 9. Der nämliche Theil von der Seite mit offener Klappe, an welcher inwendig lange Haare sizen.

Fig. 10. Die Klappe allein mit den daran befindlichen Haaren.

Fig. 11. Hüfte und Schenkel desselben Fußes; a b, Haarbüschel womit die Hüfte an der innern Seite besezt ist; c, ein Bart am äußern Schenkel.

Fig. 12. Ein Hinterfuß derselben Phaläne.

Fig. 13. abcd, Gestalt der Haare, welche an der innern Seite der Klappe fig. 10. sizen.

Fünfte Kupfertafel.

Fig. 1. Bartspize der Ph. Pyralis Barbalis.

Fig. 2. Das Fühlhorn derselben.

Fig. 3. 4. 5. Ein Stück dieses Fühlhorns; aaaa, vier hervorstehende Beulen an der untern Seite der Glieder; bbcc, vier Haarbüschel auf denselben; ee, borstige Haare, wovon an jeder Seite der Glieder bei dd eins sizt; hghg, Schuppen, womit der Rücken des Fühlhorns bedeckt ist.

Fig. 6. Das Fußblatt des Vorderfußes derselben Phaläne.

Fig. 7. Der ganze Vorderfuß, mit einem langen Bart an dessen Schenkel.

Fig. 8. Das Silberband, Ph. Tinea Degeerella m.

Fig. 9. Das Fühlhorn desselben.

Sechste Kupfertafel.

Fig. 1. Das weiße W, Pap. Pleb. rur. W album.

Fig. 2 Dasselbe von der untern Seite.

Fig. 3. Eine Spielart des Weibchens des Pap. Hippothoe, Pap. Pleb. rur. Hippothoe fem. Varietas.

Fig. 4 Das Weibchen des Pap. Amphidamas, Pap. Pleb. rur. Amphidamas fem.

Fig. 5. Die Unterseite von deſſen Flügeln.

Fig. 6. Der Pap. Erebus, Pap. Pleb. rur. Erebus.

Siebente Kupfertafel.

Fig. 1. Die Raupe von der Ph. Geom. Prunaria und deren Spielart im jüngern Zuſtande.

Fig. 2. Der Kopf derſelben.

Fig. 3. Dieſelbe Raupe ausgewachſen.

Fig. 4. Die Puppe von dieſer Raupe.

Fig. 5. Das Schwanzende dieſer Puppe auf der Rücken- ſeite; ab, der lezte Ring; dd, vier Häckchen, welche

Fig. 6. vergrößert vorgeſtellt ſind.

Fig. 7. Daſſelbe Schwanzende von der Bauchſeite; ab, der lezte Ring; ſcc, Vertiefungen; de, zwei krumme Häkchen, woran die Puppe feſthängt.

Fig. 8. Der Kopf von der Ph. Bomb. Fagi.

Fig. 9. Die Geſtalt des vierten, fünften und ſechſten Rin- ges von der Raupe der Ph. Bomb. Fagi; ad, die Vorderſeite; bd, die hintere Seite; bde, die Seitenfläche; dd, der Rücken; c, eine Vertie- fung deſſelben.

Fig. 10. Das mit vier Häkchen verſehene Schwanzende von der Puppe der Ph. B. Fagi.

Fig. 11. Der Käfer mit halben Flügeldecken, Scar. He- mipterus.

Fig. 12. Der Kopf dieſes Käfers.

Inhalt.

Druckfehler.

Seite 1. Z. 26. statt Linne, lies: Linné. S. 2. Z. 8.
statt inferioribns, l. inferioribus. S. 5. Z. 11. statt f. 1,
l. f. 2. S. 12. Z. 1. statt 1³, l. 1½. S. 71. Z. 13. statt
cinereaque, l. cinereoque. Z. 25. statt ingl. l. imgl. statt
Flecke und Fleck, l. überall Flecken.

fig: 1.

fig: 2.

fig: 3.

fig: 4.

a

b

fig: 5.

fig: 7.

fig: 6.

A.W. Knoch delin.

H. A. Schmid sculps.

fig 4.

fig 5.

fig. 3.

fig 1.

fig 8.

fig 2.

fig 6.

fig 9.

B

fig 10.

A

fig 7.

A W Knoch delin.   H A Schmidt sculps

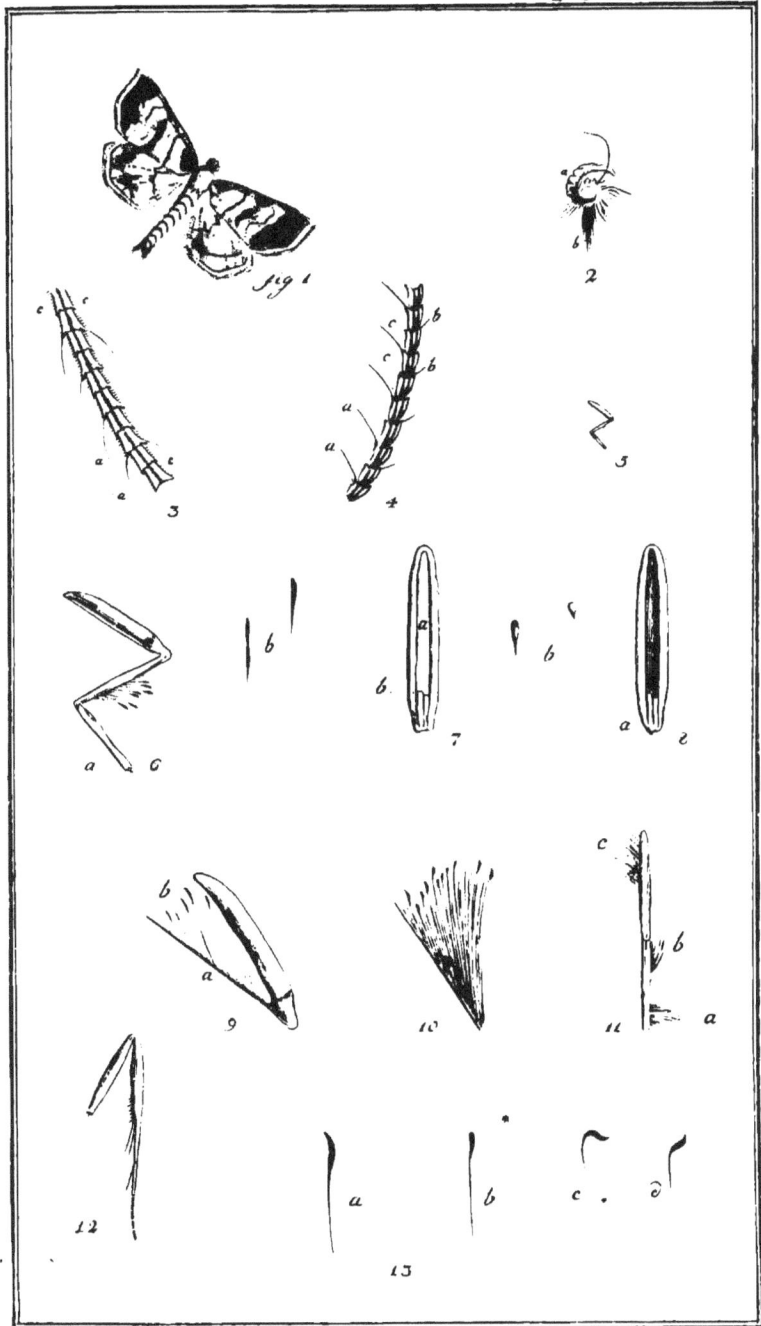

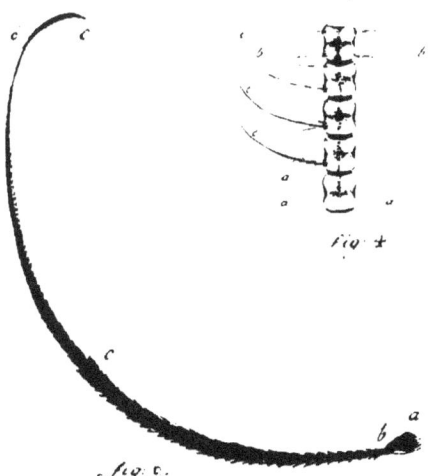

fig: 1

fig. 6.

fig. 7

fig 2

fig. 5

fig 3

fig. 4

fig. 8.

fig. 9.

A. W. Knoch delin.

H. A. Schmid sculp.

fig 1.

fig 2.

fig 3.

fig 5.

fig 4.

fig 6.

fig 7.

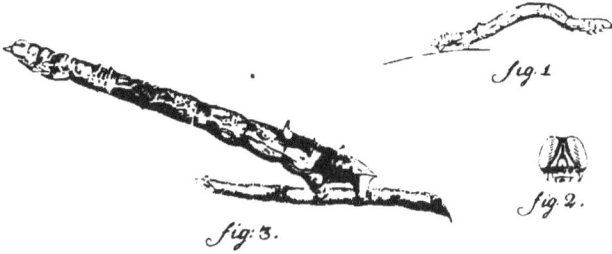

fig: 1.

fig. 2.

fig: 3.

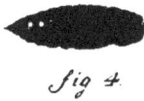

fig 4.

fig: 7.

fig. 5.

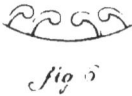

fig 6

fig. 8.

fig. 9.

fig. 10.

fig. 11.

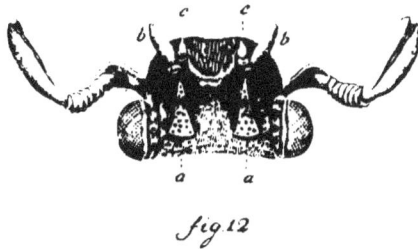

fig. 12.

A. W. Knoch del.   H. R. Schmidt Sculps.

Beiträge

zur

Insektengeschichte

von

August Wilhelm Knoch.

III. Stück.

Leipzig
im Schwickertschen Verlage 1783.

An den Leser.

Es ist doch etwas ganz anders, Schmetterlinge haschen und davon eine Wand mit mancherlei Figuren bekleiden, als die Geschichte, Lebensart und Oekonomie dieser Insekten studiren. Wenn also Hr. Pallas in jenem Falle sagt, daß wir lange genug mit Papilions gespielt haben, so gebe ich ihm meinen ganzen Beifall, allein in diesem, deucht mir, haben wir noch das Wenigste gethan, und müssen viel länger arbeiten, suchen und beobachten, ehe wir diesem Spiele ein Ende machen können. Die Natur dieser Thiere ist bei weiten nicht so einförmig, wie sie nach manchem Sisteme zu sein scheint. Fast jedes Individuum hat sein Eigenes nicht nur in seiner Gestalt und Farbe, sondern auch in seiner innern Beschaffenheit. Dieß entdeckt sich aber freilich nicht immer beim ersten Anblicke, bei einem oder andern Zustande, sondern erst alsdenn, wenn wir die ganze Natur desselben vollkommen kennen gelernt und darauf die genaueste Aufmerksamkeit verwandt haben. Zum Beweise mag zum Theil der Inhalt folgender Blätter dienen; und was ist dieser gegen jenen, der uns in der Natur unzähliger Gegenstände dargestellt ist?

Warum sollten wir also von diesem eben so anmuthigen und reizenden, als lehrreichen Schmetterlingsvölkchen unser Auge wegwenden, und da uns die Natur das Studium derselben in manchem Stücke noch sehr erleichtert, es darinn nicht erst so weit zu bringen suchen, als es bei einem fleißigen und anhaltenden Forschen nur möglich ist? Können wir bei diesem sorgfältigen Nachsuchen auch andre Gattungen von Insekten besser kennen lernen und durch einen glücklichen Zufall näher auf die Spur ihrer Geschichte kommen, warum wollten wir nicht bei solchen eine Zeitlang gern verweilen, warum nicht desto eifriger von einem so günstigen Augenblicke Gebrauch machen, je seltener uns dazu die Gelegenheit vorkömmt? Wenigstens ist dieß der Plan, nach welchem ich meine Kenntniß in dem fast unbe-

a

grenzten Reiche der Insekten zu erweitern suche. Kein Gegenstand ist mir zu klein, um ihm meine ganze Aufmerksamkeit zu widmen, aber mein Auge zu kurzsichtig, um in einemmal alles an demselben zu bemerken. Die anhaltenden Beobachtungen erseßen indessen immer einen Theil von dem Mangel meiner Kenntnisse. Meine Leser werden daher nichts verlieren, wenn ich mich noch eine Weile vorzüglich bei den Schmetterlingen aufhalte und die Bekanntmachung andrer Insekten so lange in einen engern Raum einschränke, bis ich nach wiederholten und reifern Erfahrungen mich auch über diese weitläuftiger auszudehnen im Stande sein werde.

Diese Beiträge als Monographien herauszugeben, wie einige Kenner und Freunde der Insektenkunde angerathen haben, möchte bei einer und andern Art wohl angehen, aber in Ansehung solcher Insekten, von denen ich weiter nichts, als ihre Gestalt und Farbe beschreiben kan, wäre es, glaube ich, doch besser, ich bliebe bei der gewählten Methode. Es ist ohnehin schwer, das Format so einzurichten, als es jedem meiner Leser gefällig ist. Auch würden die Kosten des Werks dadurch vergrößert werden, wenn ich von der einmal gemachten Einrichtung abgehen wollte, welches mich am meisten zurückhält, da ich wünsche, daß meine Freunde durch den Aufwand nicht abgeschreckt werden mögen, sich diese Blätter anzuschaffen.

Der Beifall, womit die Abbildungen zu dem ersten und zweiten Stücke dieser Beiträge bisher aufgenommen worden, hat die Verfertiger derselben aufgemuntert, ihre Arbeit zu einem noch höhern Grade der Vollkommenheit zu bringen, zum Beweise, daß sie selbige nicht handwerksmäßig verfertigen, sondern als Künstler für ihre Ehre auch für die Ehre der Deutschen interessirt sind. Ich zweifle nicht, Kenner werden solches an den Abbildungen in diesem dritten Stücke wahrnehmen und schmeichle mir, ihnen die Hofnung machen zu können, daß selbige in der Folge noch werden übertroffen werden.

Inhalt.

I.

PHALAENA GEOMETRA CRATAEGATA,

der Heckenkricher.

long. lin. 7. *lat.* 5.

LINN. S. N. ed. 12. fp. 243. Phalaena geometra feticornis, alis flauiffimis: anterioribus maculis coftalibus
tribus ferrugineis: media fubargentea.

FAVN. Suec. ed. 2. fp. 1283.

Müllers Linn. Naturf. 5 Th. 1. B. S. 714. Nr. 243.
Tab. XXII. fig. 10.

RAI. Inf. p. 169. no. 27. Phalaena media, alis flauis,
maculis aliquot rufis feu ferrugineis pictis. *Com-*
mon fpotted yellow.

GEOFFROY Inf. II. p. 139. no. 59. Phalaena feticornis
fpirilinguis, alis patentibus luteis, duplici punctorum cinereorum ordine, fuperioribus maculis duabus et rachi croceo-ferrugineis. *La Citronelle rouil-*
lée.

FABRIC. S. E. p. 633. no. 65. Nom. Linn. *Larua gri-*
fea, tuberculo dorfali didymo. *Puppa fufca,* folliculo cinereo, ferrugineo maculato.

SPEC. Inf. p. 259. no. 98. Nom. *Linn.*

Sift. Verz. d. Schm. d. W. G. S. 104. F. Nr. 13. Weiß-
dornfpannerraupe (Crataegi oxyac.); Weißdornfpan-
ner, Ph. Crataegata.

CLERC phal. t. 5. f. 15. Phal. dotata.

MOUFF. inf. 28.

SCOP. Ent. carn. p. 224. no. 556. Phal. crataegata. Lutea tota; alis anticis margine fuperiore maculis fer-

R

rugineis (5); antice minoribus: macula ocellari den-
tata alba, iride fufca, ferrugineae fecundae adnata.

Müller Zool. Dan. Prodr. p. 126. no. 1459. Phal. Crataegata. Nom. *Linn.*

Füeßl. Schweiz. Inf. S. 40. Nr. 777. Ph. Crataegata,
der Gelbflügel.

Vddm. Diff. 70. Ph. flaua, alis patentibus macula tri-
cufpide fufca, pupilla alba.

Beckm. Epit. S. L. p. 167. no. 240. Nom. *Linn.*

Schriften der Dronth. Gef. III. p. 368. Nr. 34. Ph. Geom.
Luteolata. Nom. *Linn.* (Ström.)

Berl. Mag. 4 Th. S. 582. Nr. 37. Phal. Luteolata, die
gefleckte Zitrone.

Wilks pap. 39. t. 1. b. 4.

Admiral inf. t. 23.

Harris Engl. Lepidopt. p. 59. no. 414. Yellow, or
brimftone, Crataegata *Linn.*

Sepp Nederl. Inf. VI. p. 25. t. 6. De Hagedoorn-
Vlinder.

Befchäft. naturf. Fr. zu Berl. IV. S. 29. t. 2. Phal. Crataegata nach Sepp (Bergfträßer.)

Schaeff. Icon. t. 163. f. 2, 3.

Göez. Entomol. Beytr. 3 Th. 3 B. S. 325. Nr. 243.
Crataegata, der Heckenfricher.

Jung Verz. der europ. Schmett. S. 37. Geom. Crataegata.

Defcr. Larua geometra viridis Tab. I. fig. 1. fronte
excauata, corpore fubcylindraceo nudo; tuberculo fegmenti fexti dorfali didymo, fig. 4.
in tribus vltimis lobi carnofi laterales criftae-
formes fig. 8. Anus tricufpis fig. 5. Pedes abdominales fex, quorum anteriores quatuor

fig. 1. a. b. fig. 6. plerumque in ventrem retra-
cti fig. 7. et ita breues funt, vt facile pro verrucis habeas.

Palpi breues teftacei. *Antennae* eiusdem coloris,
spina fupera candicante. *Oculi* pulli. *Lingua*
pallide ferruginea. *Thoracis* ad latus vtrumque ftriga teftacea ab oculo ad bafin proximae
alae ducta. *Alae* patulae fubangulatae, pri-
mulae veris colore, vti totum corpus. In antico *fuperiorum* margine maculae quatuor palporum colore, quarum duae maiores, altera
apicis trigona, altera media adnata liturae tri-
cufpidi fubargenteae fufco terminatae; duae
itidem minores prope alae exortum. Puncta
aliquot teftacea in margine alarum omnium
nec non maioris numeri obfoleta feu potius
plumbea in mediis alis duplici ferie transuerfa
cum puncto difci inferiorum maiore. *Subtus*
fere concolores fed vno alteroue punctorum
obfoletorum ordine faepius deficiente. *Pedes*
geniculis teftaceis et tibiae albidae.

Die Raupe Tab. I. fig. 1. erreicht die Länge eines
Zolls, auch wohl darüber a). Die Stärke ihrer
Ringe ift fehr verfchieden. Die Breiteften haben un-

---

a) in unfrer Abbildung hat fie diefe Größe nicht, weil
folche nach einer noch nicht ganz ausgewachfenen
Raupe gemacht wurde. Nach der Abbildung von
Hr. Sepp ift fie einen Zoll und meift fünf Linien
lang. So groß habe ich fie niemals gehabt.

gesehr 1⅔ Lin. die Schwächsten kaum eine Linie. Der
Kopf ist oben flach erhaben und vorne ausgetieft, so
daß die Stirn und Oberlippe stark; die beiden Sei=
ten aber nur wenig hervorstehen. Dieß zeigt die Ab=
bildung Tab. I. fig. 2 , welche den Kopf und den er=
sten Ring von der Seite vorstellt a).

Wenn sich die Raupe zusammen zieht, so neh=
men ihre Ringe ganz verschiedene Gestalten an.
Tab. I. fig. 9. Der Erste gleicht einem abgekürzten
Kegel, und ist viel schmäler, als der Zweite, der sich
an beiden Seiten rundet. Der Dritte übertrifft den
Zweiten sehr viel an Länge, kömmt ihm aber nicht an
Breite gleich. Die beiden folgenden sind gleichgestal=
tet, nur ist der Fünfte etwas länger. Der Sechste
gleicht dem Dritten umgekehrt. Der Siebente und
Achte kommen wieder überein. Sie sind nicht brei=
ter, als der Zweite; aber noch einmal so lang. Die
fünf Leztern haben eine ähnliche Gestalt, und eine un=
gleiche Länge. Die Haut zieht diese Raupe an beiden
Seiten längs dem Leibe in viele Falten und Runzeln.
Auf dem sechsten Ringe trägt sie zwei Höcker oder Aus=
wüchse, die an der Wurzel aneinander gewachsen sind.
Tab. I. fig. 4. An beiden Seiten der drei lezten Rin=
ge findet sich eine besondre Zierrat. Gerade da, wo
der Unterleib anfängt, sieht man eine Art Franzen,
welche aus kleinen fleischichten Theilen bestehen, die
wie ein Hahnenkamm ausgezackt sind Tab. I. fig. 8. b).

a) Reaumur hat einen fast eben so gestalteten Kopf an ei=
nem Stockspanner bemerkt und abgebildet Inf. T. II.
p. 359. t. 27. f. 15. 16.
b) Reaumur entdeckte ähnliche Theile an der Raupe der
Ph. Noct. Sponſa *Linn.* Inf. Tom. I. p. 491. t. 32.

Der After geht in drei fleischichte Spizen aus, wovon die beiden Aeußern mit einem langen borstigen
Haare versehen sind und unter der Schwanzklappe
hervorstehen.

Das dritte Paar Brustfüße ist vorzüglich lang.
Außer den an spannartigen Raupen gewöhnlichen
mit einem halben Zirkel von Häkchen besezten Bauchfüßen am neunten Ringe, habe ich noch zwei Paar
am siebten und achten bemerkt, die sich in Ansehung
ihrer Größe von jenen ungemein unterscheiden Tab. I.
fig. 1. a. b. Wenn sie ausgestreckt sind, so haben sie
von außen seitwärts die Gestalt, welche Tab. I. fig. 6.
angegeben worden. Von a bis b ist ein unbewegli-
cher Theil, welcher eben dieselbe Stelle einnimmt, an
welcher die Bauchfüße bei andern Raupen zu sizen
pflegen. Er besteht aus einer fleischichten Wulst
Tab. I. fig. 7. bc, an welcher noch ein kleines Häutchen hängt, Tab. I. fig. 7. ab. und macht den häutigen Schenkel oder das dicke Bein aus. Diese Wulst
mit dem Häutchen enthält aber keinen völligen Zirkel,
sondern beide sind einwärts am Leibe Tab. I. fig. 7.
von c nach a schräg abgeschnitten, und die schräge

f. 1. 2. 3. Nachher hat man sie auch an andern zu
deren Familie gehörigen Raupen gefunden, welche
daher von den wiener Entomologen den Namen Franzenraupen bekommen haben. An Spannraupen aber
sind sie, so viel ich weis, bisher noch nicht bemerkt
worden. Hr. Sepp hat sie zwar in seiner Abbildung
getreu angegeben, allein in der Beschreibung ihrer
nicht gedacht. Sie sind von denen an den Franzenraupen dadurch verschieden, daß sie an der Wurzel
zusammen gewachsen sind; jene aber einzeln und von
einander abgesondert sizen.

Seite liegt so an, daß die Unterfläche der Wulst
Tab. I. fig. 7. bc. bei c an der Mitte des Unterleibes
gar nicht hervorsteht.   Wenn man in einem Quadrat
eine Kreislinie macht, deren Durchmesser so groß ist,
als eine Seite des Quadrats, so wird ein Winkel von
diesem, welcher die Kreislinie einschließt, ungefehr
eine Vorstellung von dem Raum geben, welchen gedachte Schenkel am Leibe der Raupe einnehmen.   An
diesem Schenkel befindet sich der Fuß Tab. I. fig. 6. bc.
ein beinahe walzenförmig gestalteter Körper, der in
der Mitte seiner untern Fläche eine geringe Vertiefung
hat, und an dem äußern Rande dieser Unterfläche mit
zehn kleinen Häkchen versehen ist, welche eine ganz
andre Gestalt haben, als diejenigen, womit die größern Bauchfüße unsrer und andrer Raupen gewöhnlich
besezt sind.   Diesen Fuß kan die Raupe nach Gefallen
ausstrecken und einziehen.   Ist er eingezogen, so
wird man auch selbst mit Hülfe eines Vergrößerungsglases nichts davon gewahr.   Man sieht alsdenn nur
den untern Rand des häutigen Schenkels Tab. I. fig. 7.
bc. und innerhalb desselben eine zusammen gezogen-
bräunliche Haut, die in der Mitte einen schwarzen
Flecken oder Punkt hat.   Betrachtet man diesen
Schenkel von der Seite, so wird man ihn sehr
leicht für ein kleines Wärzchen ansehen a).   Dieses ist auch wohl die Ursache, daß Raupen von

a) Dieß deucht mir, war auch der Fall bei Hr. Sepp.
   Er hat diese scheinbaren Wärzchen bei der schönen Abbildung seiner Raupe am siebten und achten Ringe
   gar nicht übersehen; aber in seiner Beschreibung mit
   keinem Worte davon Erwähnung gethan.

diesr Art noch von so wenigen entdeckt worden a).

In den ersten Häutungen sehen die Raupen von
dieser Art zum Theil grün aus, und werden erst in
der lezten Haut bräunlich oder leberfarbig.　Die Unterseite behielt ihre dunkle papageigrüne Farbe so lange,
bis sie sich einspann b).　Die gekräuselte Haut an
den Seiten aber fiel mehr in ein gelbliches Grün.　Am
Unterleibe war sie grünlich weiß.　Die Einschnitte
gelblich.　Die Franzen an den drei leztern Ringen
mehr ins Weiße gemischt.　Die Schwanzklappe

a) So viel ich weis, ist Degeer der Einzige, der solche
　　Füße an einer Raupe, welche er für die der Ph. Geom.
　　Bidentata *Linn.* hielt, bemerkte.　Inf. Tom. I. Quart.
　　2. S. 122. u. f. t. 25. f. 1. 2. 3.　Weil er sie aber
　　nur angezeigt und ihre eigentliche Gestalt so wenig be-
　　schrieben, als abgebildet hat; so wird man mirs ver-
　　zeihen, daß ich dazu die Raupe der Crataegata ange-
　　wendet, und gelegentlich die Geschichte einer Phalä-
　　ne beschrieben habe, mit der sich schon viele Schrift-
　　steller vor mir beschäftiget hatten.

b) Daß Raupen von einerlei Art in ihren Grundfarben
　　bisweilen von einander abweichen, habe ich schon bei
　　der Phal. Geom. Punctaria angeführt, welche eben-
　　falls grün, aber auch bräunlich oder rehfahl ange-
　　troffen wird.　Ich werde in der Folge noch mehr Ge-
　　legenheit finden, dergleichen Abänderungen in den
　　Farben von einer Art Raupen anzugeben.　Hier will
　　ich nur anmerken, daß ich die Raupe von der Phal.
　　Pfi, deren Grundfarbe gewöhnlich dunkel rothbraun
　　ist, auch von einer recht dunklen sammetgrünen Far-
　　be bis zu ihrer Verwandlung gehabt habe.　Wahr-
　　scheinlich muß die grüne und braune Farbe in der
　　Natur solcher Raupen Grundtheile enthalten, die
　　von einander nicht sehr verschieden sind.　Die Wie-
　　ner haben dergleichen Abänderungen auch bei vielen
　　Arten bemerkt.　Sist. Verz. S. 77. M.

gieng aus dem Grünen ins Braune über.   Der Kopf
war vorwärts blaßröthlichbraun; an den Seiten grünlich gelb, Tab. I. fig. 2. 3.   Der vorstehende Rand
an der Stirn und zu beiden Seiten fiel ins Dunkelbraune.   Vier Striche von gleicher Farbe stiegen von
der Mitte des Kopfs bis zur Stirn hinauf, wo sie
sich einander näherten Tab. I. fig. 3.   Die Oberlippe
war am untern Rande durch dunkle Striche in lauter
Vierecke abgetheilt.   Die Zähne waren braungrau.
Die Fühlspizen gelblich.   Die Augen dunkelbraun.
Die Höcker auf dem sechsten Ringe hatten eine grüne
Grundfarbe.   Nach dem Kopfe zu fand sich an der
Wurzel zu beiden Seiten ein mennigrother dreieckig-
ter Flecken, welcher oben mit einem hellgelben Striche
begrenzt war.   Von da, wo sich diese Höcker theilten
bis an ihre Spize waren sie hellgelb und querüber mit
einem ähnlich rothen Querstriche bezeichnet Tab. I. fig 4.
Die Spizen am After hatten eine milchweiße Farbe
Tab. I. fig. 5.   Die Luftlöcher waren in der Mitte
hell und am Rande dunkelbraun.   Vorne am ersten
Ringe über dem Luftloche zeigte sich ein weißer Punkt
Tab. I. fig. 2.   Die grünlichen Brustfüße hatten gelbe Klauen Tab. I. fig. 2.   Das hintere Paar Bauchfüße und die Nachschieber waren bräunlich mit etwas
Grün vermischt.   Die kürzern Füße ganz blaßgrün
mit einem schwarzen Flecken an dem Häutchen des
häutigen Schenkels, und ihre Häkchen, so wie an
den größern Füßen, dunkelbraun.

Auf dem Rücken dieser Raupe sizen hin und wieder einzelne Härchen, dergleichen auch in mehrerer Anzahl
am Kopfe, an den Brustfüßen und der Schwanzklappe.

Die Futterpflanzen sind Aepfel= Birn= und Pflau=
men=Bäume. Der Weißdorn ist die gewöhnlichste a).

Am Tage sizt diese Raupe meistentheils ganz un=
beweglich, und hält ihren gerad ausgestreckten Leib
mit einem Faden, den sie an einem Zweige befestiget
hat. Mit ihren großen Bauchfüßen und Nachschie=
bern kan sie sich, wie es scheint, fester an den Zweigen
oder an den Stielen der Blätter, als an den Blät=
tern selbst halten, daher man sie auch häufiger an je=
nen findet. Wenn sie aber an der Kante des Blattes
sizt, so streckt sie die kleinen Bauchfüße aus, und
nimmt solche mit zu Hülfe. Zum Gehen aber ge=
braucht sie diese, so viel ich bemerken können, gar
nicht. Denn ihr Gang ist eben so, wie bei andern
zehnfüßigen Spannern. Sie gebraucht dazu nur die
größern Füße und zieht die kleinern ein. In ihrer
Ruhe legt sie die beiden ersten Paar Brustfüße dichte
an den Leib und läßt die hintern stark abstehen. Den=
jenigen Theil b), der zwischen den beiden Freßspizen
liegt, aus welchem, wie bekannt, bei den Raupen
durch eine zarte Oefnung die Spinnmaterie fließt,
krümmt sie während ihrer Ruhe unterwärts, und legt
von beiden Seiten die Freßspizen darüber her. Ge=
wöhnlich frißt sie nur des Nachts.

Ihre Geschichte ist von Hr. Sepp beschrieben.
Ich darf daher nur anzeigen, daß diese Raupen sechs
bis sieben Tage in ihrem fein gewebten Gespinnste lie=

a) Hr. Sepp führt auch den Aprikosenbaum mit an, auf
dem ich sie niemals gefunden habe.
b) Nach Reaumûr la filiére ou se moule la liqueur, qui,
après en être sortie, est un fil de soye. Ins. T. I.
p. 125. tab. 4. fig. 5. und 9. k. o. p.

gen, ehe sie sich in eine dunkelbraune Puppe verwandeln, und daß ihr Gespinnst oft ganz weiß und nicht immer mit solchen rosenfarbigen Flecken bezeichnet ist, wie es in der seppschen Abbildung angegeben worden.

Die wiener Entomologen sezen diese Art in die Familie der Aesterraupen (larvae ramiformes), welche Stelle nach dem Bau ihres Körpers zu urtheilen, ihnen mit Recht zukömmt. Zieht man aber ihre verschiedenen Bauchfüße in Betrachtung, so halte ich dafür, daß sie mit der Raupe der Bidentata Linn. eine besondre Familie ausmachen müsse.

Die Zeit, nach welcher der Schmetterling erscheint, ist ungleich. Frühjahrsraupen erreichen nach vierzehn Tagen, auch wohl etwas später die lezte Stuffe ihrer Vollkommenheit. Diejenigen, welche sich im Herbst verwandelt haben, liegen über sechs Monate in der Puppe a).

Der Schmetterling hat kurze ziegelrothe Bartspizen. Die Augen sind erbfarbig. Die Fühlhörner kommen an der Wurzel der Farbe der Bartspizen gleich b); über die Mitte hinaus werden sie röthlichgelb, und die Schüppchen am Rücken glänzend weiß. Die Zunge ist blaß rostfarbig. Der Kopf und ganze Leib auch die Flügel haben ein schönes lebhaftes Schlüsselblumengelb c). Auf jeder Seite geht vom Auge

a) Die Puppe ist von Hr. Sepp abgebildet.
b) Nach Hr. Scopoli sind die Bartspizen und Fühlhörner an der Wurzel rostfarbig.
c) Hr. Scopoli drückt ihre Farbe durch luteus; Rajus und Linné durch flavus aus. Beide Wörter werden von den Neuern von verschiedenem Gelb gebraucht, und sind folglich nicht bestimmt genug.

über die Brust bis zur Einlenkung des Flügels ein
schmaler ziegelfarbiger Streiff a); eigentlich die Fort-
sezung des blaß ziegelfarbigen Vorderrandes der Oberflügel, welcher mit vier ziegelrothen Flecken bezeichnet
ist. Der Größte darunter steht am Vorderwinkel
und ist gewöhnlich dreiseitig; doch sind die Seiten nicht
immer gerade. Meistentheils zeigt sich zwischen dieser
Makel und dem Vorderrande noch ein schmaler Streiff
von der Grundfarbe. Der zweite Flecken mitten am
Rande ist länglich rund. An diesem hängt seitwärts
nach dem Hinterrande zu ein weißlich glänzender
Flecken, der die Gestalt eines gehörnten Mondes,
aber in der Mitte der hohlen Seite noch eine Spize
hat. Er ist mit einer dunkelbraunen Linie eingefaßt
und seine konvexe Seite nach der Einlenkung gerichtet.
Der vierte ziegelrothe Flecken ist dichte an die Einlenkung gesezt. Zwischen ihm und dem Mittlern sieht
man den Kleinsten. Außer diesen befinden sich bei

Die Alten nahmen luteus für eine hochgelbe Farbe,
wie die von einem Eidotter oder gelben Violen (viola
lutea) oder für ein helleres Roth, als Rauschgelb,
Pomeranzenfarbe: flavus gebrauchten sie vorzüglich
von einem blassen Gelb, als sich bei reifen Feldfrüch-
ten findt (flava Ceres). Beide Farben sind unsrer
Phaläne nicht ähnlich. Linne' hat in der Fauna suec.
auch sulphureus gebraucht. Nimmt man die Farbe
von reinem Schwefel, und dieß müßte doch wohl
sein; so finde ich dieselbe gegen die Farbe unsers
Schmetterlings viel zu matt und bei weitem nicht leb-
haft genug. Geoffroi gibt ihm eine Zitronenfarbe,
welche ihm noch ziemlich nahe kömmt, aber doch
nicht das zarte und zugleich lebhafte Gelb hat, wie
ich es bei frisch ausgekommenen Exemplaren gefunden habe.

a) Nach Scopoli ist es eine rostfarbige Linie.

einigen Exemplaren auch dergleichen in dem Saum der
Oberflügel nicht weit vom Vorderwinkel, und in den
Randspizen der Unterflügel a). Auch gehen durch alle
Flügel zwei Reihen bleifahler Flecken, über welchen
auf den Unterflügeln noch ein Punkt von ähnlicher Far-
be steht. Die Grundfarbe auf der untern Seite der
Flügel ist noch lebhafter, als auf der obern. Die
ziegelrothen Flecken sind etwas blasser und von den
bleifarbenen Flecken fehlt gewöhnlich eine Reihe auf den
Unterflügeln, bisweilen trifft man gar keine an. Die
Füße sind an den Gelenken ziegelroth. Die Schenkel
fallen ins Weißliche.

In der Ruhe hält dieser Schmetterling die Unterflügel halb offen, und legt die Fühlhörner an beiden
Seiten der Brust unter die Flügel.

a) Hr. Sepp hat diesen Schmetterling mit runden Flügeln abgebildet, die ihm auch Geoffroi beilegt. Ob
dieser frische Exemplare hatte, weis ich nicht. Jener hatte sie, und bemerkte nicht die zarten Spizen,
die ich an allen bei mir ausgekommenen Exemplaren
gefunden, die auch die wiener Entomologen als eine
Ursache ihrer Ordnung angegeben haben. Sollte die
Natur in dem Bau dieses Schmetterlings solche we-
sentliche Abänderungen hervor bringen?

2.

PHALAENA GEOMETRA AMATARIA,

der Ampferspanner.

long. lin. 7. *lat.* 4½.

LINN. S. N. ed. 12. fp. 201. Phal. Geometra pectinicornis, alis angulatis: omnibus pallidis puluerulentis: ftriga ferruginea recta fufcaque repanda.

FAUN. Suec. ed. 2. fp. 1223.

Müllers Linn. Naturf. 5 Th. 1 B. S. 705. Nr. 201.
der Liebling.

GEOFFROY Inf. p. 118. no. 37.

Phalaena pectinicornis elinguis, alis patentibus angulatis cinereis, fafcia duplici transuerfa, punctoque obfcuriore, atomis cinerafcentibus.

FABRIC. S. E. p. 621. no. 7. Phal. Amataria. Nom.
Linn.

SPEC. Inf. p. 242. no. 9. Phal. Amataria. Nom.
Linn.

Sift. Verz. d. Schm. d. W. G. S. 103.

F. Aefterraupen; laruae ramiformes. Chenilles ar-
penteufes en bâton raboteux. Zackenflügelichte
Spanner; Phal. Geom. Angulatae.

Nr. 9. Ampferfpannerraupe (Rumicis acuti et ace-
tofae); Ampferfpanner, Phal. Geom. Amataria *L.*

SCOP. Ent. carn. p. 214. no. 528. Phal. Geom. Amataria.

Per alas expanfas omnes vtrinque ab apice primoris vnius ad apicem alterius fociae decurrunt ftrigae duae obfcuriores, quorum poftica tenuior et
repanda, extremitates fuas adnectit apicibus alarum anticarum feu extremitatibus ftrigae fuperioris.

Müller Zool. Dan. Prodr. p. 124. no. 1433. Phal.
Geom. Amataria. Nom. *Linn.*

—— Faun. Fridr. p. 47. no. 414. Ph. Geom. Amataria. Nom. *Linn.*

Füeßl. Schw. Inf. S. 39. Nr. 752. Phal. Amataria, der
Lieblingsmeffer?

Berl. Mag. 4 Th. S. 514. Nr. 19. Phal. Geom. Vibicaria, das rothe Band.

Naturf. 11. St. S. 68. Nr. 19. Ph. Vibicaria, ift Linn.
Amataria (v. Rottemburg).

Wilk. Pap. t. 1. a. 5.

Harris Engl. Lepidopt. p. 11. no. 61. Argus buff,
Amataria *Linn.*

Schaeff. Icon. Tab. 122. fig. 4. mas. Tab. 214. fig. 3.
fem.

Göze Entomol. Beitr. 3 Th. 3 B. S. 281. Nr. 201.
Amataria, der Favoritfpanner.

Jung Verz. der europ. Schmett. S. 8. Geom. Amataria.

Defcr. Larua Tab. I. fig. 10. geometra bacillifor-
mis, corpore depreffo, fubhepatica; fegmento quarto latiffimo. In frontis et quatuor, quae
proxime fequuntur fegmenta, vtrouis latere lineae directae duae fufcae. Lineolae obliquae
fufco-rubrae in fegmentis quinto et quatuor fe-
quentibus dorfum pingunt in angulum concur-
rentes, vertice caput refpiciente. Hofce angulos ftrigae eiusdem coloris in medio tergo in-
tercedunt ac veluti connectunt.

Palpi breues pallidi apice purpurafcentes. *Oculi*
pulli. *Lingua* lurida. *Caput* tyrium interan-

tennas offeum. *Crifta* vmbrina. *Antennae*
maris pennatae apice fetaceae; rachi cineraſcentes; pectines piloſi oſſei. *Alae* patulae, angulatae; colore pectinum, atomis plumbeis; faſcia, ſtriga ad baſin, puncto ſuperiorum rubrico; linea ſubmarginali purpuraſcente. Faſcia
haec antice preſſior maris recta per alas expan-
ſas ab apice ſuperioris ad medium fere latus inferioris tenuius transuerſa decurrens; foeminae
ſubrepanda. Striga alarum omnium poſtica
curua liuida faſciae ſuperioris extremitatibus ad-
nexa. *Subtus* alae vti in pagina anteriori, ſed
atomis ſtriga poſtica et faſcia obſcuriores pur-
puraſcentes; punctum et linea marginalis fuſca.
Fimbria vtrinque pallide purpuraſcens. *Corpus*
alis concolor. *Pedes* griſeo-rubeſcentes.

Die Raupe Tab. I. fig. 10. iſt in ihrer Größe ſehr
verſchieden. Die Größten werden wohl 1¼ Zoll
lang a), und eine Linie dick. Ihr Kopf iſt beinahe
vierecficht; die Winkel nur etwas gerundet. Er iſt
nicht viel über eine halbe Linie dick und vorne ſehr flach
erhaben. Der erſte Ring nicht viel breiter. Die
beiden Folgenden werden nur in demſelben Verhältniß
ſtärker; aber der Vierte wächſt ſehr merklich an. Er
wird am Ende 1½ Linie breit und länger, als die Er-
ſtern zuſammen. Ein vorzügliches Kennzeichen dieſer
Raupenart. Der fünfte und die beiden folgenden

a) In unſrer Abbildung iſt ſie der Deutlichkeit wegen etwas größer angegeben.

Ringe sind um eine halbe Linie schwächer, aber länger
als jener. Der achte und neunte Ring werden wie=
der kürzer und nehmen verhältnißmäßig an ihrer Stär=
ke ab. Der Zehnte und Eilfte verlieren so wohl an
Länge, als an Breite, so daß der Lezte dem ersten
Ringe völlig gleich kömmt. Der Leib ist gedruckt.
Oben und unten sehr wenig erhaben.

Die Grundfarbe des Kopfs, so wie des ganzen
Körpers, ist röthlichbraun, fast leberfarbig. Die
Augen sind dunkelbraun. Die Freßspizen hellbraun,
am Ende dunkel. Von der Oberlippe ziehen zwei
feine braune Linien neben einander bis zur Stirn hin=
auf, und gehen von da über die drei ersten Ringe fast
bis ans Ende des Vierten, wo sie sich etwas auswärts
biegen und stärker in die Augen fallen. Neben diesen
läuft noch zu beiden Seiten eine andre dunklere Linie,
die aber breiter ist und sich mit den auswärts geboge=
nen Enden der Erstern vereinigt. Unter jenen sind
der Kopf und die drei ersten Ringe beiderseits hell=
bräunlich grau. Zu Ende des vierten Ringes stehen
am Rücken zwei kleine hellbraune Punkte. Der
fünfte und die folgenden vier Ringe sind mit einem
hellbräunlichen Winkel bezeichnet, dessen Scheitel
gerade auf der Pulsader liegt und gegen den Kopf ge=
richtet ist. Die innern Seiten der Schenkel sind mit
dunkel Braun getieft, das aber gegen den Unterleib
in ein helles übergeht. Am fünften Ringe, wo die
Schenkel des Winkels kürzer sind, füllt das dunkel
Braune den ganzen innern Winkel; allein bei den fol=
genden zween Ringen geht von der Spize des konka=
ven Winkels ein kegelförmiger bräunlich grauer Flecken

bis zur Spize des folgenden Winkels, und da, wo
dieser Flecken denselben berührt, gleichsam mitten am
Fuße des Kegels, finden sich noch zwei kleine dunkelbraune Strichelchen. Auf dem achten und neunten
Ringe wird aus dem kegelförmigen Flecken eine gleich-
breite Rückenstreiffe, die sich in dem Dunkelbraunen
verliert, womit die innern Seiten der Schenkel getieft sind. Die drei lezten Ringe und die Schwanzklappe sind dunkelbraun und nur die Pulsader hellbräunlich grau. Der Unterleib ist braungrau; längs
durch die Mitte zieht eine hellbraune Linie. Am vierten Ringe ist ein länglich runder, aber am Sechsten
und den drei Folgenden ein ganz runder Flecken, mit
der Linie von gleicher Farbe. Die Luftlöcher sind ohne Lupe nicht zu erkennen. Alle Füße sind braun.
Von den Bauchfüßen geht zu beiden Seiten eine bräunlichweiße Linie bis zum Ende der Nachschieber.

So umständlich die Gestalt und Farbe dieser Raupe auch anizt beschrieben zu sein scheint, so habe ich
dennoch verschiedene kleinere Zeichnungen übergangen,
weil ich dafür gehalten, daß die angeführten Kennzeichen hinreichend sein werden, sie von andern Arten
zu unterscheiden.

Diese Raupe wählt zu ihrer Nahrung vorzüglich
Ampferarten und andre denen an Geschmack nahe kommende Pflanzen: Wassergrindwurz, (rumex aquati-
cus) Mönchsrhabarber, (rumex patientia) Sauerampfer, (rumex acetosa) brittannischen Ampfer,
(rumex britannica) Blasenampfer, (rumex vesicarius)
schildförmigen Ampfer, (rumex scutatus) handförmi-
gen Rhabarber, (rheum palmatum) Rhapontik,

B

(rheum raponticum) Flöhkraut, (polygonum persi-
caria) Wasserpfeffer, (polygonum hydropiper a).
Sie frißt am Tage und des Nachts.

Aus diesen Pflanzen sieht man schon, daß sie sich
bei uns nicht allein in Wäldern, sondern auch und
zwar häufig in Gärten aufhalte.

In ihren Sitten hat sie viel besonders. Wenn
sie einigermaßen beunruhiget ist, so macht sie während
dem Sizen eine beständig schwankende Bewegung.
In ihrer völligen Ruhe aber nimmt sie mancherlei sonderbare Stellungen an. Sie legt den ganzen Leib auf
der Fläche, worauf sie sizt, hingestreckt nieder, oder
macht mit derselben nach Art der Stockspanner einen
gewissen Winkel. Oft stellt sie den Leib bis auf die
vier ersten Ringe gerade aus, biegt diese zurück und
richtet sie mit den übrigen in einen stumpfen Winkel.
Nicht selten sieht man ihren Leib in einer bogenförmi-
gen Linie, wie in unsrer Abbildung, bald so, daß der
ganze Rücken oben bleibt, bald auf die Art, daß der
Vordertheil ganz umgedreht, mit dem Rücken unten
und dem Unterleibe nach oben gerichtet ist, auch so,
daß die acht ersten Ringe mit dem Rücken mehr oder
weniger seitwärts gekehrt sind. Bisweilen windet sie
den ganzen Leib spiralförmig und behält diese Richtung
eine lange Zeit. Diese und mehrere Veränderungen,
welche sie in der Haltung ihres Leibes machen kan, und
die alle zu erzehlen zu weitläuftig sein würde, bemerkt
man nicht besser, als wenn man eine ganze Brut beisammen hat. Oft habe ich unter zwanzig und mehrern keine einzige gefunden, die in ihrer Stellung ei-

a) Die Wiener fanden sie auch am rumice acuto.

ner andern gleich gewesen wäre. Die vielen Abwech-
selungen und das Sonderbare darinn, haben mich oft
einige Minuten unterhalten a). Auch haben sie in ihrem Gange das Besondre, daß sie nicht nach Art andrer Spannmesser den Vorderleib durch eine einzige
Bewegung vorsezen, den Leib in einen Bogen krümmen und die Bauchfüße gleich an das lezte Paar der
Vorderfüße sezen; sondern sie strecken zuerst den Kopf
mit den vordern Ringen langsam hervor, dann rücken
sie mit den folgenden Ringen nach und schleppen zulezt
die Bauchfüße hinterher.

Die jungen Räupchen kommen im Erndtemond,
auch bisweilen erst im Herbstmond zum Vorschein.
Die vorzügliche Stärke des vierten Ringes ist an ihnen noch wenig oder gar nicht zu bemerken. Ihre
Farbe ist durchgehends graubraun, und ihre Zeichnung am Rücken nicht allein ganz undeutlich, sondern gar nicht dafür zu erkennen, wenn man sie nicht
schon ausgewachsen gesehen hat. Nur ihre sonderbaren Stellungen und ihre Futterpflanzen verrathen es,
zu welcher Art sie gehören. Nachdem sie sich zum
zweitenmal gehäutet haben, zeigt sich schon das Unge-
wöhnliche in dem Bau ihres Körpers; aber ihre Zeichnungen bleiben noch immer undeutlich. Ihr Wachsthum geht langsam. Sie fressen bis zum Ende des

a) Diese seltsamen Stellungen muß man, glaube ich, für
die Aehnlichkeit annehmen, welche diese Art mit den
Raupen der Geom. Lunaria und Syringaria nach den
wiener Entomologen gemein haben soll. Verz. d.
W. S. S. 104. Not. Denn was den Bau des Körpers betrifft, so finde ich selbigen von jenen sehr unterschieden.

Weinmonds, überwintern und gelangen im Wonne=
mond des folgenden Jahrs zu ihrer völligen Größe.
Diejenigen, welche man im Herbst ausgewachsen an=
trifft, verpuppen sich noch vor dem Winter.   Wenn
sie der Zeit ihres Puppenstandes nahe sind, machen
sie sich zwischen Blättern ein Gespinnst von sehr weni=
gen Fäden, und legen sich in dasselbe gestreckt auf ih=
ren Unterleib.   In dieser Lage werden sie zur Puppe,
welche unverändert die nämliche Stellung beibehält.

.   Die Gestalt dieser Puppe Tab. I. fig. 11. deren
Länge sechs Linien beträgt, weicht von der gewöhnli=
chen sehr ab.   Ihre Scheitel ist flach, nach dem
Rücken zu abhängend und etwas gerundet.   Der Theil
zwischen den Augendecken ist stark aufgeworfen und
endiget sich mit zwei nebeneinander stehenden stum=
pfen Spizen, die auf ihrer ganzen Fläche mit kleinen
Häkchen besezt sind.   Die Anzahl dieser Häkchen und
ihre Ordnung habe ich durchs Vergrößerungsglas nicht
entdecken können a).   Sie schienen mir auch nach kei=
nem Ebenmaaße geordnet zu sein.   Ihrer Gestalt nach
sind sie von einem gewöhnlichen Fischangel nur darinn
unterschieden, daß sie keine Widerhaken haben.   Die
Flügelscheiden sind zunächst den Augendecken sehr
schmal.   Ihr Hinterwinkel tritt nur bis auf die Mit=
te der Puppe, welche hier so wie die Scheide am brei=
testen und etwan $1\frac{2}{3}$ Linie stark ist; dahingegen der
Vorderwinkel sich $3\frac{1}{3}$ Linie von der Scheitel entfernt.
Von den Flügelscheiden an bis zur Schwanzspize hat
die Puppe eine kegelförmige Gestalt.   Die Schwanz=

a) Mit Nr. 1. des hofmannschen Mikroscops sah ich sie
   erst in der Größe einer halben Linie.

spize selbst besteht aus einem Theile, der eine halbe Linie lang, noch einmal so breit als dick und am Ende
mit zwo Spizen versehen ist. Die eine breite Seite
ist eben, die Entgegengesezte am Rücken der Puppe
etwas ausgetieft, und der am Ende zunächst den beiden Spizen aufgeworfene Rand mit vier Häkchen besezt. Die Luftlöcher am vierten, fünften und sechsten
Ringe sind im Verhältniß der Größe der Puppe sehr
groß. Die Fühlhörnerscheiden sichtbar; aber nicht
viel erhaben. Die Einschnitte unbeträchtlich.

Die Scheitel ist hellbraun. Die Spize am Gesicht unten dunkler. Die Flügeldecken und der Rücken
sind mehr grau, als bräunlich, jene mit längs herunter laufenden dunklern Strichen. Die Ringe von den
Flügelscheiden an bis zur Schwanzspize rostfarbig, am
Rücken und Bauche auch zu beiden Seiten mit einem
braunen Striche längshin bezeichnet. Die Luftlöcher
braunschwarz. Auf jedem Ringe so wohl am Rücken,
als an der Bauchseite finden sich einige braune Punkte
in einem gewissen Ebenmaaße geordnet. Auch innerhalb der Fühlhörnerscheiden stehen an jeder Seite drei
große und eben so viel kleinere Punkte von eben der
Farbe.

Dasjenige, was die Natur bei verschiedenen
Spannmessern, die wie einige Tagvögelraupen ihren
Hintertheil an irgend einen Gegenstand befestigen, ei-
nen Faden um ihren Leib spinnen und sich auf die Art
in freier Luft verwandlen, dadurch zur Sicherheit ihrer
Puppen veranstaltet hat, eben das bewirkt sie, wie-
wohl durch ein anders Mittel, auch bei der Unsrigen.
Denn diese spinnt keinen Faden um ihren Leib, aber

sie verwickelt sowohl die Häkchen an dem zwischen den Augendecken befindlichen Auswuchs, als an ihrer Schwanzspize, so fest in das vorher gemachte Gespinnst, daß man nicht im Stande ist, sie davon loszumachen, ohne sie zu zerstöhren, oder mit dem Gespinnst selbst abzunehmen. Daher kömmt es auch, was ich oben gesagt habe, daß diese Art Puppen ihre einmal genommene Lage nicht verändern, und sich wenig oder gar nicht bewegen können.

Der Schmetterling schlupft nach einer Zeit von drei Wochen aus. Die Puppen von denen Raupen, die sich schon vor dem Winter verwandeln, überwintern und der Vogel kömmt auch erst im Frühjahr zum Vorschein.

Die Freßspizen sind bleich, an den Enden purpurfarbig. Die Augen bräunlichschwarz. Die Saugspize ist sehr blaßgelb a). Der Kopf unter den Fühlhörnern purpur, zwischen denselben beinfarbig. Der Halskragen mit Umbra gefärbt. Die kammförmigen Fühlhörner des Männchen sind gegen das Ende borstenartig und haben einen aschgrauen Rücken. Die innere Seite der Kämme ist mit feinen Härchen besezt. Ihre Farbe kömmt mit dem Kopfe zwischen den Fühlhörnern überein.

Die Oberflügel haben am Vorderwinkel eine starke Spize und die Untern einen spizigen Winkel in der Mitte des äußern Randes. Bei dem Männchen sind

a) Geoffroi rechnet diese Phaläne unter die clingues. Man darf aber gar nicht zweifeln, daß er ein beschädigtes Exemplar müsse gehabt haben.

ſie gewöhnlich etwas gröſſer, als bei dem andern Ge-
ſchlechte. Ihr Grund iſt beinfarbig a), auf der Oberſeite mit ſehr feinen bleifahlenen unzähligen Pünktchen b) beſtreut. Eine purpurfarbige c) Querbinde,
die nach oben ſehr dunkel, nach dem äußern Rande
aber ins Helle vertrieben iſt, zeichnet ſich auf allen Flügeln aus d). Sie fängt am Vorderwinkel der Oberflügel an und geht, wenn die Flügel ſo ausgebreitet
ſind, wie ſie der Schmetterling im Fluge ausbreitet,
bei dem Männchen in gerader Linie bis zur Mitte des

a) Nach Linne' bleich (pallidae) nach Hr. Scopoli ing-
werfarbig, und nach Geoffroi grau. Hiebei muß
ich anmerken, daß gefangene und abgeflogene Exemplare ſehr viel von ihrer eigentlichen Farbe verloren
haben. Ein ſolches ſcheint das vom Linne' geweſen
zu ſein. Ingwer iſt gegen ihre Grundfarbe noch zu
bräunlich.

b) Nach Geoffroi aſchfarbigen.

c) Nach Linne' iſt ſie aſchfarbig, nach Geoffroi braun,
nach Hr. Scopoli aus dem Braunen ins Roſtfarbige gemiſcht. Ich beziehe mich auf das, was ich
ſchon geſagt habe, daß dieſe Naturkündiger nur gefangene Exemplare hatten. Es iſt bekant, daß die
Alten verſchiedene rothe Farben purpur genant haben. Ich verſtehe darunter ein dunkles, oft ins
Schwarze übergehendes Roth. Z. B. gekochtes Blut,
womit die Binde auf den Flügeln unſrer Phaläne die
gröſte Aehnlichkeit hat; oder das dunkle Schwarz-
rothe an einer Sammetroſe u. d.

d) Linne' und Hr. Scopoli reden nur von einem Streiffe,
weil die hellere Seite nach dem äußern Rande zu ſich
im Fluge des Schmetterlings ſehr leicht verliert;
folglich die Binde um ſo viel ſchmäler und nur ein
Streiff wird. Bei unbeſchädigten Schmetterlingen
aber kan man ſie nach deren Verhältniſſe ſehr wohl
eine Binde nennen, wie auch Geoffroi und andre
gethan haben.

Hinterrandes am Unterflügel fort. Auf solche Art
stoßen diese Binden von beiden Seiten etwas über die
Mitte des Hinterleibes zusammen und machen daselbst
einen geraden Winkel. Sind aber die Oberflügel nur
zur Hälfte ausgebreitet, so wie sie der Schmetterling
in seiner Ruhe zu halten gewohnt ist, und also die Unterflügel halb von den Obern bedeckt; so geht die Querbinde von dem Vorderwinkel des einen Oberflügels bis
zu dem des Entgegengesezten über alle Flügel in gerader Linie fort a). Bei dem weiblichen Schmetterling
ist diese Binde auf den Oberflügeln etwas aufwärts
gebogen, und macht daher keine gerade Linie. Nicht
weit vom Rückenwinkel ist ein sehr zarter gebogener
Strich von gleicher Farbe b). Zwischen demselben
und der Binde findet sich in der Mitte ein ähnlicher
Punkt, der bei dem Weibchen sehr klein, bei dem andern Geschlechte aber wie ein kleines lateinisches s gestaltet ist c). Mitten zwischen der Binde und dem
äußern Rande läuft ein gebogener bleifarbiger Streiff d)

a) Nach dieser ruhigen Lage der Flügel wird man die linneische Beschreibung in der Faun. Suec. sehr deutlich
verstehen:

Striga ferruginea, recta, transuersa, ab angulo
alae primoris ad oppositae angulum ducta.

b) Ich habe diesen Strich noch bei keinem gefangenen
Exemplar angetroffen, und daher auch in keiner einzigen Beschreibung angemerkt gefunden.

c) Linné hat dessen nicht erwehnt, aber Geoffroi und
Hr. Scopoli. Doch hat dieser ihn bei einem Exemplar eines Männchens nicht gefunden, bei welchem
er wahrscheinlich verloren gegangen war. Bei dem
Weibchen verliert er sich gar leicht.

d) Nach Linné und Scopoli ist er braun.

über alle Flügel, deſſen Enden ſich nicht weit vom Vorderwinkel der Oberflügel mit der Binde vereinigen und
deren Farbe annehmen. Der äußre Rand aller Flügel iſt mit einer zarten hellpurpurfarbigen Linie eingefaßt, und der Saum auf beiden Seiten von eben derſelben, aber bläſſern und etwas ins Kirſchrothe ſpie-
lenden Farbe. Auf der Unterſeite ſind die Punkte,
womit die Flügel beſtäubt ſind, dunkler und auf den
Oberflügeln ins Röthliche gemiſcht. Die Binde iſt
ſchmäler und kömmt einem Streiffe näher; ihr Un-
terrand ſcharf und nicht vertrieben. Die Farbe auf
dem Vorderflügel bleifahl und etwas röthlich. Der
gebogene Streiff eben ſo, aber ſehr dunkel. Der
Punkt und die Randlinie braun. Der Saum blaß-
röthlich. Der Leib hat die Grundfarbe der Flügel.
Die Füße ſind grau röthlich.

Herr Schäffer hat dieſe Phaläne zweimal abgebildet. Die Farbe der Binde und des Saums
geht an; aber die Grundfarbe iſt zu gelb.

3.

VARIETAS LARVAE PHALAENAE NOCTVAE PLECTAE,

Eine Abänderung von der Bindlatticheulenraupe der Wiener-Entomologen.

Kleemanns Beitr. I. S 189. tab. 23. fig. 1. Die einſa-
me, glatte, ſchlechtgrüne und auf dem Tobaksfraut
ſich aufhaltende Raupe.

Siſtem. Verz. der Schmett. der W. G. S. 77. M. Sei-
tenſtreiffraupen (laruae albilateres) Nr. 6. Bindlatticheulenraupe.

Deſcr. Larua Tab. I. fig. 12. ſubcylindrica verſus
caput gracileſcit, colore flaueſcente, lineis binis directis vtrinque dorſalibus tenuiſſimis vnaque laterali per ſtigmata ducta et commiſſuris
annulorum miniatis. Venter ſtrigis ad longitudinem vndulatis virideſcit. Segmenta 1 et 2.
ac tegmen caudae viridi-fuſca.

Unter denen Raupen, von welchen Tab. I. fig. 12.
eine abgebildet worden, habe ich keine länger gefunden als einen Zoll und höchſtens zwei Linien. Der
Kopf iſt herzförmig. Der Leib meiſt rund nach vorne
abwachſend. Die mittlern Ringe ſind etwas ſtärker,
als der Eilfte.

Der Kopf iſt röthlichbraun. Die Grundfarbe
des Leibes iſt hellgelb, und ſpielt an der Oberſeite etwas ins Röthliche, am Unterleibe aber mehr ins Grüne. Der erſte und zweite Ring iſt oberwärts grünlich
braun, ſo wie die Schwanzklappe. An beiden Seiten

zieht ein mennigrother Streiff längs durch die Luftlöcher, der nach unten scharf, aufwärts aber ein wenig vertrieben ist. Zwischen demselben und dem Rücken in gleicher Entfernung laufen zwei zarte Linien
von eben der Farbe nahe aneinander fort und am Unterleibe längshin auf jeder Seite zwei schmuzige grüne
wellenförmige Streiffen. Der Unterleib selbst ist
dunkler. Die Einschnitte am Oberleibe sind auf jeder
Seite mit einem feinen mennigrothen Querstriche bezeichnet. Die Luftlöcher röthlich. Die Füße schmuzig grün. Bei vielen von diesen Raupen sind die rothen Linien am Rücken wie verwischt und die Streiffen am Unterleibe mehr gelblich, und in einander ge-
floßen. Die Grundfarbe ist mehr oder weniger
roth, oder so schmuzig, daß man sie kaum erkennen
kan.

Diese Raupenart trifft man im Ernte- und
Herbstmond in hiesiger Gegend schon ausgewachsen
und häufig auf Wallstroh (galium verum) an. Sie
frißt in dessen Ermangelung auch Gartenmelde, (atriplex hortensis), und vielleicht auch andre Kräuter,
womit ich noch keine Versuche gemacht habe a).

Der daraus im Brach- und Heumond des folgenden Jahrs kommende Schmetterling unterscheidet sich
von denjenigen, welchen Herr Kleemann abgebildet

a) Hr. Kleemann fand seine Raupen am Tabakskraute und
glaubte daher, daß diese Art aus fremden Ländern
zu uns gekommen sei. Die röselsche Raupe Tom. I.
2. Cl. tab. LXVIII, welche er ebenfalls auf diesem
Kraute gefunden, habe ich auch mehrmals auf den
angezeigten Futterkräutern unsrer Raupe entdeckt.
Hieraus erhellet, daß beide Arten einerlei Pflanzen
bewohnen.

hat, in seiner Gestalt, Farbe und Zeichnung nicht im
Geringsten. Allein seine Größe verliert nach dem
Verhältniß der Raupe. Die Flügel an der kleemannschen Phaläne a) sind acht Linien lang und ungefehr
vier Linien breit; an unsern größten Exemplaren aber
nur sechs Linien lang und drei Linien breit.

Da Hr. Kleemann den männlichen Schmetterling nicht kannte, und wegen dessen Fühlhörner ungewiß war; so kan ich noch anführen, daß sich derselbe
von dem Weibchen in nichts unterscheide, als in der
Stärke des Hinterleibes. Seine Fühlhörner sind borstenartig, und an jedem Gelenke auf beiden Seiten
mit einem kurzen Härchen versehen, so wie beim
Weibchen.

Die linneische Beschreibung der Phal. Noct. Plecta
stimmt mit unsrer Phaläne genau überein b).

Daß aber diese und des Hr. Hufnagels Phal.
Noct. Ignobilis einerlei Art sei, daran zweifle ich
sehr c). Wenigstens trifft sie mit der Beschreibung
des Hr. von Rottemburg nicht zu d).

a) Beitr. 1. Tab. 23. fig. 4.

b) Unter andern Uebereilungen, welche bei der Ueber-
setzung des linneischen Natursistems vom Stat. Müller begangen worden, verdient auch diese mit angemerkt zu werden, daß die Worte *margineque crassiore albido* S. N. p. 851. sp. 157. übersezt worden sind:
und der hintere Rand ist dick. Müllers linnei-
sches Nat. Sist. 5 Th. 1 B. S. 695. Nr. 157. Diesem Fehler müssen wir die ganz unschickliche Benen-
nung unser Phaläne zuschreiben, welche unter dem
Namen Dickrand ins Sistem getragen worden.

c) Berl. Magaz. III. S. 300. Nr. 49.

d) Naturf. IX. S. 120. Nr. 49. Ph. Ignobilis Hufn.

4.

LARVA PHALAENAE NOCTVAE METICV-
LOSAE,

die Raupe von der Scheueule.

LINN. S. N. ed. 12. p. 385. fp. 132. Larua nuda viridis
lineis lateralibus albis.

FAUN. Suec. p. 309. 310. fp. 1164. Habitat in
omnibus oleraceis: Cheirantho, Vrtica, Mercu-
riali.

RAI. Inf. p. 161. no. 13. Eruca media viridis cum ob-
fcuiioribus oblique transuerfis in dorfo hinc inde
lineolis.

GEOFFR. Inf. II. p. 151. no. 84. la meticuleufe la Chenille eft liffe, à feize pattes. Sa couleur eft verte,
un peu claire, avec des bandes longitudinales blanches fur le dos.

FABRIC. S. E. p. 608. no. 78. Larua nuda, viridis:
linea dorfali interrupta lateralibusque albis.

SPEC. Inf. p. 608. no. 78.

Sift. Verz. d. Schm. d. W. G. S. 83. P. Schrägftrich=
raupen (laruae obliquoftriatae) n. 1. Mangold Eu-
lenraupe (Betae vulgaris).

Röfels Inf. Bel. IV. S. 65. t. 9. die von verfchiedenen
Pflanzen fich nährende glatte und grüne Raupe, mit
braunem Kopf, weißer unterbrochener Rückenlinie,
gelben Punkten und gleichfarbigen Seitenlinie.
verglichen mit Naturf. 4. St. S. 127.

GOED. Belg. I. p. 109. t. 56.

LIST. Goed. p. 118. no. 44. t. 44.

REAUM. Inf. T. 1. Mem. 7. p. 301. tab. 14. fig. 11. ed. 4.
CETTE chenille eft d'un beau verd clair, elle a
feulement tout du long du dos un petit filet blanc

et uue bande blancheâtre, de chaque coté, au def-
fus des jambes.   Elle eſt tres rafe —

DEGEER Inf. Tom. I. Mem. 3. p. 102. tab. 5. fig. 12.
Chenille rafe aſſez grande, d'un beau verd avec trois
raies longitudinale⸗ blanches, qui mange les feuil-
les de différentes plantes cultivées dans les jardins.
Tom. II. S. 310. 311. Ueberſ.

Berl. Mag. III. S. 214. Nr. 17. Phal. meticulofa. Die
Raupe grün mit einem braunen Kopf, einem weißen
Rücken, und gelben Seitenlinie; lebt einſam.

Defcr. Larua Tab. I. fig. 13. fubcylindrica, media
latior inde verſus caput attenuatur.   *Caput* vi-
ridi-fufcum.   *Corpus* pſittacinum cum lineolis
in vtroque latere faturatioribus per interſtitia
annulorum fegmenti quarti ac inde fequentium
in dorfo oblique deductis; linea alba interrupta
in fummo dorfo directa; alia viridi-lutea laterali a fegmento quarto vsque ad caudam decur-
rente.   Stigmata ac vngues fufca.

Die Tab. I. fig. 13. abgebildete Raupe erreicht ei⸗
ne Länge von 1½ Zoll.   Ihr Leib iſt walzenförmig,
aber von ungleicher Stärke.   Diejenigen Ringe, an
welchen die Bauchfüße ſizen, haben 2⅛ Lin. im Durch⸗
meſſer.   Die Hintern ſind nur etwas ſchwächer, und
der Zwölfte in Vergleichung mit andern Raupen ſehr
ſtark a); aber die Vordern nach dem Kopfe zu neh⸗

a) In unſrer Abbildung iſt er gleichwohl zu ſtark gewor⸗
den; ſo wie auch die natürliche Farbe wegen des
ſchwarzen Kupferſtichs nicht recht nachzuahmen ge⸗
weſen iſt.

men so sehr ab, daß der Erste nicht einmal zwei Linien dick ist.

Der Kopf ist herzförmig. Seine Farbe braun,
doch scheint ein dunkles Grün hindurch. Der äußre
Rand und die Mund fallen mehr ins Dunkle. Die
Freßspizen sind grünlich. Die Grundfarbe des Leibes
und der Füße ist papageigrün, welches an den drei
ersten und beiden lezten Ringen auch bei allen Einschnitten dunkler und schöner ausfällt. Wenn sich die
Raupe zusammenzieht, so werden die Einschnitte gelblich. Auf dem vierten und folgenden Ringen fängt
über jedem Luftloche ein zarter etwas dunkelgrüner
Strich an und zieht sich über dem Einschnitt schräg
hinterwärts hinauf bis an die Mitte des zunächst folgenden Ringes, so daß man an den Seiten aller dieser Ringe zween dergleichen Striche bemerkt, wovon
der eine zunächst dem Luftloche, der andre aber am
Rücken steht a). Diese Striche zeigen sich erst in der
lezten Haut. Bei einigen Raupen aber sind sie sehr
undeutlich und daher auch von vielen Entomologen

a) Diese schrägen Striche bestimmen eigentlich mehr die
Familie dieser Raupen als ihre Art; allein ich habe
sie nicht übergehen dürfen, weil sie sich sowohl durch
ihre Feinheit, als auch dadurch von denen bei einigen andern Arten unterscheiden, daß sie nicht bis an
die Mitte des Rückens hinaufgehen, folglich sich da
auch nicht vereinigen und einen Winkel machen. Da
es mehrere Raupen gibt, welche mit dergleichen schrägen Strichen bezeichnet sind; so ist es allerdings nothwendig, auch auf diese kleinen Abweichungen ihrer
gemeinschaftlichen Kennzeichen aufmerksam zu sein,
um sie desto richtiger von einander unterscheiden zu
können.

überſehen worden a). Mitten über den Rücken geht
vom Kopfe bis zur Schwanzklappe eine gelblichweiße
in der Mitte eines jeden Ringes unterbrochene ſchmale
undeutliche Linie, welche an den Seiten mit einem
dunkelgrünen Rande eingefaßt iſt. Eine breitere
grünlichgelbe Linie b) oder vielmehr ein Streiff zieht
ſich an beiden Seiten von dem vierten Ringe an bis
zum Ende der Hinterfüße, und jemehr er ſich dieſen
nähert, deſto ſchwächer wird das Grüne und geht ins
Gelbe über. Die Klauen an den Füßen und die Luftlöcher ſind braun.

Unter dieſer Raupenart habe ich einige gefunden,
die an Statt der grünen eine erdbraune Grundfarbe
hatten c). Es beſtätiget dieß die ſchon gemachte Bemerkung, daß die grüne Farbe leicht in die Braune
übergeht.

So glatt auch die Haut unſrer Raupe zu ſein
ſcheint, ſo finden ſich doch, wenn man ſie mit der
Lupe anſieht auf beiden Seiten der Länge nach drei
Reihen Härchen. Denn es ſtehen auf jedem Ringe
zwei zunächſt der weißen Rückenlinie, zwei über und
eben ſo viel unter dem grünlich gelben Streiffe. Der
Unterleib, Kopf und Hintertheil beſonders die Schwanz-

a) Unter denen, welche ich angeführt habe, ſind ſie von
Raj, Hufnagel und den Wienern allein bemerkt
worden.

b) Nach Linné, Fabricius und Degeer weiß; nach Reaumür weißlich.

c) Auch Chorh. Meier hat ſchon dieſe Bemerkung gemacht
S. Füeßl. Magaz. der Entomol. 2. B. I St. S. 23;
und Hr. Kleemann im Naturf. 4 St. S. 127.

klappe sind mit mehrern dergleichen wiewohl in keiner
zu bemerkenden Ordnung besezt.

Diese Raupen leben von vielerlei Pflanzen. Linné gibt alle Leukojen- (Cheiranthus) Nessel- (Vrtica)
und Bingelkrauts-Arten (Mercurialis) an; Rai gemeinen Schierling, (Conium cicutaria vulgaris);
Geoffroi Wermuth, (Artemisia Absinthium) Pim-
pinelle, (Pimpinella) und mehrere Arten von Sup-
penkräutern; Degeer Lavendel, Nessel, Schlüssel-
blumen; die Wiener Mangold, (Beta vulgaris.)

Da diese Raupenart den ganzen Winter durch
lebt, und bei gelinder Witterung, wo nicht selbst unter dem Schnee, sich nach ihrem Futter umsieht; so ist
es ein wohlthätiges und zugleich höchst nothwendiges
Mittel zu ihrer Erhaltung, daß sie nicht nur ein oder
anders Kraut, sondern viele zu ihrer Nahrung gebrauchen kan, die von einer ganz verschiedenen Art
und Gattung, auch von solcher Natur sind, daß sie
gegen eine nicht gar zu strenge Kälte ausdauren können, so daß sie selten oder fast nie einem gänzlichen
Mangel ausgesezt ist.

Daß diese Raupen sich am Tage unter Blättern
verstecken und nur des Nachts fressen, ist eine Eigenschaft, die sie mit vielen andern gemein haben. Einem Gödart kam dieses nur als etwas besonders vor,
weil ihm mehrere von solchen des Nachts fressenden
Raupen vielleicht unbekannt waren, oder er solches
nicht an ihnen bemerkt hatte. Noch muß ich anführen, wie ich nicht immer gefunden, daß sich diese Art
Raupen zusammen krümmen, und unbeweglich liegen,
wenn sie berührt werden, wie Gödart und Rösel an

C

ihnen wahrgenommen haben, sondern daß sie mit
dem Kopfe heftig um sich schlagen, und geschienen
haben, als wenn sie sich zur Gegenwehr sezen wollten.

Man trifft sie bei gelinder Witterung schon im
Anfange des Hornung ziemlich erwachsen an. Sie
geht, so wie es ein früher oder später Frühling mit
sich bringt im Lenz oder Ostermond entweder unter die
Erde, worinn sie ein sehr loses Säkchen von wenigem
Gespinnste mit eingewebten Erdkörnern verfertiget,
oder sie macht in Ermangelung der Erde, ein dünnes
Gewebe, worinn sie sich verpuppet.

Am Ende des Wonnemonds oder im Brachmond kömmt der Schmetterling zum Vorschein.

Ich hielt es der Mühe werth, die Raupe eines der schönsten Nachtschmetterlinge, obgleich nicht
der seltesten, etwas genauer zu beschreiben und abzubilden, als es in den angeführten Werken bis daher geschehen war, um so mehr, da auch schon andre Entomologen a) das Fehlerhafte in der röselschen
Abbildung bemerkt hatten, welche unter den Uebrigen
noch die Beste war.

a) Naturf. 4 St. S. 127. (Hr. Kleemann)

5.

PHALAENA BOMBYX DVMETI,

der Heckenkriecher.

m. *long.* lin. 10. *lat.* 6.
f. — — 12. — 8.

LINN. S. N. ed. 12. p. 815. no. 26. Phalaena Bombyx
elinguis, alis reuerſis fuſceſcentibus: ſuperioribus
puncto faſcia margineque poſtico luteis
FAUN. Suec. ed. 2. p. 293. no. 1107.

Müllers linn. Naturſ. 5 Th. 1 B. S. 658 Nr. 26. Der
Heckenkriecher, Phal. Dumeti.

FABRIC. S. E. p. 563. no. 33. Bomb. Dumeti. Alis
reuerſis, fuſcis: anticis puncto faſcia margineque
poſtico luteis. — Abdomen flauum.

SPEC. Inſ. p. 177. no. 49.

Siſt. Verʒ. d. Schm. d. W. G. S. 57. K. Pelʒraupen
(laruae villoſae) weißmaflichte Spinner, (bombyces
centropunctae) Nr. 5. Löwenʒahnſpinner, B. Dumeti,
Linn.

Süeßl. Schw. Inſ. S. 34. Nr. 643. Die Grasmotte.

— Magaʒ. der Entom. I. B. S. 212. Ph. Dumeti.

Berl. Magaʒ. II. St. S. 416. Nr. 31. Phal. Taraxaci,
die Erdmotte. Schwarʒbraun mit einem olivengel-
ben breiten Querſtrich durch alle vier Flügel.

Naturſ. 8 St. S. 106. Nr. 31. Ph. Taraxaci, iſt Ph. Dumeti *Linn.* (v. Rottenburg.)

— 10. St. S. 93. Phal. Dumeti (P. v. Scheven.)

— 6. St. S. 75. §. 3. tab. 3. fig. 1 — 4. (D. Kühn.)

PETIV. Gaz. tab. 45. fig. 13.

Siſt. Lehrgeb. über die drei Reiche der Natur I. St. S.
382. tab. 19. fig. 6. Ph. G.

36   Phalaena Bombyx Dumeti.

Sulzers abgef. Gef. d. Inf. S. 159. tab. 21. fig. 3. Ph.
   Dumeti, der Heckenkriecher.
Gözens Entom. Beitr. 3 Th. 2 B. S. 296. Nr. 26. Ph.
   B. Dumeti, der Heckenkriecher.
Jungs Verz. europ. Schm. S. 47. B. Dumeti.

Descr. Larua maior pilosa, lateribus rugosa, fusco-
   nigra.   Maculae dorsales atrae, in tribus annulis anterioribus binae et octo sequentibus
   quaternae.   Maculis anticis segmenti quinti ce-
   terorumque interdum albidae adhaerent.   In
   singulis corporis annulis, omisso primo, sex
   pilorum fasciculi verrucis fuscis innati, nimi-
   rum quatuor dorsales ac vnus in vtroque latere
   reperiuntur insigniores praeter duos sub stigmatibus seu ad pedum exortum.
Palpi Phalaenae perbreues lutei. *Oculi* nigri. *Ca-*
   put palpis concolor. *Antennae* plumosae maris nuceae, sexus sequioris lutescentes. *Tho-*
   rax luteus pilosus, praecipue maris. *Abdo-*
   men pilosum, nuceum, incisuris luteis. *Alae*
   omnes supra nuceae, feminae pallidiores;
   basi, fascia flexuosa ac litura ante fasciam luteae. *Fimbria* eiusdem coloris, posticarum latior. *Inferior* alarum maris medietas dilutior
   est superiori. *Alae* fem. subtus luteae. *Pedes*
   fuscae.

   Die Tab. II. fig. 4. abgebildete Raupe ist eine der
Größten von ihrer Art, so ich gehabt habe. Sie er-

reichte eine Länge von zween Zoll und acht Linien. In der Mitte war sie 4½ Lin. und am ersten und lezten Ringe etwa drei Linien stark. Diejenigen, woraus die männlichen Spinner kommen, erlangen kaum drei Viertel von ihrer Größe. Auch die weiblichen Raupen werden nicht alle so groß. In ihrer Gestalt aber sind sie sich alle gleich.

Der Kopf ist herzförmig ungefehr zwo Linien breit. Die Haut ist an den Seiten des Leibes in viele Falten und Runzeln zusammen gezogen und selten ganz ausgedehnt. Die Ringe sind im Durchschnitte rund, aber nach dem Kopfe zu nicht so stark, als hinten, und haben daher viel Aehnliches mit einem abgekürzten Kegel. Auf jedem Ringe, den Ersten ausgenommen, sizen nicht weit von der Mitte des Rückens an jeder Seite zwei Wärzchen schräg über einander. Das Hinterste davon steht etwas tiefer herunter. Auf dem lezten Ringe sind sie alle vier querüber in eine Reihe, und auf der Schwanzklappe wieder hinter einander aber so gesezt, daß das hintere Paar näher zusammen tritt, als das Vordere. Ein ähnliches Wärzchen findet sich an jeder Seite über den Luftlöchern, fast in der Mitte, und zwei dergleichen aber kleinere sizen da, wo der Unterleib anfängt.

Die Farbe ist mattbraunschwarz. Das Braune scheint nur sehr wenig durch. Die Augen sind glänzendschwarz. Die Freßspizen und Klauen an den Brustfüßen kastanienbraun. Die in einem halben Kreise sizenden Häkchen an den Bauchfüßen und Nachschiebern pechschwarz. Alle Wärzchen rothbraun. Hinter diesen zeigt sich auf den drei ersten Ringen zu

beiden Seiten nicht weit von der Mitte des Rückens
ein länglicher quer überstehender sammetschwarzer Flecken.   Auf jedem der acht folgenden Ringe stehen vier
dergleichen, zween hinter und zween vor den Wärzchen.   Sie sind breiter, als jene und einem verschobenen Parallelogram sehr ähnlich).   Einige Exemplare haben auf jeder Seite des fünften und der übrigen
Ringe noch einen bräunlichweißen Flecken, welcher
dicht vor dem vordern schwarzen Flecken aber etwas
tiefer herunter gesezt ist.   Den Meisten fehlen dieselben.   Die Luftlöcher sind schwarz.

Außer den kastanienbraunen Haarbüscheln, womit die vorbeschriebnen Wärzchen so besezt sind, daß
die Haare auf ihrer Oberfläche nicht immer winkelrecht
stehen, ist diese Raupe nur hin und wieder mit einzeln braunen Härchen bewachsen, als am Kopfe, an
der Schwanzklappe, den Füßen, am Vorderrande der
auf jedem Ringe am hintern Ende stehenden schwarzen
Flecken, auch auf den weißlichen Flecken und zwischen
den Wärzchen; aber auf den sammetschwarzen Flecken,
dem Rücken, und am Unterleibe finden sich keine
Haare.

Die Futterarten dieser Raupe sind verschieden.
Hr. Fabricius und Paſt. von Scheven geben den
Sallat an; lezterer ist der Meinung, daß sie zu den
Vielfraßraupen gehöre; Hr. v. Rottemburg sagt,
sie nähre sich vom Nagelkraut, (Hieracium Pilosella)
und Hr. Füeßlin von Schmalgräsern.   Hr. Huf-
nagel und die Wiener fanden sie am Löwenzahn,
(Leontodon Taraxicum) mit welcher Pflanze ich die
Meinigen auch erzogen habe.

Diese Raupe lebt in ihrer Jugend, wie ich glaube, sehr versteckt an der Erde unter Kräutern; denn ich habe an denen Orten, wo ich die Erwachsenen bekam, noch niemals Junge finden können. Ihre dunkle braunschwarze Farbe ist zwar hieran mit Schuld; aber diese würde bei sorgfältigen Nachsuchen es allein doch nicht verhindern können, daß sie nicht einmal angetroffen würden. Gesellig sind sie gar nicht a). Man findet sie in der Natur allemal einzeln, und eben dieß macht es schwer, sie in ihrem jüngern Alter zu erhalten. Sie sind ungemein gefräßig. Wenn sie Hunger haben, ist ihnen jede Tagszeit gleich. Ihre Verdauung ist stark und geschwind. Denn nach ihrer Sättigung vergehen nicht drei Stunden, so ist ihr Hunger völlig wieder da, an Statt, daß andre Raupen mehr als die Hälfte des Tages ohne Fraß zubringen. Während ihrer Ruhe sind sie gestreckt, und erhalten sich auch in dieser Lage, wenn sie gleich beunruhiget werden. Ich habe niemals gefunden, daß sie den Leib gekrümmet, oder sonst einige Vertheidigungsmittel gezeigt hätten. Denn sie sind zu träge, wahre Phlegmatiker in ihrer Art, und suchen ihre ganze Sicherheit nur darinn, daß sie sich verbergen, wobei ihnen ihre Farbe sehr gut zu statten kömmt.

Das Ei, woraus diese Raupen kommen, ist Tab. II. fig. 1. b. natürlich und fig. 2. vergrößert abgebildet. Wenn man von einer Kugel etwas weniger als den vierten Theil des Durchmessers abschneidet,

a) Hr. Hufnagel sagt a. a. O. sie sei einigermaaßen gesellig. Ich werde weiter unten das Gegentheil davon darzuthun suchen.

an der gemachten Ebene rund umher die scharfe Kante
abrundet und sie um ihren Mittelpunkt etwas austieft,
so erhält man die völlige Gestalt eines solchen Eies,
dessen Oberfläche ganz glatt und so glänzend ist, als
wenn sie mit Firniß überzogen wäre. Die untere ho-
le Fläche ist bräunlich und mit dunklern Punkten ge-
sprengt; der untere äußere Rand Tab. II. fig. 2. a.
fällt ins Weißliche und ist mit blaßbraunen Pünktchen
gefleckt. Eben so sind auch die beiden Ringe bei b und
d gefärbt. Die Gürtel aber zwischen a und b und b
und d haben die Farbe des Bodens, und die obere etwas gedruckte Fläche bei c ist schwarz.

Die Art, wie sich das junge Räupchen aus diesem Behältnisse in seine Freiheit zu sezen sucht, ist sehr
regelmäßig und verdient daher einige Aufmerksamkeit.
Es macht sich mit seinen scharfen Zähnen in dem Gürtel zwischen b und d eine Oefnung, wovon die untere
Seite fig. 3. bc mit der Grundfläche und die obere ab
mit der Are parallel läuft. Diese Oefnung ist gerade
so groß, daß das Räupchen heraus kommen kan.
Die von der Schale abgenagten Stücke sind seine erste Nahrung. Mehrers aber verzehrt es davon nicht.

Aus Eiern, welche den eilften und zwölften Weinmond gelegt und immer in kalter Luft geblieben waren,
kamen die jungen Räupchen den eilften, zwölften und
dreizehnten Wonnemond des folgenden Jahrs, also
nach sieben vollkommenen Monaten aus. Ihr Kopf
war stärker, als der Leib, der sich von da an bis zum
Schwanzende verjüngte. Auf dem Rücken der Ringe
standen vier Pünktchen und an jeder Seite eins. Sie
waren alle mit kleinen Haarbüscheln besezt. Die bei-

den Hintersten am Rücken hatten ein vorzüglich langes
Haar. Der Kopf und ganze Leib war schwarz. Auf
dem Rücken des zweiten und dritten Ringes bemerkte
ich zwei länglichte Flecken von bräunlicher Farbe und
einen ähnlichen an jeder Seite des ersten, vierten und
der folgenden Ringe. Nachdem diese Räupchen eine
Länge von drei Linien erreicht hatten, legten sie den
achtzehnten und neunzehnten desselben Monats ihre er=
ste Haut ab. Es äußerte sich dadurch sonst keine
Veränderung an ihnen, als daß ihr Kopf gegen den
Leib schwächer und die bräunlichen Flecken auf dem
zweiten und dritten Ringe deutlicher wurden. Sie
verloren diese zweite Haut den neun und zwanzigsten
und dreißigsten Wonnemond bei einer Größe von sechs
Linien. An der neuen hatten sich die bräunlichen Fle=
cken an den Seiten des ersten, vierten und der folgen=
den Ringe verloren. Am Rücken zeigten sich braune
Haare und an jedem Ringe kamen sammetschwarze Fle=
cken zum Vorschein. Sie waren schon einen Zoll und
zwei Linien lang, als sie den zehnten und eilften Brach=
mond ihre dritte Haut abstreiften, und darauf diejeni=
ge Größe, Gestalt und Farbe erhielten, die ich vor=
hin beschrieben habe. Ihre Häutungen überstanden
sie alle mit vieler Leichtigkeit; denn ich habe nicht be=
merkt, daß einige daran gestorben wären.

So sorgfältig ich für ihre Reinlichkeit und Erhal=
tung bemüht war, denn ich gab ihnen täglich dreimal
frisches und gesundes Futter; so brachte ich dennoch
von achtzig Stücken nicht mehr als sechszig zu ihrer
völligen Größe, die sich vom drei und zwanzigsten bis
zum dreißigsten Brachmond zu ihrer Verwandlung

anschickten. Einige giengen in die Erde; andre, benen ich diese nicht gegeben hatte, versteckten sich unterm
Laube. Jene gruben sich eine kleine Höhlung, deren
innere Wände, wie ich nachher untersuchte, so wenig
mit Gespinnst als einem gummiartigen Saft befestiget
waren. Diese machten nicht die geringste Anstalt zu
irgend einem Behältniß, sondern verpuppten sich so wie
die andern, nachdem sie acht Tage ruhig gelegen hatten a).

Die größten Puppen, so ich erhielt, erreichten
kaum die Länge eines Zolls, und ihre Dicke war etwas über vier Linien b). Ihre Oberfläche ist schagrinartig. Das Gesicht etwas hervorstehend; aber die
Augendecken undeutlich. Die Luftlöcher fallen stark in
die Augen. Auf dem Rücken des ersten Ringes befinden sich zwei länglichte über zwerg stehende Auswüch-

a) Die Wiener zählen diese Raupe unter diejenigen, welche sich über der Erde in einer hartschaligten walzen-
förmigten Hülse verwandeln: Ich glaube aber, man
muß sie unter die Ausnahme rechnen.

b) Nach dem Verhältnisse einer Raupe von 2 Zoll 8 Lin.
scheint diese Größe der Puppe eben nicht beträchtlich
zu sein, zumal wenn wir diejenigen damit vergleichen, die wir gewöhnlich von den nicht größern Raupen der Ph. Bomb. Quercus und Trifolii erhalten.
Ich bin der Meinung, daß unsre Raupe mehr wäß-
richte Theile in sich enthält, die sich von der Zeit an,
da sie aufhört zu fressen, bis dahin, daß sie sich verpuppt, durch Ausdünstung verlieren. Dieser über-
flüßigen Feuchtigkeit ihres Körpers schreibe ich es
auch zu, daß mir viele Puppen von denen, die ich
in frische aber doch nicht zu feuchte Erde, wie ich
glaubte, kriechen lassen, vorzüglich von meinen größten Raupen verschimmelt waren. Ich würde daher
anrathen, ihnen keine Erde zu geben.

se, und hart an diesen nach der Schwanzspize zu zwei
länglichte Vertiefungen. Ich getraue mich nicht, den
eigentlichen Nuzen derselben zu bestimmen. Der lez=
te Ring läuft nicht kegelförmig aus, sondern er ist ab=
gekürzt, so daß das Ende desselben eine unebene Fläche
ausmacht, die zu beiden Seiten erhabener ist, als in
der Mitte. Am Rücken dieses Ringes steht die ei=
gentliche Schwanzspize, welche über eine Linie lang,
an der Wurzel eine Linie breit aber nicht halb so dick
ist, und in zwei Spizen ausgeht, die ein wenig ge=
krümmt sind; überdies noch an jeder Seite gewöhn=
lich mit vier auch mehr oder wenigern Dornspizen ver=
sehen ist. An der Wurzel dieser Schwanzspize be=
merke ich zu beiden Seiten eine Vertiefung von einer
beinahe halben Linie. Ich vermuthete anfangs, daß
beide Vertiefungen an einander stießen und also eine
völlige Oefnung quer durch die Schwanzspize gienge;
allein bei näherer Untersuchung fand ich das Gegen=
theil.

Die Farbe dieser Puppe ist ganz dunkel braun=
roth.

Die Schmetterlinge kamen am Ende des Herbst=
monds und im Anfange des Weinmonds zum Vor=
schein.

Das Männchen hat kurze ochergelbe Fühlspizen.
Die Augen sind schwarz. Die Haare am Kopfe kurz
und borstenartig. Ihre Farbe gleicht den Fühlspizen.
Die Fühlhörner haben recht breite Kämme. Die
Seitenfasern sind am Ende stumpf, doch dünner als
in der Mitte und an der Wurzel. Das Ende ist
mit einem starken borstigen Haare und die innere Seite

mit zwei Reihen dergleichen Härchen beſezt. Ihre
Farbe iſt nußbraun. Die Spule gelb. Der Halskragen und Rücken haben langes bräunlich gelbes
Haar. Auf dem Rücken der Ringe iſt es kurz und
braun; in den Einſchnitten gelb und ſo lang, daß es
die Ringe zum Theil bedeckt; an den Seiten aber ſehr
zotticht. Der Unterleib fällt ins Gelbe. Zwei am
After befindliche Haken hat dieſer Schmetterling mit
mehrern Arten gemein.

Die Grundfarbe der Flügel iſt recht dunkel nußbraun a), und am Rückenwinkel bräunlichgelb. Eine hin und hergebogene veilchengelbe Querbinde geht
durch alle vier Flügel, in den vordern unter, und in
den hintern über der Mitte und breiter. Ueber derſelben ſteht auf dem Oberflügel ein gleichfarbiger Flecken b), der auf den untern klein und etwas verwiſcht
iſt c). Der Saum iſt an allen Flügeln gelb. Auf
den Hinterflügeln iſt der äußere Rand über dem Saum
eben ſo gefärbt.

Auf der Unterſeite iſt die gelbe Binde in den hellbraunen Grund vertrieben, und die darüber ſtehenden
Flecken undeutlich, weil der Grund, worauf ſie ſtehen,
mehr ins Gelbe fällt. Eine gleiche Farbe haben die
Rippen der Flügel. Der Saum iſt bräunlich. Die

a) Da das Nußholz von verſchiedener Farbe iſt, ſo finde
ich es für nöthig zu beſtimmen, daß ich unter nußbraun überhaupt diejenige Farbe verſtehe, welche
man aus den grünen Schalen der Wallnüſſe gezogen hat.

b) Nach Linné dreieckichter. Dieß trifft aber bei den
wenigſten Exemplaren zu.

c) Daher er vermuthlich vom Linné überſehen worden.

Hüften und Schenkel der Füße sind weißlich, die Fußblätter und Klauen dunkelbraun.

Das Weibchen unterscheidet sich außer seiner
Größe und der Stärke des Hinterleibes vorzüglich in
folgenden. Die Fasern an den Fühlhörnern sind kürzer und haben mit der Spule einerlei Farbe. Das
Haar am Rücken und Hinterleibe ist nicht so lang und
der Grund der Oberflügel blässer. Die Unterseite der
Flügel ganz gelb.

Die Fiederchen, womit die Flügel dieses Spinners besezt sind, haben nicht die Gestalt kleiner Schuppen, sondern sie bestehen aus drei Stacheln, welche
an dem Ende, wo sie im Flügel stecken, zusammen gewachsen sind. Daher kömmts, daß, wenn man die
Flügel mit einem schwachen Vergrößerungs Glase ansieht, selbige mit bloßen Haaren bedeckt zu sein scheinen.

In einer ruhigen Lage hält dieser Spinner die Flügel dachförmig. Wenigstens habe ich es nicht bemerkt,
daß die Unterflügel unter den Obern hervor gekommen
sind a). Das Weibchen sperrt im Sizen die Flügel
nach Art einiger Tagvögel oft auseinander (alae diua-
ricatae). Beide Geschlechter krümmen den Unterleib
unter sich und machen damit im Sizen mancherlei Bewegungen.

a) Einem aufmerksamen Beobachter werden dergleichen
Abweichungen von den Regeln des Sistems nicht
entgehen. Nach der Raupe und dem Bau des
Schmetterlings sollten die Unterflügel unter den
Obern hervortreten; allein die Natur bindet sich
nicht an unsre Sisteme. So gibt es im Gegentheil
Eulenarten, die zurückgeschlagene Flügel haben (alas
reuersas).

In einem Kaſten, deſſen innerer Raum wohl
zwei Kubikfuß enthält, konnte ich dieſe Art zu keiner
Begattung bringen. Ich ließ ſie daher im Zimmer
frei herum fliegen, wodurch ich vielen andern Arten
zur Paarung Gelegenheit gegeben habe. Ob ſie ſich
wirklich begattet gehabt, kan ich nicht ſagen. Das
Weibchen legte mir zwar Eier, aber ſie kamen nicht
aus. Ich lernte indeſſen aus der Art des Eierlegens,
daß man die Raupen unſers Spinners nicht zu den
Geſelligen rechnen müſſe; denn das Weibchen legte niemals mehr als zwei bis drei Eier an eine Stelle,
und dieſe wählte es weit aus einander.

Dasjenige Weibchen, aus deſſen Eiern ich meine
Raupen gezogen hatte, war mit einer Nadel auf ein
Bret feſtgeſteckt, und gleichwohl konte es, ungeachtet
die Eier auf einen Haufen zu liegen kamen, ihnen eine ſolche Lage geben, daß an keinem einzigen derjenige
Gürtel, wo das Räupchen durchbrechen mußte, von
andern Eiern ganz bedeckt worden wäre. Tab. II.
fig. 1. a.

In Maders Raupenkalender iſt die in Röſels
Inſektenb. I. Nachtſ. 2 Kl. t. 35. a. fig. 4. 5. abgebildete Phaläne für die linneiſche Phal. Dumeti aus-
gegeben. Es iſt aber dieſelbe zuverläßig eine ganz andre Art und eben diejenige, deren Raupe Reaumür
la Chenille du gazon a), die wiener Entomologen b)
aber Phal. B. Trifolii nennen. Ich habe ſie oft gezogen und kenne ihren Unterſchied genau.

a) Reaum. Inſ. T. I. p. 520. Pl 2. fig. 19. ed. 4.

b) Siſt. Verz. d. Schm. d. W. G. S. 57. Nr. 4. Wie-
ſenkleeſpinner, B. Trifolii.

6.

PHALAENA BOMBYX MENDICA,

die Bettlerinn.

m. *long.* lin. 6⅓. *lat.* 4.

f. — — 7⅓ — 4⅔

Linn. S. N. ed. 12. p. 222. no. 47. Phal. Bombyx elinguis cinerea tota, femoribus luteis. (Das Männchen).

Faun. Suec. ed. 2. p. 299. no. 1127.

Müllers Linn. Naturf. 5 Th. 1 B. S. 666. Nr. 47. Der
Bettler.

Rai. Inf. p. 196. Phalaena e mediis minuscula, alis et
corpore albis cum paucis punctis nigris. (Das
Weibchen).

Siftem. Verz. der Schm. b. W. G. S. 54. F. Hasenraupen, laruae celeripedes. Gelbfüßige Spinner,
Phal. Bomb. Luteopedes. Nr. 3. Frauenmünzen-
spinnerraupe, (Tanaceti Balsamitae). Frauenmün-
zenspinner.

Reaum. Inf. Tom. I. Mem. 2. p. 95. tab. 2. fig. 16. 17.
la Chenille de la vigne, ou du Coq des jardins.
Tom. II. Mem. 2. p. 61. tab. 1. fig. 5. 6. ed. 4. (Das
Männchen).

Clerc Phal. tab. 3. fig. 5. Phal. Mendica. (Das Männchen).

Süeßl. Schw. Inseft. S. 35. Nr. 664. Phal. Mendica,
der Bettler.

Berl. Magaz. II. S. 424. Nr. 45. Phal. Murina, die
Mausmotte. (Das Männchen).

Naturf. VIII. St. S. 109. Nr. 45. Phal. Murina ist Phal.
Mendica L. (b. Rottemburg).

Fiſchers N. G. von Livl. S. 152. Nr. 354. Phal. Mendica, die Bettlerinn.

Gözens Entom. Beitr. 3 Th. 2 B. S. 339. Nr. 47. Ph.
B. Mendica, der Bettler.

Jungs Verz. europ. Schmett. S. 88. B. Mendica.

Descr. Larua Tab. II. fig. 7. e fufco viridis, linea
directa dilutiore in medio dorfo, laterali vna
tenuiori ac vix confpicua. In fingulis fegmentis fetarum rufefcentium fcopulae infitae funt
verrucis, quarum in duodecimo duae, in primo tres, fecundo ac tertio quatuor, vndecimo
quinque, 4 — 10 fex in vtroque latere; 4, 5,
10, 11, 12 quatuor abdominales et duae in
caudae tegmine enumerantur.

Palpi maris Tab. II. fig. 12. longiufculi prominentes et *oculi* nigri. *Caput* cinereum. *Antennae* plumofae atrae. *Thorax* ac *tergum* villofa
e fufco murina. *Pectus* albet. *Venter* cine-
rafcit. Medium tergi ac latera linea occupat
directa e punctis nigris compofita, qua duplici
etiam venter exornatus eſt. *Alae* omnes tho-
raci concolores cum punctis nigris, quorum
numerus incertus pro indiuiduis variat. Pedum primorum *tibiae* villofae pallide aurantiae fubtus albefcentes. *Tarſi* nigri.

Foemina maior Tab. II. fig 13. *Antennae* fetaceae nigrae rachi apicis albae. *Alae* omnes totumque corpus pro fufco murino atque cinereo

colorem lacteum accipiunt. Reliquum mari fi-
milis.

Die Raupe Tab. 2. fig. 7. erreicht gewöhnlich die
Länge eines Zolls und darüber. Ihr walzenförmiger
Leib ist in der Mitte zwei Linien dick und nimmt nach
beiden Enden ab, daher der erste und zwölfte Ring
nicht viel über eine Linie stark ist. Ihr Kopf ist herzförmig und glänzend. Alle Ringe sind mit kleinen
Wärzchen besezt. Auf dem ersten Ringe sind drei,
auf dem zweiten und dritten vier, auf dem eilften
fünfe, auf dem vierten und folgenden sechs Ringen
sechs und auf dem zwölften zwei an jeder Seite. Sie
sind von verschiedener Größe. Die zunächst der Mitte
des Rückens auf den sieben mittlern Ringen sind am
kleinsten Tab. II. fig. 8. Die beiden Folgenden nehmen an Stärke zu; aber die drei Untersten werden
verhältnißmäßig wieder schwächer. Eben so verhält
sich auch die Größe der Seiten- und Rückenwarzen auf
den übrigen Ringen. Außer diesen finden sich noch
vier dergleichen am Unterleibe des 4, 5, 10, 11 und
12 Ringes, wovon die Aeußern größer sind, als die
beiden Mittlern. Auf der Schwanzklappe stehen
zwei. Alle diese Wärzchen sind mit steifen Haaren
besezt, die an den Seiten feine Dornspizen haben
Tab. II. fig. 9. und zwar auf eine solche Art, daß
ein jedes Haar auf der halbrunden Fläche der
Warze senkrecht steht; daher ihnen die Gestalt eines
Haarbesens, an welchem das Haar auf eine halbrunde Fläche gesezt ist, sehr nahe kömmt a).

a) Reaumür fand es unbequem, dergleichen Warzen zu

D

Da aber die Haare bei Raupen von verschiedenen Arten auf die Warzen unter einerlei Winkel gesezt sind, so kan ihre Lage kein Unterscheidungszeichen
abgeben.   Daher halte ich die Anzahl der Warzen
wohl nicht für das einzige, doch mit andern Merkma-
len zusammen genommen, für ein sichers Mittel, den
Unterschied sehr ähnlicher Raupen zu bestimmen. Daß
übrigens das Zehlen der Warzen dem großen Mann
beschwerlich gewesen sein muß, zeigt sich auch daraus,
daß er unsre Raupe zu denen gerechnet hat, deren
Ringe mit zehn Wärzchen besezt sind.

An den Bauch- und Schwanzfüßen haben sie einen halben Zirkel kleiner Häkchen.

Der Kopf und die Brustfüße sind blaßrostfarbig.
Der Leib ist blaßbräunlichgrün, am Rücken mehr
bräunlich.   Längs der Mitte des Rückens ist eine zarte Linie von etwas hellerer Farbe, als der Leib. Auf dem
vierten und den folgenden sieben Ringen stehen mitten

zehlen, weil er es für leichter hielt, die Verschiedenheit der Raupen, deren Leib damit geziert ist, aus
der Art zu erkennen, wie die Haare darauf gesezt
sind. Er sagt:

"Il y a des chenilles qui, sur chacun de leurs
anneaux, ont douze de ces tubercules, ou douzes
touffes de poils; d'autres n'en ont que dix, que
huit ou que sept, d'autres n'en ont que six, d'autres
n'en ont que quatre; ces différents nombres de
touffes ou de tubercules d'un même anneau peu-
vent charactériser des genres. Comme il est pour-
tant difficile de compter le nombre des touffes des
anneaux de quelques chenilles, on aimera peut
— être mieux tirer les characteres de genres de la ma-
niere dont les poils sont implantés sur ces tubercules; ce qui est plus aisé à appercevoir que le nombre des houppes. Tom. I. Mem. 2. p. 84.

auf dem Rücken ein Paar kleine mit einigen Härchen
besezte schwarze Punkte. Auf eben denselben Ringen
sind die Wärzchen in der zweiten Reihe von oben an
der untern Seite schwarz. Die Haare sind hellfuchs-
roth.

Diese Raupen leben so wie die von der Phal. Lubricipeda und andern hiezu gehörigen Arten von mancherlei Kräutern. Reaumür fütterte sie mit Wein-
laube, und Frauenmünze (coq des jardins, tanacetum balſamita Lin.) Röſel mit Moosdiſtel. Bei
mir haben ſie gefreſſen: gemeinen Otterkopf, (echium
vulgare) Sallat, (lactuca ſativa) Sauerampfer,
(rum. acetoſa) Schafampfer, (rumex acetoſella) ſpi-
zigen Wegerich, (plantago lanceolata) Ehrenpreis
mit dem Epheublatte, (veronica hederifolia) weiße
Taubeneſſel, (lamium album) Lichtröslein mit ganz
getrennten Geſchlechtern, (lychnis dioica).

Eine bekannte Eigenſchaft dieſer Raupen iſt ihre
große Schnelligkeit im Laufen, daher ſie auch den Namen Haſenraupen erhalten haben. Sie leben jung
einigermaaßen geſellig.

Der Schmetterling erſcheint gewöhnlich im Brachmond. Ein in meinem Zimmer begattetes Weibchen
legte mir binnen acht Tagen 360 Eier an acht verſchiedene Stellen des Behältniſſes, worinn es eingeſchloſ-
ſen war. Die gelegten Eier waren neben einander
ſchief übers Kreuz in einer Fläche geordnet, von weißlich gelber Farbe.

Die erſten Räupchen erſchienen nach zehn Tagen
und ſo nach und nach die übrigen, je nachdem ihre
Eier früh oder ſpät gelegt worden. Nach zehn Tagen

häuteten sie sich zum erstenmal. Eben so lange behiel-
ten sie die zweite Haut. Die Folgende hatten sie nur
acht bis neun Tage. Nachdem sie sich zum dritten-
mal gehäutet hatten, waren sie erst vier bis fünf Linien
lang, so wie sie Tab. II. fig. 5. abgebildet worden,
erreichten aber vor der lezten Häutung die Größe von
neun Linien Tab. II. fig. 6. Und nun zeigte sich schon
an ihnen die ganze Gestalt der ausgewachsenen Raupe.
Allein ihre Farbe war schimmelfarbig mit etwas Bräunlichen vermischt. Der Kopf hellbraun und ein ähnlicher Flecken auf dem Rücken des fünften und eilften
Ringes. Die oberste und dritte Reihe der Wärzchen
hatte die Farbe des Leibes, die übrigen waren schwarz,
so wie die Füße. Ueber die Mitte des Rückens und
an den Seiten zog längshin eine zarte blasse bei einigen
sehr undeutliche Linie. Das Haar auf den Warzen
war noch blaßgelb. In ihrer ausgewachsenen Größe
haben wir sie schon kennen gelernt. Ich seze nur noch
hinzu, daß sie solche vom Ei an in zwei und einem
halben Monate völlig erreichten. Man findet sie daher im Herbstmond gewöhnlich ganz erwachsen, oft
auch erst im Weinmond, nachdem ein früher oder später Sommer es mit sich bringt.

Sie machen sich in der Erde oder an der Oberfläche untern Blättern ein leichtes bräunliches Gewebe, worinn sie sich verpuppen.

Die Puppe Tab. II. fig. 10. hat der äußern Gestalt nach eine große Aehnlichkeit mit der von der Phal.
Lubricipeda und den mit ihr verwandten Arten. Ihre Oberfläche ist mit vielen getieften Punkten bestreut a),

a) Superficies perforata.

dabei aber glänzend und von rothbrauner Farbe. Das,
wodurch sie sich am meisten unterscheidet, ist ihre
Schwanzspize Tab. II. fig. 11. Diese hat an der
Rückenseite vier und am Bauche sechs walzenförmige
Stäbe von ungleicher Länge, welche insgesammt am
Ende mit einem Knopfe versehen sind und hier die
Stelle der sonst gewöhnlichen Häkchen versehen. Denn
wenn sich die Seide einmal in diese Stäbchen verwickelt hat, so kan sie der Knöpfe wegen nicht leicht ab-
gleiten, und hält daher die Puppe beim Ausschlupfen
des Schmetterlings so fest, als es zu diesem Endzweck
erforderlich ist.

Die Fühlspizen des männlichen Schmetterlings
Tab. II. fig. 12. sind länger, als der Kopf und stehen
gerad aus. Eine kohlschwarze Farbe haben die Augen
mit ihnen gemein. Der Kopf ist aschgrau. Die
Fühlhörner sind kammförmig. Ihre Fasern haben
an den beiden innern Seiten eine Reihe feiner Härchen. Die Farbe ist ganz schwarz. Der wollichte
Rücken und Oberleib hat eine Razenfarbe, oder ein
Mausefahl, das mit etwas Braun vermischt ist. Die
Brust fällt ins Weiße. Der Unterleib ist aschfarbig.
Mitten auf dem Rücken eines jeden Ringes steht ein
schwarzer Flecken. Dergleichen finden sich auch an
jeder Seite und zwei am Unterleibe, also überhaupt
fünf Reihen von solchen Flecken am Hinterleibe. Alle
Flügel haben die Farbe des Rückens und sind mit
schwarzen Punkten mehr oder weniger gefleckt. Die
Schenkel der vordern Füße sind zotticht, oben blaßpomeranzenfarbig, unten weißlich. Die Fußblätter
schwarz.

Das Weibchen Tab. II. fig. 13. ist größer. Seine borstenähnlichen Fühlhörner haben an beiden Seiten feine Härchen. Die Spule ist oben und unten schwarz bis auf die Spize, welche so wie die Seiten weißlich ausfällt. Der ganze Leib und die Flügel sind milchweiß. Diese mit einer ungewissen Anzahl von schwarzen Flecken bezeichnet a). Die übrigen Theile haben mit dem Männchen einerlei Farbe.

Ehe ich zur Beschreibung eines andern Insekts übergehe, will ich noch einer Stelle des Reaumür gedenken, worinn dieser sonst scharfsichtige Entomologe der Meinung ist, daß es von der Ph. Lubricipeda zweierlei Männchen gebe. Er rechnet dahin erstlich das gewöhnliche und dann zweitens das Männchen von unsrer Phal. Mendica. Dieß sind ungefehr seine Worte b):

a) Einige Entomologen haben sich die Mühe genommen, die Anzahl und Ordnung dieser Flecken ganz genau anzugeben. Besonders Rajus. Er zehlt auf den Oberflügeln sechs bis sieben und auf den Untern sechs dergleichen Flecken und bestimmt ihre Lage. Hr. Hufnagel bemerkt nur einen Punkt in der Mitte der Oberflügel, und Hr. v. Rottemburg ihrer zween. Ich halte es für unnüz, alle Abänderungen, welche ich gesehen habe und selbst besize, mit der Anzahl der Flecken zu beschreiben. Sie weichen darinn eben so sehr von einander ab, als die Phal. Lubricipeda, welche ich mit einem, zween, drei u. s. f. Flecken gesehen habe. Ich besize ein Exemplar, das gar keine Flecken hat, und würde mich daher nicht verwundern, wenn sich dergleichen Abänderung auch bei unsrer Mendica finden sollte. Diese Flecken sind daher kein wesentliches Kennzeichen ihrer Art; am wenigsten aber deren Anzahl und Ordnung.

b) Tom. II. p. 60. ed. 4.

„Wir haben mehrmal von einer sehr haarichten
Raupe geredet, die wir wegen der Geschwindigkeit ihres Ganges den Hasen genannt. Wir haben gesagt, daß sie ihr Kokon in der Erde und
von Erde mache, worinn sie sich in eine glänzend-
schwarze Puppe verwandle. Es war gegen das
Ende des Heumonds und im Erndtemond, daß
viele von diesen Raupen in die Erde giengen, in
einer großen Büchse, worinn ich sie fütterte. Ihre Puppen blieben darinn den ganzen Winter;
und die ersten Schmetterlinge von diesen Raupen
kamen nicht eher, als im Anfange des Brachmonds zum Vorschein. Es sind Nachtschmetterlinge mit federförmigen Fühlhörnern, welche
keine merkliche Saugspize haben. Sie lassen uns
recht eigentlich wahrnehmen, wie sehr die Farben
des Männchens manchmal von den Farben des
Weibchens verschieden sind. Alle weiblichen
Schmetterlinge von dieser Art, welche ich gehabt
habe, hatten auf der Oberseite ihrer Vorderflügel
ein schönes Weiß und auf dem Weißen eines jeden Flügels vier bis fünf Reihen schwarzer Punkte, die oft mit der Basis des Flügels parallel waren. Die Unterseite der vier Flügel ist weiß; das
Weibchen trägt sie dachförmig. Ihre Stellung
hat bisweilen etwas besonders; sie nehmen über
dem After des Schmetterlings eine Gestalt an,
die mit dem Vordertheile eines Schiffs Aehnlichkeit hat. Seine Fühlhörner sind schwarz und
seine Schenkel braunschwarz; der Hinterleib ist
oben großentheils gelb, wie abgestorbene Blät-

ter (feuille morte) und unten schwarz und
weiß.

Ich habe männliche Schmetterlinge gehabt,
von den nämlichen Raupen, die von den weiblichen nur durch die Schönheit ihrer Fühlhörner
und darinn unterschieden waren, daß die Flügel
über dem Rücken ein spiziger Dach machten; sonst
waren sie eben so weiß und mit schwarzen Punkten
auf eine ähnliche Art gefleckt. Aber ich habe von
denselben Raupen männliche Schmetterlinge gehabt, bei welchen die ganze Oberseite der Vorderflügel bräunlich mausefahl war; ihre vordern
Schenkel und alles, was ihren Kopf umgab, hatte die Farbe abgestorbener Blätter und der übrige
Theil des Leibes war mit weißen etwas ins Graue
gemischten Haaren bedeckt. Aber die Unterseite der Vorderflügel, und beide Seiten der Hinterflügel waren grau. Ich hätte kaum einen so
grauen Schmetterling für das Männchen eines so
weißen Weibchens angenommen, wenn ich nicht
gesehen hätte, daß es sich auf dasselbe sezte, als
ob es sich mit ihm begatten wollte, und daß es in
dieser Stellung mehr als sechszehn Stunden beständig sizen blieb; und wenn ich in der Folge
nicht mehrere von diesen nämlichen Schmetterlingen gehabt hätte, die bei mir aus Hasenraupen
gekommen waren, welche weiße Weibchens mit
schwarzen Flecken geben."

Wer diese Stelle mit einiger Aufmerksamkeit liest,
der wird sehr leicht bemerken, daß der Verfasser zuerst
das Weibchen und dann das Männchen von der Phal.

Lubricipeda L. beschrieben hat, und daß das bräunlich
graue zulezt beschriebene Männchen eben dasjenige sei,
welches nicht nur ich, sondern auch andre Entomologen für den männlichen Schmetterling der Phal. Mendica L. bisher gehalten haben.

Ich habe die Raupen von beiden Arten oft und in
großer Menge gefüttert, Schmetterlinge von ihnen
gezogen und nie ist mir der Fall vorgekommen, daß
ich aus denen der ersten Art Männchen von der lezten
Art erhalten hätte. Gleichwohl verdient die Bemerkung eines so großen Insektenforschers, als Reaumür war, größre Achtung, als gerade zu ihre Richtigkeit in Zweifel zu ziehen.

Ein jeder aber, der die Raupen von der Phal.
Lubricipeda häufig gesammlet und auf die Verschiedenheit ihrer Farben einige Aufmerksamkeit gewandt
hat, wird es mir gewiß einräumen, daß sie darinn
den Raupen von der Ph. Mendica oft so nahe kommen, daß, wenn man keine sichrern Kennzeichen als
diese hat, auch der geübteste Kenner nicht im Stande
sein werde, beide Arten, besonders in noch jüngerm
Alter immer genau zu unterscheiden. Und dieß, glaube ich, war der Fall beim Reaumür. Denn Tom. II.
S. 108. sagt er bei der Erklärung der ersten Kupfer-
tafel "es gäbe drei Arten von Hasenraupen; die erste
Art sei ganz schwarz und habe einen röthlichen oder fast
rothen Kopf. Die Farbe von einer andern Art sei
bräunlich roth. Eine dritte Art habe beinahe schwarzes Haar und längs dem Rücken einen dunkelgelben
Streiff." Daß aber die hier beschriebene erste und
zweite Art nur eine und gerade die von der Ph. Lubri-

cipeda L. ſei, weis ich aus einer vielfältigen Erfahrung ganz genau. Uebrigens erhellet aus der angeführten Stelle ſo viel, daß Reaumür den eigentlichen
Unterſchied der Haſenraupen ganz allein nach den Farben, alſo nach einem bei dieſen Arten ſehr unzuverläßi-
gen Kennzeichen beſtimmte. Und eben dieß war die
Urſache, daß, da er aus wirklich verſchiedenen, obgleich ähnlich gefärbten Raupen, auch zweierlei Schmetterlingsarten erhielt, er ſolche nach ſeiner Vorausſezung nur für eine und dieſelbe Art anſah.

Aber ſollte denn wohl unter Schmetterlingen von
verſchiedener Art eine Begattung Statt finden? Ob
ich dieß gleich nicht in Abrede ſein will; denn warum
ſollte das, was bei andern Thieren geſchieht, nicht
auch unter ſo nah verwandten Schmetterlingen in Ermangelung der rechten Art geſchehen können? ſo habe
ich gleichwohl noch lange nicht Bemerkungen genug
gemacht, um ſolches mit Gewisheit zu behaupten.
Allein es wird auch nicht nöthig ſein, dieſes anzuneh-
men, um das Gegentheil von der obigen Bemerkung
darzuthun. Reaumür ſagt eigentlich nicht, daß ſich
das graue Männchen mit dem weißen Weibchen (der
Lubricipeda) begattet hätte; ſondern nur, daß es ſich
auf ſelbiges geſezt habe, als wenn es ſich mit ihm begatten wollte a). Sehe ich nun die Abbildungen an
Tab. I. fig. 5. 6. worinn der auf dem Weibchen ſizen-
de männliche Schmetterling entworfen iſt, ſo finde ich
denſelben mit dem äußerſten Theile ſeines Hinterleibes
gerade auf dem Rücken (in thorace) der weiblichen

a) Si je ne l'euſſe vû ſe poſer ſur elle comme pour s'y
　　accoupler.

Phaläne ſizen, in einer Stellung, worinn das Be=
gattungsgeſchäfte bei Schmetterlingen noch nie bemerkt
worden iſt, und die auch Reaumür ſelbſt nicht dafür
anſehen konnte, wenn er nicht die Einheit der Art
ſchon vorher angenommen hatte. Daß ſich aber ge=
dachtes Männchen auf einen weiblichen Schmetter=
ling andrer Art ſezte und ſo lange ſizen blieb, das
wird Niemand befremden, der deſſen hizige Natur
und ganz uneingeſchränkten Triebe in ſeinen Liebeswer=
ken kennt.

Der zweite Grund, den Reaumür anführt,
daß er noch mehr dergleichen graue Schmetterlinge
aus Haſenraupen erhalten habe, woraus er weiße
Weibchen mit ſchwarzen Flecken gezogen, würde dann
nur ſeiner Meinung ein ſtärkers Gewicht geben, wenn
ſeine Vorausſezung, daß die Raupen von einer Art
geweſen, gegründet wäre a).

a) Hieraus wird man ſich die beim Degeer T. 1. Quart. 1.
S. 135. Ueberſ. vorkommende Schwierigkeit leicht
erklären können. Man vergleiche noch Naturf.
8. St. S. 104. Nr. 25. 26.

7.

PHALAENA HETEROGENEA CRVCIATA,

das rothe Kreuz.

Phal. Heterogenea clinguis, alis deflexis nigro-
fuſcis, fimbria practer apicem dilutioribus.

long. lin. 4. *lat.* lin. 2¼.

Deſcr. Larua Tab. 3. fig. 1. a. ouata, hexapoda. Caput abſconditum flauum.   Corpus viridefcens,
cruce ſanguineo; macularum flauefcentium ordinibus directis in interſtitiis quinque in ſegmentis ſex in dorſo perforatum.

Pupa Tab. III. fig. 8. 9. incompleta, fuſca, in folliculo Tab. III. fig. 7. quiefcens, continet fin-
gulas inſecti partes tenui membrana incluſas.

Phalaena Tab. III. fig. 11. 12. vnicolor nigro-fuſca,
femina Tab. III. fig. 10. interdum buxea. *Oculi*
nigri.   *Antennae* filiformes.   *Alae* tortriciſor-
mes.   *Tibiae* flauefcentes.

Die Größten von dieſen Räupchen, wovon Tab.
III. fig. 1. a eine in natürlicher Größe abgebildet worden, bekommen eine Länge von 3¼ höchſtens vier Linien.   Ihre Breite am fünften und folgenden beiden
Ringen iſt etwa zwo Linien.   Vorn am zweiten Ringe ſind ſie mehr, als noch einmal ſo ſtark, wie am
leztern.   In ihrer Geſtalt haben ſie viel Aehnliches
mit denen Schildräupchen, woraus einige Arten von
Tagvögel kommen; ſie ſind aber in der Mitte verhältnißmäßig breiter, recht eiförmig und faſt wie Aſſeln

gestaltet. Ihr Rücken ist in der Länge gewölbt, und macht eine Bogenlinie Tab. III. fig. 3. a b, deren Krümme mehr oder weniger stark ist, nachdem sich die Raupe zusammenzieht oder ausdehnt; in der Breite aber ist er etwas flach. Daher kömmt es, daß, wenn sich das Räupchen ausstreckt wie Tab. III. fig. 1. a, sein Oberleib querüber im Durchschnitte einer Sphäroide ähnlich ist, Tab. III. fig. 4. Zieht es sich aber zusammen, so wie es in der vergrößerten Abbildung Tab. III. fig. 2. vorgestellt worden; so bekömmt der Oberleib im Durchschnitte die Gestalt der fig. 5: am Rücken von a nach b ist er flachrund ausgetieft und an den Seiten ac und bc glockenförmig, nach oben einwärts und nach unten auswärts gebogen.

Der Kopf ist meist herzförmig, auf der Oberfläche sehr glatt und glänzend Tab. III. fig. 6. Die Augen sizen nicht, wie sonst gewöhnlich in derjenigen Ordnung, die ein lateinisches c bildet, sondern in gerader Linie und neben derselben am Ende noch ein Einzelnes. Zwischen den Freßspizen befindet sich auch derjenige Theil, wodurch die Seide gezogen wird.

Diese Art hat gleich andern Schmetterlingsraupen zwölf Ringe, die aber nicht gleich in die Augen fallen; denn wenn man sie in ihrer gewöhnlichen Lage betrachtet, bemerkt man nicht mehr als eilfe Tab. III. fig. 2. 3. Nr. 1 — 11. Und auch diese sind nicht so bald zu erkennen, wenn das Räupchen sich ausgedehnt hat, es sei dann, daß man schon näher mit ihm bekannt worden ist. Der zwölfte oder eigentlich der erste Ring ist bei dieser und andern hieher gehörigen

Arten a) von dem obern Schilde auf gewisse Art ab=
gesondert und unter dem zweiten und dritten Ringe
versteckt Tab. III. fig. 6. a b. Das Räupchen kan sol=
chen ganz über den Kopf herüber ziehen; und dieses
thut es auch allemal, wenn es in seiner Ruhe ist.
In einer solchen Lage sieht man den Kopf gar nicht.
Er ist gewissermaaßen in den Unterleib hineingedruckt
und von dem ersten Ringe ganz eingeschlossen.   Man
kan sich auch dadurch leicht täuschen lassen, und diesen
Ring eher für einen besondern Theil des Unterleibes,
als für das ansehen, was er wirklich ist b).   Zieht
sich das Räupchen zusammen, so lassen sich die übri=
gen eilf Ringe besonders die mittlern mit Hülfe einer
guten Lupe ziemlich deutlich erkennen, desto weniger

a) Z. B. Phal. Limacodes, die Schildmotte des Hr. Huf=
   nagels Berl. Mag. 3. B. S. 402. Nr. 78. Not. L.
   deren ganze Geschichte Hr. Kleemann in seinen Bei=
   trägen 1 Th. S. 321 — 328 beschrieben, und wovon
   er Tab. XXXVIII. eine sehr gute Abbildung sowohl
   der Raupe, als der Phaläne geliefert hat.

b) Hr. Kleemann sagt a. a. O. S. 323. "Obschon der
   Leib (gedachter Raupenart) aus zwölf Absäzen be=
   steht: so unterscheiden sich solche doch nicht so merk=
   lich, als an andern Raupen" und S. 324. fährt er
   fort: "Auf den Kopf folgt ein Theil von dem Leibe
   dieser Raupe, welcher bläulich grün ist, und eben
   so, wie der Kopf, von dieser Raupe, nach Belieben
   hervorgestreckt, oder eingezogen und unter dem Schilde
   verborgen werden kan." Diese beiden Stellen haben
   mir bei der Beschreibung unsrer Raupe einige Schwie=
   rigkeit verursacht.   Denn ich nahm anfangs, ohne
   an der Richtigkeit der kleemannschen Beobachtungen
   zu zweiflen, den ersten Ring für einen besondern
   Theil von dem Leibe dieser Raupen an, und bemü=
   hete mich daher vergebens, außer demselben noch
   zwölf Absäze oder Ringe an ihnen zu entdecken.

aber, wenn es sich ausstreckt. Allein auch in diesem
Falle hat sie die Natur durch fast untrügliche Merkmale von einander unterschieden. Denn in jedem Einschnitte mitten auf dem Rücken Tab. III. fig. 2. und
5. d. ist ein rundes Grübchen und ein ähnliches vorn
am zweiten Ringe Tab. III. fig. 6. c, welches hier zugleich zum Kennzeichen dient, daß schon ein Ring vor-
hergegangen sei. Zwischen zwei und zwei dieser Grübchen stehen wieder zwei aber kleinere Vertiefungen mit
jenen ins Kreuz auf den Ringen selbst Tab. III. fig. 2.
und 5. e, worunter aber die beiden auf dem zweiten
Ringe eine Ausnahme machen, welche größer, als die
in den Einschnitten, auch nicht rund, sondern länglicht dreieckicht und mit den Spizen nach dem Hintertheil gerichtet sind Tab. III. fig. 2. a. b. Ganz oben
am ersten Ringe sizen auch zwei kleine runde Grübchen,
nur an den lezten fehlen sie. Etwas weiter seitwärts
bei f. Tab. III. fig. 5. steht eine kleinere Vertiefung,
auch noch auf jedem Ringe, doch etwas schräg unter
jenen so, daß sie sich mehr vom Kopfe entfernt. Ohn-
gefehr in der Mitte der Seiten bei g. Tab. III. fig. 5.
zeigen sich eilf größre Grübchen in den Einschnitten,
wovon das lezte zwischen dem zwölften Ringe und der
Schwanzklappe steht. Nahe am Unterleibe etwa bei
h. Tab. III. fig. 5. ist wieder eine kleinere Vertiefung
auf jedem Ringe und etwas weiter unten bei c eine
ähnliche in jedem Einschnitte. Ueberhaupt sind an
jeder Seite fünf Reihen solcher Vertiefungen, außer
derjenigen, welche sich in der Mitte des Rückens befindet. Der zweite Ring hat an beiden Seiten einen
zarten spizigen Auswuchs Tab. III. fig. 6.

Wenn sich die Raupe zusammenzieht, so legt sich auf jedem Ringe nicht weit vom Rücken eine kleine Falte. Diese Falten aber zusammen haben das Ansehen einer gewundenen Säule, wenn man längs über den Rücken hinsieht Tab. III. fig. 2.

Die Haut erscheint bei einer starken Vergrößerung schagrinartig. Auf jedem Hügelchen stehen drei bis fünf kurze Borsten oder eigentlich Dornspizchen a).

Gerade da, wo der Unterleib anfängt, sizen die Luftlöcher Tab. III. fig. 3. eee u s. f. fig. 4. 5. i. Ihre Anzahl und Ordnung kömmt mit denen überein, die wir bei andern Schmetterlingsraupen antreffen. Nach der zuerst angenommenen Meinung, daß das Häutchen, worinn diese Raupe ihren Kopf verhüllet, kein Ring sondern ein besondrer Theil des Unterleibes sei, war es mir unmöglich, neun Luftlöcher an jeder Seite zu entdecken. Dieses bewog mich, eine genauere Untersuchung anzustellen, zumal da ich am zweiten und dritten Ringe, so ich anfangs für den Ersten und Zweiten hielt, kein Luftloch bemerkte. Ich war so glücklich, bei der Phal. Limacodes das fehlende Luftloch an gedachte Theile unter einem Vergrößerungsglase deutlich wahrzunehmen. Nachher fiel es mir nicht schwer, solches auch an unsrer Raupe zu finden b).

a) Ohne ein gutes Vergrößerungsglas läßt sich dieß nicht erkennen. Die Haut der Phal. Limacodes ist mit glänzenden Buckeln besezt. Man kan sich keine deutlichere Vorstellung davon machen, als wenn man sich einen Körper denkt, dessen Oberfläche mit lauter Uhrgläsern besezt ist, deren konvexe Seiten auswärts stehen.

b) Wer dieses Luftloch sehen will, der muß die Zeit in Acht nehmen, da die Raupe frißt, weil sie den ersten

Ich bekam dadurch völlige Gewisheit, daß das Kopf-
häutchen nichts anders, als der erste Ring oder Ab-
saz bei diesen Raupenarten sein könne. Die Luftlöcher bei der Unsrigen sind mehr rund als länglich.
Die Luftröhren selbst sind so wohl bei dieser als der
Ph. Limacodes nach Verhältniß der Gröse des Leibes
außerordentlich stark. Sie lassen sich an beiden Arten
schon mit bloßen Augen durch die klare durchsichtige
Haut des Unterleibes erkennen. Nimmt man aber
eine Lupe zu Hülfe, so sieht man gleich die Stämme
und vielen Nebenzweige von Röhren, die sich nach
allen Seiten, besonders nach dem Unterleibe ausbreiten. Um sie noch genauer zu untersuchen, eröfnete
ich eine Raupe der größern Art, und betrachtete sie
unter einem Mikroscop. Jede Hauptröhre gieng von
einer Seite zur andern und war mit so vielen Neben-
röhren und diese wieder mit noch mehrern von geringerer Größe versehen, daß, wie ich dieß Gewebe von
Luftgefäßen sah, ichs mir sehr leicht erklären konnte,
wie diese Raupen gleich einem Blasebalge sich aufblähen und zusammenziehen können a).

Ring alsdenn sehr weit hervorstreckt. Will man
aber ein Räupchen dazu aufopfern; so lasse man es
so lange im Wasser liegen, bis es getödtet ist. Dann
gibt sich der erste Ring ganz hervor, und man kan
ohne Mühe mit Hülfe einer Lupe besonders an der
Raupe der Ph. Limacodes das erste Luftloch erkennen.

a) Außer dieser Menge von Luftgefäßen bemerkte ich an
dem innern Bau dieser Raupen sehr vieles, das von
dem bei gewöhnlichen Arten eben so sehr abwich, als
die äußere Gestalt ihres Körpers. Da es mir meine
Zeit nicht erlaubte noch tiefer in diese Geheim-
nisse der Natur einzudringen, und davon richtige Be-

E

Ehe ich den herrlichen Bau dieser innern Lustrhö-
ren beobachtet hatte, brachten mich die vielen Vertiefungen oder Grübchen, deren ich vorhin erwehnt habe, auf die Vermuthung, daß sie wirkliche Oefnungen
enthielten, wodurch die Raupe eben so, wie durch die
Luftlöcher, Luft einziehen, und sich so stark aufblähen
könnte. Um mich von der Wahrheit zu überzeugen,
nahm ich das Vergrößerungsglas zu Hülfe. Allein
ich konnte damit keine Oefnungen auf der Grundfläche
der Grübchen entdecken. Sie waren gleich der übrigen Haut schagrinartig. Um noch gewisser zu werden, bestrich ich das ganze Schild der Raupe, wie
sie fraß, mit einem angefeuchteten Pinsel und füllte
alle Grübchen mit Wasser, ob sich Blasen über den
Vertiefungen zeigen würden. Ich bemerkte keine.
Das Räupchen saß unbeweglich still. Nun bestrich
ich auch die Luftlöcher an einer Seite mit Wasser.
Sogleich hörte das Thier auf zu fressen, kroch von
einer Stelle zur andern und ich sah, daß es nach einigen Stunden, da ich es verlassen mußte, noch nicht
wieder zur Ruhe gekommen war. Ich machte den
Schluß: Sind wirklich Oefnungen in den Grübchen
vorhanden, so müssen sie äußerst fein sein, weil sie
durch eine Linse, die mir eine Fläche 35721 mal vergrößert vorstellt, noch nicht sichtbar werden, und die
Raupe muß sie zum Luftschöpfen während der Ruhe
entbehren können. Wer sich aber bemühen will, die

schreibungen und Abbildungen zu entwerfen, so wünsche ich, daß ein andrer bei mehrerer Muße diese Arbeit unternehmen, und sich wie ein Lyonet dadurch
unsterblich machen möge.

vielen Luftgefäße, deren Hauptstämme und Nebenzweige mit einiger Geduld und Geschicklichkeit zu betrachten, der wird nicht zweifeln, daß achtzehn Luftlöcher
hinreichend sind, so viel Luft in diesen thierischen Körper zu führen, als er zu seiner Erhaltung und seinem
Fortkommen bedarf, und bieß um so mehr, da sich
dergleichen Grübchen bei andern hieher gehörigen Raupen nicht finden.   Sollten die Grübchen wirklich sehr
subtile Oefnungen haben, so dienen sie vielleicht dazu,
die Luft von innen heraus zu lassen.   Hiebei käme es
auf eine genauere Untersuchung an, die mich aniezt zu
weit von meinem Endzwecke ableiten würde.

Der Unterleib dieser Raupe ist eben so wunderbar,
als dasjenige, so wir an dem Obern betrachtet haben.
Er scheint einer Blase nicht unähnlich, die wechsels-
weise voll Luft gefüllt und wieder ausgeleert wird a).
Allein untersucht man ihn anatomisch, so findet sich
auch nicht die geringste Spur von einer Blase.   Es
zeigen sich hier eben so wohl, wie am Oberleibe zwölf
Ringe b).   An den drei Ersten sizen die gewöhnlichen Brustfüße, aber sehr klein und das erste Glied
oder Hüftbein kaum merklich zu sehen.   Die Bauch-

a) Die Wiener sagen: diese Raupen halten und bewegen
sich mittelst zwoer unten an den Seiten nach der Länge des Leibes laufenden Blasen. Sist. Verz. d. Schm.
d. W. G. S. 65.

b) Um dieß deutlich zu sehen, lasse man eine Raupe, besonders die von Ph. Limacodes im Wasser sterben.
Sie schwillt darinn so stark auf, daß der Unterleib
nicht weniger erhaben wird, als der Obere. Alsdenn bemerkt man jeden Einschnitt, der vorher, als
die Raupe noch lebte, wegen der vielen Falten und
Runzeln der Haut nicht zu erkennen war.

süße und Nachschieber fehlen ganz, doch ist die Haut
an denen Stellen, wo sie eigentlich sein müßten, etwas dicker, als umher, und bildet eine Art von Fuß-
ballen.   Bei der Raupe von Ph. Limacodes habe ich
bemerkt, daß diese Ballen mit einem halben Zirkel
dunkler Punkte eingeschlossen sind.   Es bleibt noch
ungewiß, ob diese Punkte nicht feine Löcher haben.
In diesem Falle käme vielleicht aus diesen Oefnungen
diejenige klebrichte Feuchtigkeit, die sich am ganzen
Unterleibe befindet, welche dieser und unsrer Raupe einen sichern Gang verschafft und zu einem Mittel dient,
an der Fläche, worauf sie sizen oder gehen, sich festzu-
halten, und womit sie allemal den Weg hinter sich
bezeichnen.   Sonst kan auch diese klebrichte Materie
sehr wohl durch die Schweißlöcher der Haut dringen.

Wenn man diese Raupe bei ihrem Gange genau
betrachtet, so wird man sehr leicht gewahr, daß sie
den Leib abwechselnd aufblähet und zusammenzieht.
Hieraus entsteht eine wellenförmige Bewegung am
Unterleibe.   Will sie vorwärts gehen, so zieht sie den
Hintertheil des Leibes oder die leztern Ringe stark an
sich, und sezt sie auch in dem Augenblicke nieder.
Gleich darauf hebt sie den vordern und mittlern Theil
des Leibes in die Höhe, oder welches einerlei ist, sie
zieht den Unterleib zusammen, und dehnt zugleich ihren ganzen Leib der Länge nach vorwärts.   Nach dieser Ausdehnung sezt sie unmittelbar die Ringe von hinten nach vorn zu, an der Fläche fest, und wiederholt
sogleich alle diese Bewegungen, so daß kaum der Vordertheil des Leibes ausgedehnt und angelegt ist, wenn
der Hintere schon wieder angezogen und niedergesezt

wird; alles mit solcher Geschwindigkeit, daß man
kaum die Folge dieser Bewegungen bemerken kan, und
sie beinahe für eine einzige Bewegung halten muß.
Man sieht leicht, daß so oft dieß Räupchen den Vorderleib vorwärts streckt, ihn niedersezt und den Hintertheil nach sich zieht, es einen Theil des Weges zu-
rücklegen müsse. Und da diese Bewegungen sehr geschwind hinter einander geschehen, so geht auch dieser
Gang, ohne Füße schnell von Statten. Will es rückwärts gehen, so zieht es die erstern Ringe an sich, sezt
sie nieder, und dehnt den hintern Leib, nachdem er in
die Höhe gehoben ist, nach hinten aus. In dem Augenblicke heftet es auch die abstehenden Ringe von vorne nach hinten zu an die Fläche, worauf es sizt, und
macht wieder dieselben Bewegungen. Ohne Mühe
also geht es vor und rückwärts, so gut, als wenn es
Bauchfüße hätte, wobei es die Brustfüße nicht einmal zu gebrauchen pflegt, denn es berührt kaum damit die Fläche, worauf es wandelt. Bisweilen richtet es sich mit dem Vorderleibe in die Höhe, und steht
nur auf den beiden lezten Ringen, so daß der Leib mit
der Fläche, worauf es sizt, einen Winkel macht. In
der Ruhe liegt es auf dem Unterleibe, der in dieser
Stellung der Länge nach kahnförmig erscheint. Tab.
III. fig. 3. c. d.

Der Kopf und die Freßspizen sind bräunlich weiß.
Die Oberlippe und die Augen dunkelbraun. Der ganze Leib hat ein gelbliches Grün, beinahe eine Schwefelfarbe. Der Rücken ist mit einem blutrothen kreuz-
förmigen Schilde bezeichnet, der oben am ersten Ringe anfängt und beinahe in gleicher Breite, doch etwas

verjüngt über den zweiten und dritten Ring fortgeht.
Hier nimmt er merklich ab.   Vom vierten Ringe an
wird er immer breiter und auf dem siebten am breitesten.   Denn verjüngt er sich und läuft bei einigen am
Ende des eilften Ringes in eine Spize aus; bei andern behält er auch bis dahin noch eine gewisse Breite.
Diese Zeichnung, die unserm Räupchen das schönste
Ansehen gibt, verändert ihre Farbe ungemein. Bald
ist sie dunkler, bald blasser, als in der vergrößerten
Abbildung Tab. III. fig. 2. bei einigen, aber sehr seltenen Exemplaren, ist sie am Ende des dritten Ringes von der Grundfarbe durchschnitten.   Oft fällt sie
ins Gelbliche und hat nur am Rande eine röthliche
Farbe Tab. III. fig. 1. a.   Bei allen Exemplaren
aber ist sie mit einer gelblichweißen Binde eingefaßt.
Die auf dem Rücken befindlichen Grübchen sind
gelblich.

Die gemeine Eiche (Robur Q.) und Buche (Syl-
vatica fagus) vornemlich die lezte ernähren diese Raupe in hiesiger Gegend in ziemlicher Menge.   Sie zeh-
ren das Blatt, so sie einmal angefressen haben, erst
ganz auf, ehe sie bei einem andern anfangen.   Sind
ihnen die Rippen des Blatts zu stark, so fressen sie
nur das Zärtere, welches dazwischen steht.   Weiche
Blätter verzehren sie fast ganz a).   Vermöge der

a) Ich rede hier von der Gewohnheit des Thiers in der
   freien Natur; denn an einem verwelkten oder dürre
   gewordenen Blatte in seiner Gefangenschaft hält es
   sich freilich nicht lange auf. Um aber diese Raupen
   gut zu erziehen, muß man sie nicht vom Blatte abnehmen, sondern mit dem Zweige, woran sie sizen,
   ins Wasser sezen, und solches täglich erfrischen.

klebrichten Feuchtigkeit, wodurch sie sich am Blatte
fest halten können, sind sie auch gegen den Wind ge=
sichert, und der Regen kan dieser Feuchtigkeit nicht
schaden, weil sie immer unter den Blättern sizen.
Da sie aber doch den Kopf hervorstrecken müssen,
wenn sie das Blatt am Rande abnagen wollen, so
ziehen sie den ersten Ring ganz über den Kopf herüber
und umfassen damit, wie mit einer Hand, die Kante
des Blatts, so daß man während dem Fraße den Kopf
gar nicht zu sehen bekömmt. Tab. III. fig. 1. a.

Sie sizen ungestört gemeiniglich ganz still, und
verändern ohne Veranlassung nicht leicht den Ort, den
sie gewählt haben. Daher ist es nicht nöthig, sie in
einem Glase oder andern Gefäße einzuschließen. Legt
man sie auf den Rücken, so fällt es ihnen sehr schwer,
sich selbst wieder umzuwenden. Läßt man sie fallen,
so kommen sie allezeit auf den Unterleib zu liegen.
Ich habe diese Versuche häufig gemacht, aber die
Raupen müssen gesund und frisch sein, auch muß man
ihre Kräfte nicht zu sehr anstrengen.

Ich habe sie mit der Raupe der Phal. Pudibunda
L. Coryli L. und des Geoffroi phalêne verte ondée
im luftleeren Raum gehabt und sie noch immer in Be=
wegung gefunden, da die andern schon matt und er=
schöpft waren a).

Unsre Raupe findet sich schon am Ende des Ernd=
temonds. Sie häutet sich gleich andern Arten, lebt
den ganzen Herbstmond durch und macht am Ende des=
selben oder im Anfange des Weinmonds ihre Winter=

a) Diese Versuche werde ich meinen Lesern bei einer an=
dern Gelegenheit umständlicher mittheilen.

wohnung fertig.   Etliche Tage zuvor verändert sie ihre Farbe und verliert beinahe alles Rothe, wodurch ihr Schild am Rücken sich auszeichnet.   Sie sezt sich alsdenn auf der Unterseite eines Blatts zwischen zwei Rippen und bespinnt einen kleinen Raum vor und unter sich mit ihrer Seide, zieht auch dadurch diesen Theil des Blatts zwischen den Rippen rinnenförmig zusammen Tab. III. fig. 1. b.   Darauf wendet sie sich um und macht diese Arbeit an der entgegengesezte Seite auf die nämliche Art Tab. III. fig. 1. c.   Nachdem überzieht sie auch die Seiten längs den Rippen mit ihrer Seide.   Tab. III. fig. 1. d.   Nun fängt sie an, ein sehr zartes Gewebe um ihren Leib zu spinnen, welches sie rund herum an der vorher geschehenen Arbeit befestiget.   Es läßt sich nicht ohne Bewunderung ansehen, wie geschickt sie dieß ihr sehr dicht an den Leib geschlossene feine Gespinnst verfertigen, mit welcher Behändigkeit sie sich darinn bald vor bald rückwärts wenden auch seitwärts und über sich arbeiten, und alle diese Bewegungen der Arbeit ungeschadet in einem Raume vornehmen kan, der dem Augenscheine nach kaum halb so groß ist, als ihr Körper.   Ist sie mit diesem Gespinnste so weit gekommen, daß keine starke Oefnungen mehr vorhanden sind, so läßt sie die Seidenmaterie häufiger fließen, und bestreicht damit das ganze Gewebe, wie wenn man einen Flor mit verdünnten Leim überstriche, daß alle Löcher gefüllt würden.   Sollte hiedurch etwan ein Riß in der Arbeit verursacht werden, so weis sie den gemachten Schaden sogleich zu verbessern.   Innerhalb dem Gespinnste verfertiget sie nunmehr ein Tönnchen, welches damit gar

nicht zusammenhängt und an einem Ende mit einem
Deckel versehen ist. Die Art, wie dieses Tönnchen
verarbeitet ist, wie der Deckel mit demselben zusam=
men hängt und wie es kömmt, daß dieser Theil beim
Ausschlupfen des Schmetterlings in einer Kreislinie
abbricht, scheint mir von derjenigen nicht verschieden
zu sein, die ich bei dem Kokon von der Raupe des
Wollträgers beschrieben habe a). Die Farbe des
Tönnchens ist dunkelbraun Tab. III. fig. 7. vom äus=
sern Gespinnste aber weiß, doch scheint das Braune
etwas durch Tab. III. fig. 1. d.

In diesem Behältnisse bleibt die Raupe den gan=
zen Winter hindurch bis zum Anfange des Brach=
monds und verpuppt sich erst acht oder zwölf Tage vor=
her, ehe der Schmetterling auskriecht b).

Izt komme ich auf den merkwürdigsten Theil in
der Geschichte unsers Insekts; in der That einen sehr
merkwürdigen Theil, weil er von den bisher uns be=
kannten Naturgesezen gänzlich abweicht.

Die Puppe ist nicht, wie bei andern Schmetter=
lingen, mit einer lederartigen Haut bedeckt, bei der
sich die Theile des vollkommenen Insekts nur undeut=
lich zeigen, sondern ein jeder Theil des daraus kom=
menden Schmetterlings ist in einer dünnen Haut
besonders eingeschlossen; es ist eine wahre unvoll=
ständige Puppe oder Nimphe mit unbeweglichen

a) S. meine Beitr zur Ins. Ges. 1. St. S. 31.
b) Reaumür Tom. 1. P. 1. Mem. 14. p. 339. pl. 49.
tab. 16. Degeer T. 1. Quart. 2. S. 24. Uebers.
Rösel I. Cl. 4. S. 37. tab. XIV. fig. 1, 2, 3 — 5, 6.
haben diese Eigenschaft auch von andern Raupenar=
ten angemerkt.

Füßen und Flügeln.   Wir müssen sie genauer betrachten.

Ihre eigentliche Größe und bräunliche Farbe ist
Tab. III. fig. 8. abgebildet.   Die Augendecken Tab.
III. fig. 9. aa. liegen stark erhaben.   Ueber denselben
nehmen die Fühlhörnerscheiden den Anfang und liegen
an beiden Seiten über den Flügeldecken aber nicht
ganz zu Ende derselben etwa bis b.   Die Fühlspizen
haben ihre besondre Scheide, welche von c bis d geht.
Das erste Paar Füße liegt neben diesen Scheiden und
ist nur bis e sichtbar, hier versteckt es sich unter den
Folgenden und kömmt erst am Ende der Flügeldecken
bei g wieder zum Vorschein.   Das zweite Paar fängt
gleich unter den Augendecken an, und endiget sich bei f.
Das hintere Paar hat mit dieser einerlei Anfang und
hört am Ende der Fühlhörnerscheiden auf.   Nach dieser Lage sollte man glauben, daß die ersten Füße am
längsten sein müßten; allein sie sind es nicht.   Sie
sind nur gerade ausgestreckt, an Statt daß das mittlere und hintere Paar zusammen gezogen ist, so, daß nur
dessen Schenkel und Fußblätter, aber nicht die Hüften
zum Vorschein kommen, da sich hingegen von jenen
die Hüften von c bis d aber nicht ihre Schenkel und
nur das Ende ihrer Fußblätter bei g zeigen.   Alle
diese Theile lassen sich ohne Schaden von den Flügeldecken abbiegen und von einander absondern.   Die
Flügeldecken selbst, welche am Vorderwinkel etwas
sichelförmig gestaltet sind, liegen sehr dicht auf einander, aber sowohl der Ober- als Unterflügel ist in einer
sehr zarten Haut besonders eingeschlossen.   Eben so
hat der Kopf und Rücken, wie der ganze Hinterleib

seine eigene Bedeckung und das Insekt kan diesen leztern Theil sehr stark bewegen, ohne die Flügelscheiden
zu rühren a).

Im Brachmond kömmt der Schmetterling aus.
Hält aber die Kälte im Frühjahre lange an, so findet
man ihn erst im Heumond. Diejenigen Raupen,
welche ich den Winter durch in einem warmen Zimmer stehen gelassen, verpuppten sich am Ende vom
Lenzmond und der Schmetterling erschien in dem folgenden Monate.

Die Phaläne Tab. III. fig. 11. ist das Männchen, welches sich vorzüglich durch die geringere Stärke seines Leibes von dem weiblichen Schmetterling
Tab. III. fig. 12. unterscheidet. Die Fühlhörner sind
fadenförmig.

Beide Geschlechte stimmen größtentheils in ihrer
Farbe überein. Sie sind durchgehends schwarzbraun
minder oder stärker bis auf den Saum, der so, wie
einige Abänderungen des Weibchens Tab. III. fig. 10.
buxbaumfarbig ist. Die Augen schwarz. An der
Spize des Oberflügels haben sie insgesammt einen
braunen Flecken. Die Fußblätter sind gelblich weiß.

In der Ruhe hält diese Phaläne den Hintertheil
des Leibes aufwärts und ihre Flügel dachförmig, doch

a) Diese ganze Beschreibung paßt auch auf die Puppe von
der Ph. Limacodes, die mir bei meinen Beobachtungen wegen ihrer Größe sehr nüzlich gewesen ist. Obgleich Hr. Zufnagel und Kleemann an derselben die
Theile des verborgenen Schmetterlings sehr stark
hervorragen gesehen, so erwehnen sie doch nichts
von ihrem eigentlichen Bau und ihrer Nimphenge-
stalt.

so, daß sie mit der Fläche, worauf sie stehen, beinahe einen rechten Winkel machen, und daher am Hinterrande nicht dicht aneinander liegen Tab. III. fig. 10.

Bei der Begattung dieser Art, die ich in der Natur selbst beobachtet, habe ich keine Verschiedenheit
von der bei andern Schmetterlingen bemerken können.

Wird es noch nöthig sein, Gründe anzuführen,
warum ich aus dieser aniezt beschriebenen Phaläne und
andern mit ihr verwandten Arten eine besondre Abtheilung gemacht; warum ich sie nicht unter diejenigen gerechnet habe, die von Linne' festgesezt und von andern
sehr verdienten Entomologen bisher beibehalten worden? Ich bin völlig überzeugt, daß einige meiner Leser demohngeachtet ihren Beifall mir nicht versagen
werden; aber ich finde es um derer willen für nöthig,
die von einem einmal erlernten und angenommenen
Sistem nicht gern abgehen mögen. Es erschwert
auch allerdings die Mühe, welche man auf die Naturgeschichte verwendet, wenn oft und ohne Noth
Neuerungen mit dem Sistem vorgenommen werden.
Allein es ist, wie ich wenigstens glaube, etwas ganz
anders, aus Neuerungssucht neue und vielleicht eben
so mangelhafte Lehrgebäude aufzuführen, wie die bereits vorhandenen, als wenn man durch eine richtige
und in der Natur selbst gegründete Erfahrung gleichsam gezwungen wird, in einem oder andern Stücke
von einem angenommenen Sistem abzuweichen. Dergleichen Erfahrungen aber müssen nicht nur von einem
oder andern Theile, etwan einen Flügel, Kopfe, Fuße
oder von der äußern Gestalt, auch nicht nur von der
Beschaffenheit des einen oder andern Zustandes, son-

dern von mehrern Theilen des Körpers von der Natur
und Entstehungsart eines Insekts, auch von den verschiedenen Stuffen seiner Vervollkommnerung hergenom-
men sein, wenn sie Geschlechte, Familien und Arten
genauer und richtiger bestimmen, zu bessern Abtheilungen Anlaß geben, wenn sie neues Licht und Auf-
klärung über ein Sistem verbreiten sollen.

Nun haben wir aber gesehen, wie die Raupe so
wohl, als die Puppe unsrer Phaläne und der zu ihr
gehörigen Arten von allen denen der bisher bekannten
Nachtschmetterlinge in ihren Bau völlig unterschieden a), von ganz andrer Beschaffenheit sind, und
daß wir sie in diesem Betrachte zu keiner der von Linne' gemachten Abtheilungen der Phalänen rechnen
können. Da ferner das Insekt selbst den Umriß der
Flügel von den Wicklern, die fadenförmigen Fühlhörner aber mit mehrern gemein und folglich in seiner Gestalt etwas zweideutiges und kein entscheidendes Kennzeichen hat, wonach man es ordnen könnte, die Fühlhörner selbst auch nicht allemal einen zuverläßigen
Charakter abgeben; so bin ich der Meinung, daß
man aus unsrer und den zu ihr gehörigen Arten eine
neue Abtheilung machen müsse. Dieß ist die Ursache,
warum ich sie heterogene Phalänen genennt habe.

Einige andre Fragen bleiben mir noch zu untersuchen übrig: welche Stelle unsre Phalänen unter den

a) Man kan die Schildraupen der Tagvögel gar nicht hieher rechnen. Denn diese haben die gewöhnliche Anzahl der Füße, und unterscheiden sich von andern
Raupen durch nichts, als daß sie am Rücken etwas
anders geformt sind. Uebrigens findet sich gar nichts
Madenähnliches an ihnen.

Uebrigen einnehmen müſſen, ob ihnen nach dem lin-
neiſchen Siſtem nicht die lezte zukomme, und ſie nicht
einen guten Uebergang zu den Inſekten mit häutigen
Flügeln (Inſ. Hymenoptor.) abgeben, oder ob man
von dieſen zu ihnen übergehen könne? Fragen, deren
gründliche Beantwortung noch vielen Schwierigkeiten
unterworfen iſt.

Ich halte dafür, es fehlen uns noch zu viele Erfahrungen, als daß wir im Stande ſind, eine richtige und der Natur gemäße Ordnung feſtzuſezen und zu
beſtimmen.

8.
PHALAENA NOCTVA PINASTRI.
die Flügeleule.

long. lin. 7. *lat.* 4½.

LINN. S. N. p. 851. no. 160. ed. 12. Phal. Noct. ſpiri-
    linguis criſtata, alis deflexis nigris: margine dor-
    ſali poſticoque pallidis.

    Ed. 10. p. 516. no. 108. Phal. N. Scabriuſcula.

    FAUN. Suec. p. 315. no. 1188. ed. 2.

Müller Linn. Naturſ. 5 Th. 1 B. S. 696. Nr. 160. Der
    Buckel.

Siſt. Verz. der Schm. b. W. G. S. 82. O. Jaspiŝfar-
    bige Eulen. ¹) Die Oberflügel ſchwärzlich mit gelber
    Zackenlinie.

    Nr. 1. Föhreneulenraupe (Pini ſylveſtris); Föhren-
    eule, Ph. Pinaſtri L.

CLERC Phal. I. f. 8.

Fiſchers N. G. von Livl. S. 153. Nr. 365. Ph. Pinaſtri,
    der Buckel.

Berl. Magaz. III. S. 300. Nr. 50. Ph. Dypterigia', die
Flügelmotte.

Kohlschwarz, mit einer grauen Figur auf jedem
Oberflügel, so dem Flügel von einem Vogel ähnlich ist.

Naturf. IX. S. 120. Nr. 50. Ph. Dypterigia ist Ph. Pinastri L. (v. Rottemburg).

— III. S. 2. tab. I. fig. I. der Dreißiger. (D. Kühn).

Gözens Entom. Beitr. 3 Th. 3 B. S. 156. Nr. 160. Ph.
Pinastri, die Fichteneule.

— S. 207. Nr. 67. Ph. Tricesima, der Dreyßiger.

Jung. Verz. europ. Schm. S. 107. N. Pinastri.

Descr. Larua Tab. IV. fig. I. laeuis, rotunda. Media pars corporis craffior eft, verfus caput attenuatur. Supra caudam dorfum in angulum
affurgit. Color dilucide caftaneus. Linea tenuis per medium dorfum decurrens e fufco al-
bicat. In lateribus vtrinque fupra pedes ftriga
eft eiusdem coloris linea tenuiffima fufca fur-
fum verfus terminata, fupra quam aliae duae
fufcae aequali fere fpatio feiunguntur. Lineolae praeterquam e ftrigis fuperioribus oblique
adfcendentes fingunt angulos in medio dorfo
vertice caudam fpectante.

Palpi Phal. Tab. IV. fig. 3. longiufculi nigri fufco
adfperfi. *Oculi* pulli. *Lingua* fufca fupra nigricans. *Caput* fufco-nigrum. *Antennae* fetiformes fufcae, fpina nigra fquamulis cinereis.
Crifta collaris femiorbicularis fufco nigra, dorfalis thoracis antice infundibuliformis fufca;

scapulae criftae collari concolores. *Abdomen* grifeum dorfo et lateribus criftatum, incifuris cinereis; *anus* barbatus. *Alae* crenatae nitidae; *anticae* fupra fufco-nigrae, macula praeter ordinarias conica, linea flexuofa transuerfa propo bafin ac lineolis directis atris fubmarginalibus; latus tenuius ac macula anguli poftici cinereo -fufca atro terminata, quacum cohaeret linea curua eiusdem coloris exiens ad medium fere marginis anterioris, qui diftinctus eft punctis aliquot verfus apicem vti fimbria lineolis fufcis. *Alae pofticae* e cinereo nigricant. Omnes *fubtus* cinereo-fufcae, ftriga transuerfa et puncto inferiorum nigricantes. *Pedes* nigri, geniculis cinereis.

Die Raupe Tab. IV. fig. 1. ift gewöhnlich 1½ Zoll lang und in der Mitte 2½ Linie dick. Von diefer Stärke verliert fich etwas am zehnten Ringe. Vom fünften Ringe bis zum Kopfe verjüngt fich der Leib, fo daß der erfte Ring nicht ftärker als der Kopf und etwan anderthalb Linien dick ift. Der eilfte Ring fteht am Rücken fehr hervor und von da bis zum Schwanzende läuft der Hintertheil kegelförmig zu. Der Kopf ift herzförmig und glatt. Der Leib rund ohne tiefe Einfchnitte und auf der Oberfläche eben.

Ein blaffes etwas ins Röthliche gemifchtes Braun mit dunkelbraunen in einander gefloffenen Punkten gibt dem Kopfe die Farbe eines Marmors. Aus diefen Punkten entftehen zu beiden Seiten der Mitte

zween breite Striche, die sich von der Scheitel nach
der Lippe herunter ziehen und noch einen dergleichen
aber schmälern Strich neben sich haben. Die Lippe
ist dunkel und die Freßspizen sind hellbraun. Die
Augen glänzend schwarz. Der Grund des Körpers
ist hellkastanienbraun und mit dunklen Punkten ge-
marmort. Längs der Mitte des Rückens zeigt sich ein
zarter bräunlichweißer Strich, der an jeder Seite
durch eine dunkelbraune punktirte Linie begrenzt ist.
Ein diesem Striche ähnlich gefärbter Streiff fängt bei
den Freßspizen an und geht über den Füßen nahe am
Unterleibe hin bis zu Ende der Nachschieber. Oberwärts bestimmt eine zarte dunkelbraune Linie seine
Grenzen. In dieser Linie liegen die weißlichen mit
einem schwarzen Rande eingefaßten Luftlöcher; nur das
Größre am eilften Ringe ist über derselben. Etwas
höher nach dem Rücken hinauf laufen zwei andre aber
dunkelbraune Streiffen von jenem und unter sich in
gleicher Entfernung über den Kopf und an den Seiten
des Leibes bis zum Ende der Schwanzklappe. In
dem Untern befindet sich auf der Mitte eines jeden Ringes, wo er am breitesten ist, ein heller Punkt. Der
Obere ist dunkler und etwas geschwungen. In der
Mitte der Ringe, die drei Ersten ausgenommen, geht
von diesem Streiffe ein blaßbräunlicher Strich schräg
hinterwärts hinauf und macht mit demselben einen
Winkel, in welchem ein weißer Punkt steht. Zween
schwarze Punkte finden sich in schräger Richtung außer
demselben. Die von beiden Seiten anlaufenden Striche vereinigen sich oben am Rücken und schließen daselbst einen Winkel, dessen Scheitel nach dem Hinter-

F

theil gerichtet iſt.   Der Unterleib iſt einfarbig braun.
Die mit einem halben Zirkel kleiner Häkchen beſezten
Füße ſind durchgehends blaßdunkelbraun.   Auf jedem
der ſchwarzen Punkte am Rücken ſizt ein feines Bor:
ſtenhärchen.   Mehrere bemerkt man am Munde und
der Schwanzklappe.

Ampferarten dienen dieſer Raupe zur Nahrung.
Ich habe ſie noch immer am Sauerampfer (rumex
acetoſa) und Schafampfer, (rumex acetoſella) ge=
funden a).

Man trifft ſie im Anfange des Erndtemonds noch
ſehr jung an, etwan in der Größe eines halben Zolls.
Sie ſind alsdenn am Oberleibe überall dunkelbraun
und unten etwas ins Grünliche gemiſcht.   Von den
Streiffen am Rücken läßt ſich ſehr wenig mit Ge=
nauigkeit erkennen, ſo daß man kaum im Stande iſt,
ſie in dieſem jungen Alter von den Raupen der Phal.
Pallens L. zu unterſcheiden, wenn nicht das Auge
durch öftere Erfahrung ſchon geübt worden.   Sie
halten ſich meiſtentheils unter den Kräutern auf und
kommen am Tage ſehr ſelten zum Vorſchein.   In
der Mitte des Herbſtmonds, auch wohl ſpäter verber=
gen ſie ſich an der Oberfläche der Erde zwiſchen feuchte

a) Wenn Linné bei der Phaläne von unſrer Raupe die
    Worte ſezt: habitat in pino, ſo wendet Statius
    Müller, wie ich glaube, dieſes ſehr unrecht auf die
    Raupe an. Denn es iſt mir ſehr unwahrſcheinlich,
    daß ſolche Arten, die ſich von ſauren Kräutern ernäh=
    ren, und am Tage unter denſelben verkriechen, auch
    auf der Fichte leben ſollten. Aus eben dem Grunde
    bin ich noch ungewiß, ob der Wiener Föhreneule
    des Linné Ph. Pinaſtri ſei, ob ſie ſolche gleich dafür
    gehalten haben.

oder schon verwelkte Blätter, machen ein ziemlich loses
Gespinnst, und bekommen binnen vierzehn Tagen ihre
völlige Puppengestalt.

Die Puppen von den größten Raupen Tab. IV.
fig. 2. sind etwa sieben Linien lang und in der Mitte
drei Linien dick. Nach der Scheitel gehen sie etwas
verjüngt zu. Die Scheide der Fühlhörner und die,
worunter die Füße verborgen liegen, sind sehr flach
erhaben. Die Oberfläche ist glänzend, aber nicht eben
sondern lederartig. Die Augendecken sind wie polirt.
Am Schwanzende stehen zwei kegelförmige Spizen neben einander, deren äußerste Enden ein wenig seitwärts gebogen sind. Die Farbe ist durchgehends
braunroth.

Der Schmetterling Tab. IV. fig. 3. schlupft im
folgenden Jahre gegen das Ende des Brachmonds aus.
Die Fühlspizen stehen gerad und treten über den Kopf
hervor. Sie sind schwarz und vorne mit Braun punktirt. Die Augen erdfarbig. Die Rollzunge ist unten braun und oben schwarz. Der Kopf braunschwarz. Die borstenartigen Fühlhörner haben die
Farbe der Rollzunge nur mit dem Unterschiede, daß
sie am Rücken mit aschfarbigen Schüppchen besezt
sind. Der halbrunde Halskragen und die Schultern
gleichen dem Kopfe. Die Mitte des Rückens ist
bräunlich und vorne hinter dem Halskragen trichter-
förmig. Vier Ringe sind mitten am Rücken des
Hinterleibes mit kleinen Haarbüscheln besezt, mehrere
finden sich längs den beiden Seiten. Die erstern
Ringe und alle Einschnitte haben eine aschgraue, die
Uebrigen eine schwarzgraue Farbe,

Ein glänzendes Schwarz mit durchscheinenden
Braun nimmt den größten Theil von der Oberfläche
der Vorderflügel ein.   Zunächst der Einlenkung geht
eine zikzackichte sammetschwarze Linie quer durch den
Flügel.   Aus ihrem größten Winkel zieht sich ein
ähnlicher Strich nach dem Rücken hinauf, berührt
ihn aber nicht.   An eben diesem Winkel hängt unterwärts eine mit dergleichen schwarzen Linie begrenzte
zapfenähnliche Figur, zwischen welcher und dem Vorderrande sich eine länglichrunde und unter dieser die gewöhnliche Nierenmakel befindet.   Sie sind beide nur
durch eine sehr schwarze Linie angedeutet.   An der
untern Seite der Nierenmakel ist diese Linie so zart,
daß sie ohne Vergrößerung und dem gehörigen Lichte
nicht wohl bemerkt wird a).   Vier gerade gleichfarbige Linien sind nach dem äußern Rande zu in gleich weiter Entfernung von einander.   Zwischen der Zweiten
und Dritten vom Vorderwinkel an ist der Grund mehr
braun als schwarz.   Beide gehen in eine hellbraune
Linie über, welche sich bei der Dritten bis in die Nierenmakel erstreckt.   Der Hinterrand ist bis über die
Mitte aschfarbig und röthlichbraun schattirt.   Von da
bis fast an die Mitte des äußern Randes steht eine
gleichgefärbte Figur, die viel Aehnlichkeit mit einem
Vogelflügel hat.   Sie ist so wie der Hinterrand mit
einer sammetschwarzen Linie eingefaßt.   Von dieser
Figur biegt sich noch eine bräunliche Linie seitwärts
hinauf bis an die Mitte des Vorderrandes, der nach

a) Dieß ist die Ursache, warum Hr. D. Kühn diese Makel für eine 3 angesehen, und diese Eule den Dreißiger genennt hat.

dem Vorderwinkel zu vier dergleichen Punkte hat.
Der am äußersten Rande sehr schön ausgekerbte
Saum ist etwas heller, als die Grundfarbe des Flügels und durch acht braune Strichelchen unterbrochen.
Die Hinterflügel sind oben aschfarbig und gegen den
äußern Rand zu immer stärker ins Schwärzlichte gemischt. Alle Flügel haben auf der untern Seite ein
glänzendes Aschgrau, das hin und wieder mehr oder
weniger ins Rothbraune übergeht. Ein schwärzlicher Querstreiff läuft durch ihre Mitte und über
diesem steht auf den Untern noch ein dergleichen Punkt
oder Flecken. Durch den Saum schlängelt sich eine
braune Linie. Die Füße sind dunkelgrau. Die
Gelenke aschfarbig. Die Hüften haben lange
Bärte.

In der Ruhe hält diese Eule ihre Flügel dachförmig und ihre Fühlhörner seitwärts unter denselben. Sobald sie völlig ausgewachsen ist, gibt sie
eine weißliche Feuchtigkeit von sich. Sie versteckt
sich gern in verborgene Baumritzen auch an den
Mauern; und weil sie ohnehin wegen ihrer düstern
Farbe nicht gut zu erkennen ist, so erhält man sie am
leichtesten durch die Raupe.

9.

PHALAENA NOCTVA GOTHICA.

die gothische Schrifteule.

m. *long.* lin. $6\frac{1}{2}$. *lat.* lin. $3\frac{2}{3}$.

f. — — $7\frac{2}{3}$. — — $4\frac{1}{2}$.

LINN. S. N. p. 851. no. 159. ed. 12. Phal. Noctua fpirilinguis criftata; alis deflexis: fuperioribns fufcefcentibus: arcu nigro linea alba marginato.

FAUN. Suec. p. 316. no. 1192. ed. 2.

Müller Linn. Naturf. 5 Th. 1 B. S. 696. Nr. 159. Die
gothifche Schrift.

FABRIC. Spec. Inf. p. 229. no. 102. N. criftata, alis deflexis, anticis fufcefcentibus, arcu punctoque medio atris.

CLERC Phal. I. f. 1.

Sift. Verz. der Schm. d. W. G. S. 78. M. Seitenftreif-
fenraupen (Laruae albilateres); Schwarzgezeichnete
Eulen, (Ph. N. Atrofignatae) 2) mit fchwarzen Fleckchen im Mittelraume. Nr. 9. Klebekrautculenraupe,
(Galii Aparines) Klebekrauteule, N. Nun atrum.

Degeer Inf. Th. II. S. 245. t. 5. f. 10. Eine Phaläne
mit kammförmigen Fühlhörnern, einem Saugrüßel
und gleichherabhangenden, grauen, braunfchattirten
und mit einem fchwarzen C bezeichneten Flügeln.
Ueberf. Göz.

MÜLLER. Zool. Dan. Prodr. p. 122. no. 1412. Ph. Gothica. Nom. Lin.

Gözens Entom. Beitr. 3 Th. 3 B. S. 156. Nr. 159. Ph.
Gothica, die gothifche Schrifteule.

— S. 214. Nr 126. Nun atrum, die Klebekrauteule.

— S. 67. Nr. 109. C nigrum, das fchwarze C.

Jung. europ. Schm. S. 62. Gothica, die gothifche Schrift.

— S. 95. Nun atrum. Noct. W. S. Fam. M. n. 9. p. 78. S. Gothica Lin.

Deſcr. Larua Tab. IV. fig. 4. rotundata nuda, flauo -viridis punctis numeroſis flauis minutiſſimis adſperſa, ſtriga lata alba in vtraque parte a capite vsque ad extimos pedes caudales extenſa, in qua ſtigmata eiusdem coloris circulo fuſco incluſa, exceptis primo ac vltimo ſupra iacentibus: linea flaua tenuis in ſummo dorſo ſecundum longitudinem ducta, inter quam ac ſtrigam alia tenuior parallela ad vtrumque latus.

Palpi Phal. feminae Tab. IV. fig. 6. breues fuſci ſupra albicantes. *Oculi* pulli. *Lingua* fuſceſcens. *Antennae* eiusdem coloris baſi albidae, maris plumoſae; feminae ſubpectinatae. *Caput, criſta* collaris, *thorax* denſa plumagine opertus, fuſco-rufa glauceſcunt. *Abdomen* vtroque latere ſubcriſtatum cinereo-fuſcum; *anus* barbatus. *Alae* ſubcrenatae nitidae, *anteriores* ſupra flauo glauco et fuſco-rubente coloribus variae. Lineae duae vndulatae transuerſae liuidae alam diuidunt in tres aequales fere partes, quarum media maculas continet ordinarias diluto terminatas. Ouata verſus latus anterius oblitterata, e parte oppoſita circumdata eſt figura atra, nota praecipua et characteriſtica ad ſimilitudinem litterae Hebraeorum כ proxime accedente. Re-

niformem ac latus tenuius interiacet lineola vel
litura atra.   Maculae baseos semitransuersae
ac duae in margine antico atrae.   Versus imam
alam linea transuersa flauescens.   Alae *posteriores* cinereae cum puncto obsoleto.   *Subtus*
omnes e cinereo rufescentes cum puncto inferiorum nigricante.   *Pedes* rubrico-fusci geniculis flauidis.

Ein Zoll und fünf Linien ist die Länge der Tab. IV.
fig. 4. abgebildeten Raupe, wenn sie völlig ausgewachsen ist.   An den stärksten Ringen wird sie $2\frac{1}{8}$ Linie dick.   Vom vierten Ringe an bis zum Kopfe
nimmt sie nach und nach so ab, daß der erste Ring
nur eine Stärke von $1\frac{1}{2}$ Linie erhält.   Ihr Leib ist im
Durchschnitte gerundet und die Oberfläche der Haut
eben.   Der Kopf und Leib haben eine gelblichgrüne
Grundfarbe, die mit unzähligen gelblichen Pünktchen
bestreuet ist, worunter sich auf jedem Ringe vorzüglich
zwei Punkte am Rücken vor andern ausnehmen.   Die
Einschnitte fallen stärker ins Gelbe.   Der Kopf ist
mit einigen weißen Flecken geziert.   Auch stehen die
dunkelbraunen Augen in einem weißen Grunde.   Die
Freßspizen kommen ihnen an Farbe gleich.   Zu beiden
Seiten geht ein mehr oder weniger breiter weißer an den
Enden schmal zulaufender Streiff vom Kopfe bis zu Ende der Schwanzfüße.   Die Haut zieht in demselben einige
Runzeln besonders an den mittlern Ringen und färbt
sich dadurch ins Grünliche.   Die weißen mit einem
dunkelbraunen Raude eingefaßten Luftlöcher sind darinn
deutlich zu erkennen.   Das Erste und Lezte aber liegt

über demſelben. Längs der Mitte des Rückens läuft
eine gelbliche Linie und zu beiden Seiten eine andre
halb ſo breite mit ihr in gleicher Entfernung bis zum
Ende der Ringe. Die Häkchen, womit in einem
halben Kreiſe die Füße beſezt ſind, haben eine bräunlich Farbe.

Das Futter dieſer Raupe beſteht in Eichen, Geiß-
blatt und verſchiedenen Arten des Labekrauts, beſonders
liebt ſie Klebekraut (galium Aparines). Ich habe ſie auch
einmal mit Weidenlaub gefüttert. Sie verwandelten
ſich, nachdem ſie zu völliger Größe gekommen waren;
ich erhielt aber keinen Schmetterling. Ob hieran das
Futter Urſache geweſen, iſt mir noch unbekannt.

Ihre Zeit iſt im Brach- und Heumond. Gegen
das Ende des Leztern gehen ſie in die Erde und verfertigen ſich darinn aus den Sand- und Erdkörnern ein
kleines Tönnchen. Ich habe nie gefunden, daß ſie
wie viel andre Arten, dieſe Erde mit einem ſeidenen
Geſpinnſte befeſtiget hätten, ſondern ſie haben einen
gummiartigen Saft bei ſich, wodurch ſie ihrem Ge-
wölbe eine ſolche Feſtigkeit geben, als es zu ſeinem
Endzwecke nöthig iſt.

Die Puppe Tab. IV. fig. 5. iſt ſieben Linien lang
und etwas über zwei Linien dick. Die Augendecken,
Fühlhörner und Beinſcheiden liegen ſehr flach erhaben. Das Schwanzende geht in zwei kleine Spizen
aus. Die Oberfläche iſt lederartig und glänzend.
Die Farbe braunroth.

In der Mitte des Oſtermonds des folgenden Jahrs
kömmt der Schmetterling aus. Tab. IV. fig. 6. iſt
das Weibchen abgebildet. Die Fühlſpizen ſind kurz,

unten braun und auf der Oberseite weißlich. Die Augen erdfarbig. Die Saugspize ist hellbraun, oberwärts dunkler. An jedem Gliede des weiblichen Fühlhorns sizt an jeder Seite ein feines Härchen. Das
Männchen hat kammförmige Fühlhörner. Die Fasern haben gleiche Dicke und sind an der innern Seite
mit zwo Reihen sehr feiner Härchen, ihre Spize aber
mit einem steifen etwas gekrümmten Haare besezt.
Die Farbe der Fühlhörner fällt bei beiden Geschlechten
ins Hellbraune und an der Wurzel ins Weiße. Der
Brustschild ist bei allen vorzüglich beim Männchen
sehr dicht mit Wolle bedeckt, und wie der Kopf und
Halskragen rothbraun gefärbt, doch hin und wieder
mit grauen Härchen untermischt. Der Hinterleib
hat an den Seiten kleine Haarbüschel. Seine Farbe
ist etwas heller, als der Brustschild. Der männliche
Schmetterling hat an jeder Seite des Afters einen
breiten Bart, welcher oberwärts gerade, unten aber
vom Leibe an bis zu Ende gerundet ist. Diese beiden
Bärte stehen so weit auseinander, daß man von oben
oder unten zwischen durchsehen kan. Dieß gibt ihnen
gewissermaaßen eine zangenförmige Gestalt. Beide
zusammen haben einige Aehnlichkeit mit einer Haar-
bürste a). Außer den kammartigen Fühlhörnern, dem
schopfichten Rücken und stark gebärteten After ist das
Männchen auch durch seine geringere Größe von dem
andern Geschlechte unterschieden. Allein die Gestalt
und Farbe, die Flügel und deren Zeichnung stimmt
bei beiden überein.

a) Nach Degeer zwo große löffelförmige haarichte Zan-
gen, die eine dicke Bürste formiren. a. a. O.

Alle Flügel sind etwas ausgekerbt und glänzend,
auf der Unterseite am stärksten. Zwei falbe Linien
schlängeln sich quer durch den Obern und messen dessen Länge in drei beinahe gleiche Theile. Der obere
Theil ist röthlichbraun, und nicht weit von der Einlenkung nah am Vorderrande steht ein schwarzer
Querstrich, der nur bis in die Mitte des Flügels
tritt. In dem mittlern Raume, welcher so wohl am
vordern als hintern Rande schimmelfarbig und mit
sehr feinen braunen Pünktchen bestäubt, übrigens aber
rothbraun ist, finden sich die gewöhnlichen Makeln a).
Sie haben beide die Farbe des Randes und sind mit
einer gelblich weißen Linie eingeschlossen. Die länglichrunde verliert sich gegen den Vorderrand und zeigt
sich daher nur halb. Sie ist mit einer schwarzen Figur umgeben, die mit einem hebräischen Nun eine sehr
große Aehnlichkeit hat b).

Mitten zwischen der Nierenmakel und dem Hinterrande steht hart an der Querlinie ein schwarzer
Strich bei einigen ein Flecken oder Punkt mit einem
hellen Rande eingefaßt. Am Vorderrande, wo die
beiden Querlinien anfangen, liegen zwei braunschwarze Flecken. Durch den untern Theil geht eine bogenförmige gelblichweiße Querlinie. Ueber derselben verliert sich die rothbraune Grundfarbe in der Mitte ins
Gelbe und am Vorderrande, der hier mit zwei gelb-

a) Linné sagt in der Faun. Suec. daß diese Makeln der
   Gothica fehlten; allein sie fehlen nur an gefangenen
   Exemplaren.
b) Nach einigen Beschreibungen ist diese Figur mit einer
   weißen Linie eingefaßt. Diese Einfassung gehört aber
   zu den vorhin gedachten grauen Makeln.

lich weißen Pünktchen gezeichnet ist, wird sie dunkler.
Durch den Saum laufen zwei zarte gelbliche Linien
und dicht an demselben stehen acht feine schwarze Pünkt=
chen in gleicher Entfernung quer durch den Flügel.
Die Unterflügel sind aschfarbig; der Saum ist weiß=
lich.   Bei einigen aber seltenen Individuen läuft
querdurch ein gebogener blasser Streiff.   In der Mit=
te steht ein schwärzlicher Flecken.   Die Unterseite der
Flügel geht aus einem bleichen Aschgrau ins Röthliche
über.   In den Unterflügeln findet sich sehr selten ein
grauer Flecken, wie oben, und eine blasse Binde.
Die Füße sind röthlichbraun, und in den Gelenken
gelblich.   An den Hüften sizen lange Bärte.

In der Ruhe hält diese Phaläne die Flügel dach=
förmig, doch so, daß dieselben keinen sehr scharfen
Winkel machen.   Die Fühlhörner liegen ihr dabei
seitwärts unter den Flügeln.

Daß dieser Schmetterling die Phaléne C noir vom
Degeer sei, kan Niemand in Zweifel ziehen, der des=
sen Beschreibung und Abbildung, so unvollkommen
die leztere auch immer ist, mit der Unsrigen zusam=
men hält.

Mehr scheint es gewagt zu sein, daß ich der Wie=
ner Klebekrauteule für dieselbe Art angenommen habe.
Allein unsre Raupe gehört ohne Zweifel unter die Fa=
milie der Seitenstreifraupen.   Sie lebte vom Klebe=
kraut und verwandelte sich, wie jene, in einer Erd=
hülse unter der Erde.   Auch die Phaläne behauptet
ihren Plaz unter den schwarzgezeichneten Eulen und
besonders unter denjenigen, welche schwarze Fleckchen
im Mittelraume haben.   Ein fast untrügliches Kenn=

zeichen aber, daß es keine andre Art sein kan, ist das
auf ihrem Oberflügel befindliche hebräische ב. Die
Wiener konnten, wenn sie die Abbildung des Clerk
nicht vor sich hatten, aus der kurzen Beschreibung
des Linne' nicht erkennen, welchen Schmetterling derselbe unter seiner Phal. Gothica verstanden habe.
Dieß machte, daß sie selbigen mit einem andern weit
schicklichern Namen Nun atrum benannten.

Nun müßte ich noch wohl die Ursache anführen,
warum ich einer Phaläne mit kammförmigen Fühlhörnern eine Stelle unter den Eulen gelassen habe, die
ihr Linne' wahrscheinlich nur deswegen eingeräumt
hatte, weil ihm das Männchen unbekannt gewesen.
Allein ich habe mich schon eher erklärt, daß kein einzelner Theil eines Insekts ein überhaupt zuverläßiges
Kennzeichen für ein Sistem abgebe. Will man alle
Schmetterlinge mit kammartigen Fühlhörnern unter
die Spinner rechnen, so getraue ich mich noch eine
große Anzahl unter den im Sistem aufgenommenen
Eulen zu finden, deren Fühlhörner mehr oder weniger
kammförmig sind. Die Raupe unsrer Phaläne aber
hat so wenig etwas von den Eigenschaften der Spin-
nerraupen, weil sie, ihre Gestalt ungerechnet, nicht einen einzigen Faden zu spinnen im Stande ist, als der
Schmetterling alle Eigenschaften der Spinner, da er
sich durch die gewöhnlichen Makeln und durch andre
seiner Familie eigene Züge hinlänglich unterscheidet.

10.
PHALAENA NOCTVA SIGMA.
die Gartenmeldeeule.

Phal. Noctua fpirilinguis criftata, alis deflexis:
fuperioribus mofchatinis ⸢ fufco-nigro infcriptis.

long. lin. 9. *lat.* lin. 4⅔.

Siftem. Verz. b. Schm. b. W. G. S. 77. M. Schwarzgezeichnete Eulen (Noct. Atrofignatae) 2) mit fchwarzen Fleckchen im Mittelraume. Gartenmeldeeule, N.
Sigma?

Berl. Magaz. Th. III. S. 306. Nr. 58. Phal. Triangulum, das doppelte Dreieck. Rothgelb oder braun
mit einem großen dunkelbraunen Fleck, fo zwei mit
ihren Spizen zufammenftoßende Triangel vorftellt.

Naturf. 9. St. S. 129. Nr. 58. Ph. Triangulum. (v.
Rottemb.)

Gözens Entom. Beitr. 3 Th. 3 B. S. 191. Nr. 16.
Triangulum, das doppelte Dreieck.

Jungs Verz. europ. Schm. S. 145. Triangulum.

Defcr. Palpi Ph. feminae Tab. IV. fig. 7. longiufculi fufci fupra flauefcentes. *Oculi* nigricantes.
Lingua fufca. *Caput* et *crifta* collaris flauida.
Antennae feminae fubpectinatae fufcefcentes,
fpina pallida. *Thorax* mofchatinus. *Abdomen* eodem colore in medio tergo cinereum.
Alae lucidae. Lineae anticarum transuerfae ac
maculae earumque ordo et numerus funt phalaenae praecedentis, omiffa litura atra inter maculam reniformem ac latus pofterius fed per

aliam ſub lineola baſeos reſtituta. Nota characteriſtica maior fuſco-nigra cum Graecorum
Sigma potius, quam Hebraeorum ℈ comparari
poteſt. Accedit linea tenuis angulata fuſca
transuerſa ſubmarginalis. Alae poſticae ſubcrenatae ſupra e fuſco nigricant, ſimbria flaveſcente. Subtus omnes alae vti phal. Gothicae. Pedes rubro-cinerei, geniculis pallidis.

Die Fühlſpizen der Tab. IV. fig. 7. abgebildeten
Eule ſtehen etwas unter dem Kopfe hervor; unten ſind
ſie braun, oben gelblich. Die Augen miſchen ſich
aus dem Grauen ins Schwarze. Die Rollzunge iſt
braun. Die Fühlhörner des Weibchen haben an beiden Seiten feine Härchen. Sie ſind bräunlich, am
Rücken blaß. Der Kopf und Halskragen gelb. Leztrer hat in der Mitte längsherunter und oben querüber
einen bräunlichen Strich. Der Rückenſchild iſt muſkatennußbraun. Der Hinterleib unten und an den Seiten ihm gleichgefärbt, mitten auf dem Rücken aber
aſchgrau. Die Oberflügel haben oben mit dem Rückenſchilde einerlei Farbe. Quer durch dieſelben laufen
vier lichte geſchlängelte Linien. Die Oberſte iſt nach
der Einlenkung zu mit einem ſchwärzlichen Striche eingefaßt, und geht nur etwas über die Mitte, wo ſie
unterwärts mit einem bräunlichſchwarzen Flecken begrenzt wird. Die zweite Linie hat unter ſich eine
Schwärzliche, und iſt oben ſo wie die Dritte und
Vierte auf beiden Seiten durch dunklere oft aber unmerkliche Linien von der Grundfarbe unterſchieden a).

a) Nach Hr. von Rottemburg ſind die drei obern Linien auf

Die vierte Querlinie fehlt bisweilen ganz. Zwischen
der zweiten und dritten Linie sind die gewöhnlichen Makeln mit einer hellen Einfassung. Die Obere ist, so
wie bei der gothischen Schrifteule durch eine dunkel=
braune Figur eingeschlossen, welche mit zwei gleichfarbigen Flecken am Vorderrande sehr nahe zusammen
tritt und dadurch beinahe die Figur eines ⌐ a) erhält b). Unten an der zweiten Querlinie hängt in der
Mitte eine kleine dunkelbraune Ader, welche nach dem
Hinterrande zu ins Weißliche vertrieben ist. Ueber
der Untersten oder vierten Linie findet sich am Vorderrande ein dunkelbrauner Flecken, zwischen welchem
und der dritten Linie zwei helle Punkte stehen. Auch
sind die Rippen des Flügels zwischen den beiden untersten Querlinien durch dunkelbraune Punkte bemerkt.
Nahe am äußern Rande dicht über dem Saum geht
eine dunkle winklichte Linie vom Vorder= bis zum Hinterwinkel. Die etwas ausgekerbten Unterflügel haben
eine blaßbräunliche graue Farbe und einen gelblichen
Saum. Alle Flügel glänzen und kommen auf der
Unterseite denen von der Phal. Gothica sehr gleich,

beiden Seiten mit schwarzen Linien eingefaßt. Ein
Unterschied, der sehr leicht statt finden kan; denn so
genau bindet sich die Natur nicht an ihre Gesetze.
a) Man findet diese Figur bei griechischen Inschriften statt
des sonst gewöhnlichen Σ.
b) "Eigentlich ist diese Zeichnung ein blaßbrauner nierenförmiger Fleck nah am obern Rande, der sich aber
gegen diesen Rand zu ganz verliert und daher etwas
undeutlich ist. An jede Seite dieses Flecks stößt ein
großer dunkelbrauner Fleck. Derjenige, so zunächst
an der zweiten Querlinie steht, und dieselbe berührt,
ist etwas triangelförmig, der andre aber mehr vier-
eckigt" — v. Rottemburg, Naturf. a. a. D.

die Füße, welche an den Hüften Bärte tragen, sind röthlichgrau, mit gelblichen Gelenken.

Das auf den Oberflügeln befindlich C und die verwandten Eulen, worunter die Wiener ihre Phal. Sigma gesezt haben, machen es mir wahrscheinlich, daß diese eben diejenige Phaläne sei, die aniezt von mir beschrieben worden.

II.

PHALAENA C NIGRVM.
Das schwarze C.

long. lin. 8. *lat.* lin. 4.

LINN. S. N. p. 852. no. 162. ed. 12. Phalaena Noctua spirilinguis criftata, alis depreffis cinereis; macula nigra extus obfoleta lineolaque apicis atra. FAUN. Suec. no. 1193. ed. 2.

Müllers Linn. Naturf. 5 Th. 1 B. S. 696. Nr. 162. Das schwarze C.

Sift. Verz. der Schm. d. W. G. S. 77. M. 2) mit schwarzen Fleckchen im Mittelraume. Nr. 7. Spinateulenraupe, (fpinaciae oleraceae); Spinateule, Ph. C. Nigrum L.

CLERC Ph. 4. 1. fig. 3.

MÜLLER. Zool. Dan. Prod. p. 123. no. 1413. Ph. C nigrum. Nom. Lin.

Naturf. 9 St. S. 126. "Es gibt noch einen Vogel, der diesem etwas ähnlich ist — verschiedene Art" v. Rottemburg.

SYST. NAT. du Regn. Anim. II. p. 157. le C.

Neuer Schaupl. der Natur II. St. S. 2. Ph. C nigrum.

G

Gözens Entom. Beitr. 3 Th. 3 B. S. 157. Nr. 162. C
nigrum, das schwarze C.

Junge Verz. d. europ. Schm. S. 24 C nigrum.

Descr. *Palpi* Phal. Tab. V. fig. 1. longiufculi fu-
. fcefcentes. *Oculi* nigri. *Lingua* fufca. *Ca-*
put, *crifta* collaris et *thorax* fufco ac diluto
fuluefcente colorea. *Antennae* feminae fubpectinatae fufcae fpina cinrafcente. *Abdo-*
men lateribus fubcriftatum cinereum, tribus feu
quatuor fegmentis anterioribus vtrinque fupra
albido maculatum. *Alae* nitentes *fuperiores*
furuae; macula laterali fufco-nigra oblonga
finuata, in finu albido-fuluefcente; macula
reniformis e furuo flauefcens. Liturae reliquae
et lineolae quatuor transuerfae antecedenti con-
gruunt; illae denfiores hae valde obfoletae
funt: *fubtus* cinerafcentes arcu hebete fufco
litteram C defignante. *Inferiores* alae eundem
colorem obtinent. *Pedes* furuae geniculis ful-
vefcentibus.

Die Fühlfpizen der Phaläne Tab. V. fig. 1. ragen
vor der Stirn hervor. Ihre Farbe ist braun, an
den Spizen ganz hell bräunlichgelb. Die Augen
find schwarz. Die Rollzunge braun. Der Kopf,
Halskragen und Rückenschild wechfelt mit den Farben
der Fühlfpizen ab. Die bräunlichen Fühlhörner des
Weibchen find an jeder Seite mit feinen Härchen befezt und haben am Rücken afchfarbige Schüppchen.
Der afchgraue Hinterleib hat oben auf den drei oder

vier erſten Ringen zu beiden Seiten einen weißlichen
Flecken und an den leztern einige ſehr kurze Haarbüſchel. Die Flügel glänzen ſowohl auf der Ober= als
Unterſeite. Die Obere iſt an den Vorderflügeln graubraun a). Eine längliche braunſchwarze b) Makel,
welche gegen den Vorderrand eine weißliche etwas ins
Bräunliche gemiſchte gelbe c) Bucht hat d), grenzt mit
ihrer untern Seite dicht an den Nierenflecken, welcher aus
der Grundfarbe des Flügels ins Gelbliche übergeht
und eine noch kleinere mit einer dunkeln Linie einge-
ſchloſſene nierenförmige Figur in ſich faßt. Uebrigens finden ſich dieſelben Querſtriche und ſchwarzen
Flecken auf dieſem Flügel, welche ich bei der Phal.
Noct. Sigma beſchrieben habe, nur mit dem Unterſchiede, daß die Striche ſehr undeutlich und der Dritte
kaum zu erkennen iſt. Der äußere Rand ſondert ſich
von dem Saume durch eine helle Linie ab. Die Unterſeite iſt aſchgrau und mit einem blaßbräunlichen Bogen bezeichnet, der ein lateiniſches c bildet, bei vielen
Exemplaren aber gänzlich fehlt und daher kein charak-
teriſtiſches Kennzeichen abgibt e). Die Hinterflügel

a) Nach Hr. v. Rottemburg ſchwarzbraun.
b) Nach Linné eine ſchwarze. Sie iſt mehr ſchwarz, als
braun, indeſſen ſcheint die leztere Farbe doch durch).
Nach v. Rottemburg kohlſchwarz.
c) Nach Linné hochgelb (lutea) Clerk hat ſie ſchwefel-
gelb gemahlt. Beide Farben finde ich nicht.
d) »In dem ſchwarzbraunen Grunde ſtehen nah am obern
Rande zwei kohlſchwarze Triangel, die mit ihren
Spizen zuſammenſtoßen. Der zwiſchen dieſen beiden
Triangeln und dem Oberrande befindliche Raum iſt
weißlich, und ſtellt daher noch einen dritten weißlichen Triangel vor« — v Rottemburg a. a. O.
e) Stat. Müller hat das Siſtem mit der Faun. Suec.

ſind am äußern Rande aſchfarbig und haben gegen den
Rückenwinkel ſo wie der Saum mehr Weißliches.
Auf der Unterſeite ſind ſie nach dem Vorderrande halb
aſchgrau und nach der entgegengeſezten Seite weißlich. Bisweilen geht durch die Unterſeite aller Flügel ein ſehr undeutlicher aſchgrauer Streiff. Die
Füße ſind graubraun und haben bräunlichgelbe Gelenke. Die Hüften ſind mit langen Bärten beſezt.

12.
PHALAENA BOMBYX MACVLOSA.
der Klebekrautſpinner.

Phal. Bombyx ſubelinguis, alis deflexis: ſuperioribus moſchatinis, inferioribus molochinis; omnibus atro maculatis.

long. lin. 6⅔. lat. lin. 3⅛.

Siſtem. Verz. der Schm. d. W. G. S. 54. E. Bärenrau-
pen (laruae vrſinae). Edle Spinner (Ph. Bombices
nobiles L.) Nr. 10. Klebekrautſpinnerraupe (Galii
Apparines). Klebekrautſpinner (B. Maculoſa).

Gözens Entom. Beitr. 3 Th. 3 B. S. 58. Nr. 60. Maculoſa Klebekrautſpinner.

Jungs Verz. europ. Schmett. S. 85. Maculoſa.

Deſcr. Palpi Phal. Tab. V. fig. 2. perbreues et oculi
nigri. Lingua flaueſcens. Caput atrum inter

nicht verglichen, wenn er ſagt: Ein ſchwarzer Flecken, der an der einen Seite gelb ausgehölt iſt, macht
auf den aſchgrauen Flügeln die Bildung des Buch-
ſtabens C "Linne bemerkt das C nicht auf der Ober-
ſondern auf der Unterſeite.

antennas moschatinum. *Antennae* pectinifor-
mes maris moschatinae aut nigrae, feminae
atrae. *Crista* collaris atra moschatino fimbria-
ta. *Thorax* ater directe moschatino distinctus.
Abdomen nigrum sub thorace pilis carmesinis
bis in feminae frequenter omnibus segmentis
maculatum. *Anus* barbatus. *Alae* integrae
rotundatae margine primorum antico atrae;
subtus colore inferiorum lituris nigris eodem
ordine atque in pagina superiori positis. *Pedes* fusco-nigri.

Die schwarzen Fühlspizen des Tab. V. fig. 2. abgebildeten Spinners sind so kurz, daß man sie unter
den Haaren, welche sie umgeben, nicht erkennen kan.
Die Augen haben eine schwarze und die kurze Saugspize eine gelbliche Farbe. Der Kopf ist schwarz, zwischen den Fühlhörnern aber mußkatennußbraun. Diese
Farbe ist auch den männlichen Fühlhörnern eigen, die
schwarze den weiblichen. Beide sind kammförmig,
doch bei dem Männchen die Fasern länger, an der in-
wendigen Seite dicht mit Härchen und am Ende mit
einer kurzen starken Borste besezt. Der Halskragen
und Rückenschild sind schwarz, jener mit Muskatennußbraun eingefaßt und dieser mit derselben Farbe
längshin gestreifft. Der Hinterleib ist grauschwarz
und hat oben auf dem ersten Ringe an jeder Seite einen Flecken von karminrothen Härchen. Bei dem
Weibchen finden sich dergleichen oft an allen Ringen.
Der After ist bei dem Männchen etwas gebärtet und
mit bräunlichen Haaren vermischt.

Die Oberseite der Vorderflügel iſt bei beiden Ge-
ſchlechten hell oder dunkel muskatennußbraun gefärbt.
Bei dem Weibchen iſt ſie am dunkelſten und oft dunkler, als die Frucht, deren Farbe ſie entlehnet. Der
Vorderrand und die zunächſt liegende Rippe des Flügels zeigt ſich bei dem weiblichen Spinner ſchwarz.
Ein hohes Pappelroſenroth verſchönert die Unterſeite
und gibt beiden Seiten der Hinterflügel beſonders der
Obern das lebhafteſte Anſehen. Auf allen Flügeln ſind ſammetſchwarze Flecken, bald mehr bald
weniger in drei Querreihen geordnet, die auf den
Hintern oft in einander fließen. So ungleich ihre
Anzahl iſt, ſo finden ſich doch meiſtentheils eben ſo
viel auf der Unterſeite, als auf der Obern, nur mit
dem Unterſchiede, daß ſie hier nicht ſo ſchwarz und
etwas ins Graue gemiſcht ſind. Auch fällt an den
weiblichen Unterflügeln der Saum oft ins Schwärzliche. Die Füße ſind bräunlichſchwarz.

13.
PHALAENA NOCTVA MONOGLYPHA,
der Treiber.

Phal. Noctua ſpirilinguis criſtata, alis deflexis nu-
ceis, lineis vndatis quatuor transuerſis pallidis et tribus directis atris lineam primam ac tertiam interia-
centibus.

m. *long.* lin. $11\frac{1}{2}$. *lat.* lin. $5\frac{2}{3}$.

Berl. Magaz. Hufn. Tab. 3 B. S. 308. Nr. 62. Phal.
Monoglypha, der Treiber. Theils bläulich, theils
hell, theils dunkelgrau mit einem lateiniſchen W an
dem hintern Rande.

Naturf. 9 St. S. 128. Nr. 62. Ph. Monoglypha. (v. Rottemburg).

Röfels Infektenb. 3 Th. S. 275 tab. 48. f. 4. Die blaß-bräunlichte, glänzende Raupe mit dem schwarzen Kopf, gleichfarbigen Nachschiebern und Wärzlein, so zur Nachtvögel zweiten Klaffe gehört und sich im faulen Holze aufhält.

Gözens Entom. Beitr. 3 Th. 3 B. S. 192. Nr. 19. Monoglypha, der Treiber.

Jung Verz. europ. Schmett. S. 91. Monoglypha, der Treiber.

Defcr. Larua a) nitida colore diluto vmbrino, nigrisque annulorum verruculis certo ordine directis. Caput et primum fegmentum fuperum cum tegmine caudae picea. Pedes pectorales atque caudales nigri.

Palpi Phal. Tab. V. fig. 4. porrecti fufcefcentes. *Oculi* pulli. *Lingua* pallide fufca. *Caput* nuceum inter antennas albido varium, lineola transuerfa nigricante. *Antennae* fetiformes furvae. *Criftae collari* dupliciter arcuatae et fcapulis color capitis infidet et verfus marginem faturatior exit. *Crifta dorfalis* thoracis antice pofticeque infundibiliformis colorem inter antennas accipit. *Abdomen* tergo et lateribus criftatum cinereo-fufcum, *ano* maris vndique barbato. *Pectus* et *venter* feminae pallide fufca, maris e fufco rufefcunt. *Alae* crenatae nitidae *anticae* dilutae, fafcia denfiore nubila maculis

a) Röfel a. a. O.

ordinariis transuersa intercedente. Lineae directae nigrae inter lineam primam et secun-
dam transuersam duae, inter hanc et sequen-
tem vna. In linea vltima W latinum insigne
apparet. *Alae* posticae e griseo suscescentes
versus marginem exteriorem nigricant, fimbria
pallide fusca, lineola transuersa pressiore.
Subtus omnes alae cinereo et fusco variae versus latus tenuius flauescunt, fascia et puncto
disci griseae. *Pedes* femoribus barbatis fusco-
rufescentes.

Mas cingulis pilosis duobus flauidis inter tho-
racem et segmentum primum quiete abscondi-
tis Tab. V. fig. 5. a. b.

Die Raupen von dieſer Art bekommen nicht immer
einerlei Größe. Ich habe ſie nie über 1½ Zoll lang
und etwas über drei Linien dick gehabt a).

Sie iſt in der Mitte am ſtärkſten und verjüngt ſich
an beiden Enden. Ihre Oberfläche iſt glänzend und
ſo glatt wie geſchliffen. Der herzförmige Kopf hat
eine braunſchwarze beinahe ſchwarze Farbe. Die Au=
gen und Freßſpizen ſind kaum zu erkennen. Die
Grundfarbe des Leibes iſt blaß umbrafarbig b). Der
erſte Ring zeichnet ſich querüber mit einem ſchwarzen
Flecken aus, der vorne gerade und hinterwärts kreis=
förmig iſt und ſich an den Seiten bis auf die Füße er=
ſtrecket c). Oben auf dem zweiten und dritten Ringe

a) Röſel hatte ſie von zweizölliger Länge.
b) Nach Röſel blaßbräunlicht.
c) Röſel nennt dieſen erſten Ring den Hals und ſagt: er

steht vor = und hinterwärts ein schwarzer Querstrich,
und zwischen diesen sind vier ähnliche Punkte in einer
Querreihe geordnet. Bei einigen Exemplaren sind
keine Striche, sondern drei Reihen solcher Punkte und
diese scheinen bei jenen in einander geflossen zu sein.
Die folgenden Ringe haben am Rücken vier schwarze
Warzen, wovon die beiden Vordern näher zusammen
treten, als die Hintern. An jeder Seite finden sich
zwei dergleichen schräg übereinander. Die Untere ist
nach dem Kopfe gerichtet und hat das Luftloch über
sich, an dessen Seite man noch einen kleinen Punkt
bemerkt. Ueber den Bauch= und Brustfüßen stehen
gleichfalls zwei dergleichen schwarze Punkte und in
gleicher Reihe mit ihnen auch auf den andern Ringen,
die keine Füße haben. Diese Lezten sind noch unter
dem Leibe querüber mit vier ähnlichen Punkten bezeich=
net. Auf allen diesen schwarzen Punkten oder War=
zen sizt ein ziemlich langes Borstenähnliches Haar.
Die Schwanzklappe und Nachschieber sind wie der
Flecken des ersten Ringes glänzendschwarz, und die
Brustfüße braunschwarz. Die Bauchfüße haben ei=
nen schwarzen Flecken und ihre in einem halben Kreise
sizenden Häkchen kommen diesen an Farbe gleich).

Diese Raupe nährt sich, wie Rösel geglaubt hat,
vom faulen Holze. Die Meinigen habe ich allezeit
ausgewachsen bekommen. Sie haben nicht mehr ge=
fressen und sind gleich in die Erde gegangen. Wahr=
scheinlich ist die Unruhe, so viele Raupenarten kurz

sei ganz schwarz. Dieß ganz muß nicht im streng=
sten Verstande genommen werden; denn in seiner
eignen Zeichnung hat dieser Ring am Unterleibe
nichts Schwarzes, sondern die Grundfarbe.

vor ihrer Verwandlung bekommen, Ursache gewesen,
daß sich die Unsrigen aus ihrem eigentlichen Aufent-
halte heraus begeben hatten und auf der Oberfläche der
Erde sehen ließen. Ich schließe dieß mit aus der Geschwindigkeit, womit ich sie vor mir hin laufen sah.
In der Gegend, wo ich die eine gefunden hatte, ließ
ich gleich nachgraben und bekam einige gelblich weiße
glänzende Raupen, die beinahe einen Zoll lang waren,
einen bräunlichen Kopf und einen sehr glatten Leib
hatten. Ob diese von unsrer Art und noch nicht völlig ausgewachsen waren, konnte ich nicht erfahren,
weil mir ihre Nahrung unbekannt blieb. Sie starben
ungeachtet aller angewandten sorgfältigen Behandlung. Wahrscheinlich leben dergleichen Raupen von
den Wurzeln der Pflanzen und Bäume, denn in der
ganzen Gegend, wo sie sich aufhielten, fand ich kein
verfaultes Holz. Es hat mich jemand versichern wollen, daß er die Unsrige auch mit Brennessel einige
Tage gefüttert habe. Der Hunger hat dieß vielleicht
verursachet. Ob sie aber mit dieser Pflanze erzogen
werden können, weis ich nicht.

Nach einigen Nachrichten soll sich diese Raupe
häufig auf Schindängern aufhalten. Ich habe noch
keine Erfahrung davon gehabt.

Man trifft sie im Anfange des Wonnemond schon
erwachsen an. Ihre Verwandlung geschieht in einer
etwas ausgehölten Erde.

Die Puppe Tab. V. fig. 3. ist acht Linien lang
und in der Mitte 3½ Linie dick. Nach dem Scheitel
hin verjüngt. Die Oberfläche eben und glänzend kastanienbraun. Das Schwanzende ist Tab. V. fig. 4.

vergrößert vorgestellt. Es geht in zwei kegelförmige
Stäbchen aus, welche an ihrer Spize mit einem an=
terförmigen Querstück versehen sind.

Der Schmetterling Tab. V. fig. 5. findet sich im
Brach= und Heumond. Die bräunlichen Fühlspizen
stehen geradaus. Die Augen sind erbfarbig. Die
Rollzunge blaßhellbraun. Der Kopf hat eine Nuß=
farbe a), und vor der Stirn einen schwarzen Quer=
strich. Zwischen den Fühlhörnern ist er mit Weiß ge=
sprengt b). Die borstengleichen Fühlhörner haben an
beiden Seiten eines jeden Gliedes zwei kurze feine Här=
chen. Ihre Farbe geht aus dem Aschgrau ins Brau=
ne über. Der doppelte Halskragen ist zweimal gebo=
gen, wie der Kopf gefärbt und am äußern Rande
dunkler ins Schwarze gemischt. Der Rückenschild
kömmt an den Seiten ihm an Farbe gleich. In
der Mitte hat er gleich hinter dem Halskragen und
zunächst dem Hinterleibe zwei kleine trichterförmige
Vertiefungen. Das Braune wechselt hier mit Weiß
ab. Zwei bis drei kleine Haarbüschel zieren den Rü=
cken und die Seiten des Hinterleibes, doch bei dem
Weibchen nicht so stark, als bei dem männlichen
Schmetterling Tab. V. fig. 5. Dieser ist auch am
After rund herum mit einem langen Barte versehen,
wodurch es den Hinterleib des Weibchen bei der Be=
gattung ganz einschließen kan, welches viele andre Ar=
ten mit ihm gemein haben. Tab. V. fig. 6. c. d. Der
Hinterleib des Weibchen ist aschfarbig, bei dem Männ=
chen nur oben auf den ersten zwei Ringen; das Uebri=

a) Diese ist bei dem Männchen oft ins Röthliche gemischt.
b) Nicht bei allen Exemplaren.

ge kömmt mit der Farbe des Kopfs überein.   Von
dem Weibchen unterscheidet es sich vorzüglich durch)
zween gelbliche Haarbüschel Tab. V. fig. 6. a, b, wovon auf beiden Seiten einer gerade in der Fuge sizt,
wo der Hinterleib mit dem Brustschilde zusammenhängt und so lang ist, daß er ganz auf die andre Seite hinüber reicht.   Der Schmetterling kan diese Büschel dicht zusammen, und wie eine Schärpe um den
Leib schlagen, auch so tief in die gedachte Fuge legen,
daß man sie wegen der darüber herfallenden Haare des
Unterleibes gar nicht gewahr wird.   Er kan sie aber
auch ausbreiten und damit den Unterleib größtentheils
bedecken a).

Alle Flügel sind am äußern Rande ausgekerbt.
Die Grundfarbe der Vordern auf der Oberseite ist ein
helles Nußbraun, das hin und wieder mehr gesättiget
und bei dem Männchen Tab. V. fig. 5. etwas mit Kastanienbraun versezt ist.   Nicht weit vom Rückenwinkel geht eine gezafte Querlinie vom Vorderrande bis
etwan in die Mitte, und weiter unten gehen noch drei
solcher in ungleichen Zwischenräumen ganz durch von
einem Rande zum andern.   Bei dem Männchen sind
sie hellbraun, bei dem andern Geschlechte weißlich.
Von da, wo die erste Querlinie sich endiget, zieht sich
ein etwas gebogener braunschwarzer Strich längs herunter und ein andrer ähnlicher, der gerader und stär-

a) Aehnliche Haarbüschel bemerkte Bonnet an dem Männchen von Windig (Sph. Conuoluuli). S. Bonnets
   und andrer Naturf. Abhandl. aus der Insektol.
   v. Göze. S. 155. vergl mit S. 95. IX. Ich habe
   sie an diesem Schmetterl. noch nicht entdecken können.

ker ist, läuft nahe am Hinterrande mit ihm in gleicher Entfernung bis zur zweiten gezakten Querlinie
fort. Von dieser bis zur dritten Querlinie ist wieder
ein starker braunschwarzer Strich, zwischen welchem
und dem Vorderrande ein länglichtrunder und unter
demselben ein nierenförmiger Flecken steht, welche beide hellbraun am Rande weißlich und mit einer dunklen
Linie begrenzt sind. Bei recht vollkommenen Exemplaren zeigt sich zwischen diesen Flecken eine braune
Querbinde, welche unterwärts etwas in die Grundfarbe vertrieben und ohne deutliche Grenzen ist. Zwischen der dritten und vierten Querlinie fällt der Grund
am Hinterrand und nach dem Vorderwinkel zu ins
Weißliche a). Am Vorderrande stehen drei helle
Punkte und die braunen Rippen des Flügels sind
weiß punktirt. Die unterste Querlinie ist sehr stark
gezackt und bildet in der Mitte ein vollkommenes lateinisches W. Der Saum ist durch helle Strichelchen
unterbrochen. Die Hinterflügel sind graubräunlich
und werden nach dem äußern Rande zu schwärzlich.
Der bräunlichweiße Saum hat in der Mitte eine
dunklere geschlängelte Querlinie. Die Unterseite der
Flügel ist bräunlich aschgrau, am Hinterrande weißlich. Querdurch geht eine graue Binde und ein Strich,
über welchen sich ein dergleichen mondförmiger Flecken
in den Obern und ein runder in den Unterflügeln befindet. Die Füße sind an den Hüften gebärtet Tab. V.
fig. 6. e. Ihre Farbe kömmt mit der Farbe des
Unterleibes überein.

a) Hr. v. Rottemburg hat diesen weißlichen Flecken am
    Hinterrande nur bei wenigen Exemplaren gefunden.
    Die Unsrigen haben ihn alle.

14.

PHALAENA BOMBYX MORIO,

der Mohrenkopfſpinner.

long. lin. 6. *lat.* lin 3½.

LINN. S. N. p. 828. n. 66. ed. 12. Phalaena Bombyx
elinguis, alis nigris atro ſtriatis; abdominis inciſuris flaueſcentibus.

Müllers Linn. Naturſ. 5 Th. 1 B. S. 674. Nr. 66. Das
Mohrenköpflein.

Siſtem. Verz. d. Schm. d. W. G. S. 50. C. Knoſpen-
raupen, Laruae tuberoſae; nacktflügelichte Spinner,
Phal. B. ſubnudae.

No. 1. Lülchſpinnerraupe (lolii perennis) Lülchſpin-
ner, Ph. B. Morio *Linn.*

Gözens Entom. Beitr. 3 Th. 3 B. S. 26. Nr. 66. Der
Mohrenkopfſpinner.

Jung Verz. europ. Schm. S. 91. B. Morio.

Deſcr. Phal. Tab. V. fig. 7. tota vnicolor nigra vel
fuſco-nigricans. *Palpi* perbreues. *Antennae*
plumoſae. *Thorax* et *abdomen* villoſa; *anus*
lanatus. *Alae* rotundatae ſubpellucidae piloſae
neruis ac fimbria obſcuriores.

Die Fühlſpizen des Tab. V. fig. 7. abgebildeten
Spinners ſind ſehr klein und beſtehen aus einem kaum
zu bemerkenden Büſchel feiner Härchen. Der Kopf,
Hals, Bruſtſchild und ganze Leib iſt mit kurzen zarten Haaren bedeckt, welche an den drei erſten Theilen
ſtraubicht in die Höhe ſtehen. Die Faſern an den mit
einer ſtumpfen Spize ſich ſchließenden Fühlhörnern des

Männchen sind von der Wurzel an gleich dicke und am Ende keulenförmig Tab. V. fig. 8. a. Ihre innere Seite ist mit äußerst feinen Härchen längshin besezt. Ein, zwei, drei oder mehrere Härchen sizen an einer Stelle beisammen, und machen so viele kleine Büschelchen, als sie durch leere Räume von einander abgesondert sind. Die Fasern tragen auf ihren Keulen drei höchstens vier Borstenhärchen, wovon sie auch eins am Rücken oder der äußern Seite haben. Der After ist gebärtet.

Die Flügel sind sehr zart und meist durchsichtig, weil sie von keinen Schüppchen oder Fiederchen gleich andern Schmetterlingsflügeln bedeckt werden. Zarte Borstenhärchen, wovon allemal ein langes und kurzes eine gemeinschaftliche Wurzel haben Tab. V. fig. 8. b. stehen zerstreut etwas in die Höhe gerichtet auf dem Flügel und machen keine allgemein dichte Oberfläche. Die Rippen sind nach Verhältniß der Größe der Flügel stark und liegen erhaben, welche Linné sehr richtig in ihrer Zeichnung bemerkte a).

Die Farbe des ganzen Schmetterlings ist schwarz, oder bräunlich schwarz. Der feinhaarichte Saum dunkler.

a) Atro striatis a. a. O.

15.

PHALAENA TORTRIX ATOMANA,

der Atomwickler.

Phalaena Tortrix elinguis, alis cinerafcentibus, anticis atomis, ftrigis duabus punctisque mediis ac marginalibus atris.

m. *long.* lin. 6. *lat.* lin. 2¼.
f. — — 4.

Defcr. Larua Tab. V. fig. 9. nuda depreffa flaua feu flauo-viridefcens, fafcia fegmenti primi denfiore transuerfa, capite rubrico. Verruculae in dorfo politae vix manifeftae fetigerae in ordine quodam difpofitae cernuntur. *Tibiae* pedum pectoralium tertii paris varae feu loxarthricae.

Palpi Phal. Tab. VI. fig. 2. directi pallide cinereo nigroque varii. *Oculi* canefcentes. *Capiti criftaeque* collari color cum palpis conuenit. *Thorax* albefcens punctis quatuor nigris. *Antennae* fubfiliformes bafi craffiores cinerafcunt, in dorfo fquamulis nigris obteguntur. *Abdomen* grifeum, incifuris anoque barbato canis. *Alae* fubrotundatae deflexo-incumbentes; *exteriores* fupra atomis nigris numerofis fparfae. Striae transuerfae abbreuiatae, altera verfus bafin angulata, altera inferior feu propior margini exteriori vndulata faepiffime oblitterata. Punctorum, quae diximus, duo in obliqua alarum transuerfa infra ftrigam fuperiorem fita funt, interdum arctius connata, vnum inferius prope latus anticum, duo infra mediam alae longitudinem saepius lituram semi-lunarém efficiunt; cetera in angulo antico ac margine exteriori distincta apparent. *Pedes* cani, interstitiis nigris. Mas erat, quem descripsimus.

Femina Tab. V. fig. 13. differt alis confornicatis, subulatis, abdomine crassiore punctisque alarum anticarum ante strias flauidis.

Die größten Raupen von dieser Art erreichen eine Länge von zehn und an ihren stärksten Ringen eine Breite von anderthalb Linien. Gewöhnlich sind sie nur sieben bis acht Linien lang und eine gute Linie breit. Ihr Kopf ist herzförmig und an der Stirn etwas von der Haut des ersten Ringes bedeckt. Der Leib platt gedruckt. Die Haut sehr dünn und durchsichtig. Der erste Ring ist nicht breiter, als der Kopf und sehr kurz. Der Zweite wird mehr als noch einmal so lang und um den vierten Theil breiter, der Stärkste unter allen. Der Dritte übertrifft ihn etwas an Breite und verliert an der Länge. Die beiden Folgenden sind ihm gleich. Die vier Ringe, an welchen die Bauchfüße sizen, haben eine gleiche Länge, werden aber nach hintenzu schmäler. Die drei lezten nehmen stark ab, so daß der Zwölfte nicht so breit ist, als der Kopf. Der erste Ring hat an beiden Seiten drei feine Wärzchen in einem Dreieck geordnet und unter diesen noch ein einzelnes. Die Seiten des zwei-

H

ten und dritten Ringes sind mit zwei etwas grössern
Warzen besezt, die gerad unter einander stehen, und
unter diesen sizen zwei neben einander, wovon das Hintere etwas höher hinaufgerückt ist. An den acht folgenden
Ringen sind zwei an jeder Seite nicht weit vom Rücken schräg unter einander gerichtet. Unter dem Vordern derselben finden sich zwei gerad unter einander
und haben das Luftloch in der Mitte. Sechs ähnliche Wärzchen zeigen sich auf dem zwölften Ringe.
Sie unterscheiden sich insgesammt bloß durch eine
kaum merkliche Erhabenheit und durch ihren Glanz
von der matten Haut. Jede ist mit einem feinen
Vorstenhärchen besezt, das aber ohne Lupe nicht leicht
sichtbar wird. Dergleichen Härchen finden sich auch
am Kopfe, der Schwanzklappe und den Seiten, wo
sich die Haut zusammenzieht, sehr einzeln.

Etwas Sonderbares hat diese Raupe mit keiner
der bisher bekannten Arten gemein und dieß zeigt sich
an dem dritten Paar ihrer Brustfüße, die Tab. V.
fig. 9. aa. in ihrer natürlichen Größe fig. 10. aber
vergrößert abgebildet worden. Es bestehen dieselben
zwar aus eben so viel Gliedern, wie die gewöhnlichen
Brustfüße der Raupen, aber das dritte Glied oder der
Schenkel ist anders gestaltet, und hat nicht das Kegelförmige, so wir an den Brustfüßen bekannter
Schmetterlingsraupen wahrnehmen. Die Gewöhnlichen bestehen aus vier Theilen oder vier verschiedenen
kegelförmigen Röhren, welche durch Gelenke mittelst
zarter Häute zusammengefügt oder ein auf einander gesezt sind. Der Erste davon hat den stärksten Umfang

und wahrscheinlich keinen andern Endzweck, als das
Bein am Leibe zu befestigen. Er ist gleichsam die
Basis desselben und bei unsrer Raupe auf gleiche
Art gestaltet. Tab. VI. fig. 10. ab. Der zweite Theil ist länger, aber nur etwan halb so dick, als
der Erste. Man kan ihn als das Hüftbein betrachten.
Seine Gestalt weicht von der an den sonderbaren Füßen
unsrer Raupe nur darinn ab, daß er zunächst dem ersten Theile etwas dicker ist, als am Ende, mithin kegelförmig, da er hingegen bei unsrer Art meist walzenförmig erscheint. Tab. V. fig. 10. bc. Der
dritte Theil oder der Schenkel hat an den gewöhnlichen Brustfüßen mit dem Hüftbein einerlei Gestalt und ist nur durch eine geringere Größe verschieden; allein bei unsrer Raupe zeigt sich hier ein
merklicher Unterschied. Der Schenkel an ihrem dritten Paar Brustfüßen ist weder kegel- noch walzenförmig. Der Theil von c bis d ist nur oben und an
den Seiten bis e gerundet nicht weit von c etwas ein-
gebogen und am Ende bei d ganz kugelförmig, wie er
bei fig. 11. vorgestellet worden. Unterwärts demselben findet sich ein ganz neuer Theil von e bis f, der
mit ihm ein Ganzes ausmacht und den bekannten
Brustfüßen gänzlich fehlt. Er gleicht einem abgekürzten Kegel und gibt diesem Schenkel eine seltsame
Gestalt. Der eigentliche Fuß, welcher den vierten
Theil der gewöhnlichen Brustfüße ausmacht und sich
am Ende ihrer Schenkel befindet, nimmt hier eine
ganz andre Lage an, und hängt mit gedachten unbekannten Theile zusammen, statt daß er bei d sizen
sollte. Die Klaue ist nicht unterwärts an diesem

Fuße, wie gewöhnlich, sondern in dem Gelenke bei f
angewachsen, welches sich bei fig. 11. deutlicher zeigt.
Nicht weit von diesem Gelenke habe ich noch eine kleinere Klaue entdeckt, welche unterwärts an dem unbekannten Theile befindlich ist.   Tab. V. fig. 10. h.

Wollte man diese Füße mit einem eigenen Namen
benennen, so wüßte ich kein passenderes, als das im
Niedersächsischen gewöhnliche Wort: Klunßfuß.
(pes loxarthricus).

Alle vier Paar Bauchfüße unsrer Raupe sind mit
einem ganzen Kreise kleiner Häkchen besezt, da hingegen die Nachschieber nur einen halben Zirkel derselben
haben.

Der Kopf ist bräunlich roth, glänzend.   Die
Augen sind bräunlichschwarz.   Die Zähne braun.
Die Farbe des Leibes bald gelb, so wie Tab. V. fig. 10.
bald blaßschmuzig grün wie in der Abbildung Tab. V.
fig. 9.   Die an den Seiten sich zusammenziehende
Haut, die Einschnitte, auch wohl der vierte und fünfte Ring so wie die beiden lezten und die Schwanzklappe bisweilen ganz gelb, oft ins Gelbe oder Graue
gemischt, je nachdem sich die Raupe krümmt, und die
innern Theile durch die klare Haut sichtbar werden.
Der erste Ring hat hinterwärts eine dunkle Querbinde.   Längs dem Rücken zeigt sich die durchscheinende
Pulsader oder ein dunkelgrünlicher Strich.   Bei einigen Individuen sind die Warzen graubräunlich, bei
den meisten aber wie der Leib gefärbt.

Wir finden diese Raupenart an der Birke, (betula
alba) Zitterpappel, (populus tremula) Linde, (tilia
europ.) Eiche, (quercus roboris) Hagebuche, (car-

pinus betulus) am häufigsten aber an der Rothbuche,
(fagus fyluatica). Sie frißt am Tage und des
Nachts.

Um sich gegen ihre Verfolger in Sicherheit zu sezen, wählt sie ihre Wohnung in einem umgelegten
Blatte. Sie zieht nämlich vermöge der ihr natürlichen Kunst mittelst einiger Fäden ein Blatt auf eine
solche Art zusammen, daß die eine Hälfte des Randes
der Länge nach auf die andre zu liegen kömmt und heftet solches rund herum mit ihrem vielfachen Gespinnst
dicht aneinander, doch so, daß immer ein Zwischen-
raum von zwei bis drei Linien zwischen den Näthen
offen bleibt, wo sie ein und auskommen und ihrer
Nahrung nachgehen kan. Bei kleinen Blätterarten
als Birken und Pappeln verbindet sie nur einige naß
auf einander liegende Blätter mit etlichen Fäden und
behilft sich mit einer weniger bequemlichen Wohnung.
Sie ist selten weit von derselben entfernt und kehrt bei
der geringsten anscheinenden Gefahr mit der größten
Schnelligkeit dahin zurück. Nähert man sich ihr, so
macht sie mit ihren sonderbaren Füßen ein so lautes
trommelndes Geräusche in der Wohnung, daß es
scheint, als wenn sie dadurch ihren Feind verscheuchen
wollte. In ihrer Gefangenschaft ist sie weniger für
ihre Sicherheit bedacht, lebt freier und nicht so eingeschlossen, sie merkt es, daß sie keine Nachstellungen
zu befürchten hat. Doch auch nicht immer; denn einige sperren sich demohngeachtet zwischen Blätter ein,
andre machen sich Wohnungen zwischen dem Glase
und einem daran festgesponnenen Blatte.

Zum Gehen gebraucht sie ihre krummen Füße eben

so gut, als die andern, doch so, daß sie selbige niemals unter dem Leib bringt, sondern immer seitwärts
davon abhält.   Ueberhaupt sind diese Füße in einer
fast unaufhörlichen zitternden Bewegung und stehen
während ihrer wiewohl sehr seltenen Ruhe vom Leibe
gewöhnlich rechtwinklicht ab.

Man trift diese Art schon im Erndtemond, den
ganzen Herbstmond bis in die Mitte des Weinmonds
an.   Ihre Puppengestalt bekommen sie zwischen den
Blättern oder dem Ort ihres bisherigen Aufenthalts.
Die Raupe verfertiget zwei ovale Stücke von sehr zarten Gewebe, etwan neun Linien lang und in der Mitte
etwas über fünf Linien breit, heftet solche am Rande
zusammen und befestiget sie zugleich an dem Blatte,
wo nicht beide, doch wenigstens das eine Stück.   In
diesem flachen Gespinnste hängt sie ihre Puppe auf,
welche beim Abfall des Laubes durch das sie umgeben-
de Blatt für gar zu großer Nässe oder andern Insekten ziemlich gesichert ist.

Die Puppe Tab. V. fig. 12. ist in ihrer Größe
eben so verschieden, als die Raupe, gewöhnlich fünf
Linien lang und in der Mitte anderthalb Linien dick
und am stärksten.   Ihre Oberfläche ist glatt und glänzend.   Das Gesicht, die Flügeldecken, Fühlhörner-
und Beinscheiden liegen verhältnißmäßig stark erhaben.
Die Luftlöcher fallen deutlich in die Augen.   Am
Schwanzende ist sie mit zwei Häkchen versehen, welche
eben so gestaltet sind, wie die Häkchen an der Puppe
des Schlehedornmessers a).   Nicht weit davon sizen

a) S. m. Beitr. zur Insektengef. 2. St. S. 15. Tab. VII.
    fig. 5. ee.

zu beiden Seiten zwei sehr zarte Stielchen, welche am
Ende mit einer Kolbe versehen sind, damit das darinn
verwickelte Gespinnst desto fester angehalten werden
kan. Die Farbe dieser Puppe ist kastanienbraun.
Die Flügel- und Augendecken, auch die Beinscheiden
sind dunkler, als die übrigen Theile. In den Einschnitten und am Rücken ist die Farbe am hellsten.

Der Schmetterling schlupft bei gelinder Frühlings-
witterung schon im Lenzmond aus, am häufigsten aber
im Ostermond.

Das Weibchen Tab. V. fig. 13. Tab. VI. fig. 1.
zieht wegen seiner vom andern Geschlechte sehr verschiedenen Gestalt vorzüglich die Aufmerksamkeit des
Beobachters an sich. Die Fühlspizen sind mehr als
noch einmal so lang, wie der Kopf, am Ende pfriemenförmig und in gerader Linie vorwärts gestreckt.
Ihre Farbe ist hellaschfarbig, oder weißlich mit schwarzen Fiederchen untermischt, auf der untern Seite meist
schwarz. Die Augen sind hellgrau und hervorstehend.
Der Kopf, Halskragen und Rücken hellaschfarbig und
mit schwarzen Pünktchen bestäubt. Die fadenförmigen Fühlhörner sizen auf einer kleinen Walze, die noch
einmal so dick und wohl viermal so lang ist, als der
Durchmesser des Fühlhorns. Ihre Farbe ist aschgrau
unten mit einzelnen, am Rücken mit mehrern schwarzen Schüppchen bedeckt. Nach der Spize zu ganz
weißlich. Der Hinterleib kömmt der Farbe des Rückens gleich. Die Einschnitte fallen mehr ins Weiße.

Der Bau der Flügel geht von andern Schmetterlingsflügeln ganz ab. Sie laufen von der Mitte an
bis zum Vorderwinkel von beiden Seiten pfriemenför-

mig zu, so daß man kaum den Hinterwinkel an ihnen beſtimmen könnte, wenn er ſich nicht durch die
Fiederchen im Saum des äußern Randes vom Hinterrande abſonderte. Dieſe Flügel ſind auch nicht
flach, ſondern erhaben und auf der untern Seite
konkav. Die Grundfarbe von der Oberſeite der Vorderflügel kömmt mit dem Hinterleibe überein. Die
Länge derſelben iſt durch zwei ſchwarze Streiffen in drei
Felder getheilt, wovon das Mittlere wegen der Breite
des Flügels am größten, das Unterſte aber nur halb
ſo groß und dreieckigt iſt. Der obere Streiff iſt in
der Mitte winklicht; der Untere hin und wieder unterbrochen. Beide haben oberwärts eine helle Einfaſſung, in welcher zwei gelbliche Fleckchen befindlich
ſind, wobei ſich ſo wohl die gelben als ſchwarzen Fiederchen ſträuben, eine Art von Bürſte und die Oberfläche uneben und höckricht machen. Zwiſchen dieſen
Streiffen ſtehen drei im Dreieck geordnete ſchwarze
Punkte in der Mitte. Der Saum und Vorderwinkel iſt mit ſchwarzen Pünktchen geziert. Die Unterſeite dieſer Flügel an Farbe den hellgrauen Hinterflügeln gleich. Das hell Aſchgraue der Füße iſt mit
ſchwarzen Ringen unterbrochen.

Das Männchen Tab. VI. fig. 2. hat einen ſchmäch-
tigern Leib, einen haarichten After und flache etwas ge-
rundete Flügel, die in ihrer Geſtalt den Mottenflü-
geln am nächſten kommen. Quer durch dieſelben laufen zween Streiffen, die aber den Hinterrand nicht berühren. Der zunächſt dem Rückenwinkel macht in
der Mitte einen ſtarken Winkel, und iſt oberwärts mit
einem weißlichen Striche eingefaßt. Der Untere

nicht weit vom äußern Rande ist wellenförmig und bei
den wenigsten Exemplaren deutlich ausgedruckt. Ueber demselben fällt der Grund ebenfalls ins Helle.
Zwischen diesen Streiffen stehen nahe am Obern zween
schwarze Punkte in schräger Richtung, welche bisweilen in einander fließen und nur ein Strichelchen ausmachen. Unter diesen findet sich ein Einzelnes nach
dem Vorderrande zu etwan in der Mitte der Länge des
Flügels. Etwas weiter hinunter wird man noch
zween andre gewahr, die sehr oft dicht aneinander treten und ein halbmondförmiges Fleckchen bezeichnen.
Die übrigen Punkte und die Grundfarbe dieser Flügel
kommen mit des Weibchens seinen überein; so wie auch
ihre Unterseite und die Hinterflügel in der Farbe von
diesen nicht verschieden und die übrigen Theile auf
gleiche Weise gezeichnet sind.

Abänderungen von dieser Art finden sich wenig,
ausgenommen, daß der hellaschgraue mit schwarzen
Pünktchen bestäubte Grund bald lichter bald dunkler
ist, und die Zeichnungen mehr oder weniger deutlich
ausgedruckt sind.

Wenn das Weibchen in der Ruhe ist Tab. V.
fig. 13. bedeckt es mit seinen hohlen Flügeln den ganzen Rücken des Leibes, an welchem sie genau anschlie-
ßen, so, daß der Hinterrand des einen Flügels gegen
den andern tritt und beide nicht übereinander zu liegen
kommen. Seitwärts unter den Leib schlagen diese
Flügel nicht, wie es bei den Motten oder Schabenar-
ten gewöhnlich ist. Sie nehmen vielmehr die Lage
von den Flügeln gewisser Käferarten an, vorzüglich einiger Zisteln und Mehlkäfer, womit sie meiner Mei-

nung nach in ihrer äußern Gestalt eine große Aehnlichkeit haben.

Ich habe viele Versuche gemacht, das Weibchen
zum Fliegen zu bringen, aber sie sind alle vergeblich
gewesen. Vielmehr habe ich eine große Schnelligkeit
in ihrem Laufen bemerkt, welches beinahe einem Fluge ähnlich ist. Daher ich noch sehr zweifle, ob der
Bau ihrer Flügel zum Fliegen eingerichtet worden.

Das Männchen legt sitzend seine Flügel übereinander und krümmt sie längs der Mitte, doch nur so wenig, daß der Vorderrand nicht um den Leib, wie bei
den Motten, sondern abhängig auf die Fläche zu liegen kömmt, worauf es ruhet. Es fliegt am Tage
seltener, wie des Nachts.

Bei der Begattung sind beide Theile eben nicht
scheu. Ich habe sie oft in dem Kasten, worinn sie
ausgeschlupft waren, dabei angetroffen. Ein Weibchen legte mir in zwei Tagen 528 länglichtrunde gelbliche Eier, und es war bei weiten keins von den Größten, so ich gehabt habe. Ich sage nicht zu viel, wenn
ich annehme, daß ein sehr großes und fruchtbares
Weibchen von dieser Art an die 800 Eier legen könne.
Welche Verwüstung würde dieß einzige Insekt in dem
Pflanzenreiche anrichten, wenn ihm nicht eben so, wie
unzähligen Dingen in der Natur, die abgemessensten
Grenzen gesezt wären?

Ich gieng um die Zeit, wo unser Wikler am häufigsten auskriecht, in einen nahgelegenen Buchenwald,
und lies keine Gegend desselben, so viel ich binnen vier
bis fünf Stunden vermochte, undurchsucht. Fast an
jedem Stamme, und die Bäume standen doch größ-

tentheils nur zehn bis zwölf Fuß auseinander, wurde ich drei, vier, fünf auch mehrere Stücke gewahr, allein unter der ganzen Anzahl traf ich nur drei Weibchen an, so daß ich gewiß ein viel zu geringes Verhältniß annehme, wenn ich nur hundert Männchen auf ein Weibchen rechne. Wenn man nun ferner beobachtet, daß diese vielen Männchen im Frühjahr andern Vögeln wegen des noch mangelnden Futters gar sehr zu statten kommen und eine Menge Raupen von diesem Insekt ihnen gleichfalls zur Speise dienet, so muß man nothwendig die Oekonomie des Ganzen auch bei diesem Geschöpfe höchst wohlthätig finden.

Der besondre Bau von den hintersten Brustfüßen der Raupe und die seltsamen Flügel von dem Weibchen unsers Schmetterlings haben mich lange in der Ungewißheit erhalten, unter welche Abtheilung der Phalänen ich dasselbe bringen sollte.

Das Männchen hat allerdings in der Gestalt und Haltung seiner Flügel etwas Mottenartiges, und ich würde kein Bedenken getragen haben, unser Insekt für die Buchenschabe (Tinea Fagella) der Wiener zu halten, zumal da diese dem Weibchen auch gespizte unvollkommene Flügel zuschreiben a), wenn sie nicht von ihrer Raupe sagten, daß sie an dem vierten Paar der Bauchfüße ein Kölbchen hätte b), und ich es diesen aufmerksamen Beobachtern nicht zutrauen müßte, daß hiebei kein Irrthum vorgegangen wäre. Allein da mir die Haltung der Flügel noch nicht hinreichend zu

a) Sistem. Verz. d. Schm. d. W. S. S. 135. Nr. 34. Not. 4.
b) Ebend. Not. 3.

fein scheint, unserm Schmetterling einen Plaz unter einer oder der andern Abtheilung anzuweisen, denn nicht alle Schaben schlagen die Flügel um den Leib, wie die Wiener angenommen haben; so habe ich mich bloß nach der Oekonomie der Raupe gerichtet, und das vollkommene Insekt unter die Blattwikler gerech= net. Mit Recht sollte es darunter eine eigene Fami= lie ausmachen, die vielleicht einen Uebergang von den Wiklern zum Motten abgebe.

Eine hieher gehörige Phaläne hat Hr. Doktor Kühn im Naturforscher bekannt gemacht a). Die Flügel unsers Weibchens sind eben so gestaltet, wie die Ihrigen. Auch die Raupe hat an dem dritten Paar ihrer Brustfüße eine besondre obgleich andre Ge= stalt, als die Unsrige und gar keine Bauchfüße, wo= durch sie sich wieder von dieser unterscheidet.

I.

PAPILIO NYMPHALIS PHALERATVS PHOEBE,
der Flockenblumfalter.

Pap. Nymph. Phal. alis integris nigricantibus fuluo fasciatim maculosis; inferioribus subtus sulphureis, fasciis duabus, altera aurantia, altera silacea fuluo maculata, punctisque quatuor ad basin nigris.

long. lin. 10⅔. *lat.* lin. 6¼.

Sistem. Verz. d. Schm. d. W. G. S. 179. L. Schein= dornraupen, Laruae Pseudospinosae. Scheckichte Falter, Papiliones variegati.

* Die Unterseite der Hinterflügel mit drei weißgel=

a) Naturf. 16 St. S. 78 — 80. t. IV. fig. 3. 4.

ben und zwei oranienfärbigen Querbändern. Nr. 1.
Flockenblumfalterraupe, (centaureae scabiosae) Flockenblumfalter Pap. Phoebe.

Gözens Entom. Beitr. 3 Th. 1 B. S. 365. Nr. 13. Phoebe,
die querbandirte Phöbe.

Jung Verz. europ. Schm. S. 106. Phoebe.

Descr. Palpi Pap. Tab. VI. fig. 3. sulphurei fuluo
pilosi. *Oculi* castanei. *Antennae* capitatae sul-
phureae in dorso squamulis nigris, capitulo in-
tus aurantio versus apicem nigro maculato.
Thorax niger pilis aurantiis, *tergum* nigricans
incisuris fuluescentibus. *Pectus* ac *venter* sulphurea. *Pedes* gressorii, aurantii coloris. Maculae alarum omnium versus imum marginem
semilunares, ac fimbria vtrimque fulpuhrea nigro tessellata. *Alae priores* subsinuatae, subtus
Tab. VI. fig. 4. praeter consuetos huius fami-
liae characteres maculis duabus ad angulum in-
ternum nigris aliisque sex mediis in figuram s
ordinatis. *Posteriorum* fasciae transuersae nigro terminatae; superior versus basin sinuata e
parte opposita crenata, inferior in vtroque latere erosa, linea nigra arcuata, quae maculas
fuluas includit, percurrente. Per mediam
alam inter fascias lineola nigra vndata aliaque
ad marginem exteriorem subarcuata transuersa
transit.

Die Bartspizen des Tab. VI. fig. 3. abgebildeten
Schmetterlings sind gelblichweiß mit weißen pome-

ranzenfarbigen Härchen eingefaßt. Die Augen kastanienbraun. Die kolbenförmigen Fühlhörner unten an
einer Seite schwefelgelb, an der andern pomeranzenfarbig, am Rücken mit schwarzen Schüppchen unterbrochen. Die Kolbe ist an der obern Seite schwarz,
seitwärts und unten theils schwefelgelb theils orangen-
farbig und dieses mit einem schwarzen Flecken in der
Mitte gezeichnet. Der Rückenschild und Hinterleib
ist schwarz, jener mit pomeranzenfarbigen Härchen
bedeckt, dieser mit dergleichen Einschnitten geziert.
Die haarichte Brust und der Unterleib sind hellschwe-
felgelb. Die Füße haben dieselbe Farbe.

Die Vorderflügel sind in der Mitte des äußern
Randes sehr wenig einwärts gebogen. Ihre Grundfarbe auf der Oberseite ist so wie bei den Hinterflügeln
schwarz mit wenigen Braun untermischt. Quer durch
dieselbe sind viele verschieden gestaltete pomeranzenfarbige Flecken bindenweis geordnet. Diejenigen, so zunächst am äußern Rande stehen, haben eine halbmondförmige Gestalt a). Der Saum ist auf beiden Seiten blaßschwefelgelb und mit kleinen schwarzen Flecken
unterbrochen. Die Grundfarbe, einige nicht weit vom
äußern Rande und Winkel befindliche bogenförmige
schwarze Linien und die Charaktere zunächst dem Rückenwinkel kommen auf der Unterseite der Vorderflügel

a) Die Oberseite von den Flügeln dieses Papilions hat
    viele Aehnlichkeit mit einer Abänderung der Athalia,
    welche Hr. Esper Schmetterl. 1 Th. Tab. LXI. fig. 6.
    abbilden lassen. Zwischen den mondförmigen Flecken
    zunächst dem äußern Rande hat dieser auf den Un-
    terflügeln noch eine gebrochene pomeranzenfarbige
    Linie, oder längliche Strichelchen, welche dem Unsri-
    gen fehlen.

mit andern hieher gehörigen Schmetterlingsarten überein. Nicht weit vom Hinterwinkel stehen zween
schwarze halbrunde Flecken und sechs andre im Mittelraume, welche in der Figur eines lateinischen s geordnet sind a). Die Hinterflügel sind unten schwefelgelb. Am Rückenwinkel stehen vier schwarze Flecken b). Eine gebogene pomeranzenfarbige schwarz-
begrenzte Querbinde steht diesem Winkel am nächsten.
Zwischen derselben und dem äußern Rande ist eine andre von ochergelber Farbe mit zernagtem Rande und
gleicher Einfassung, in welcher eine bogenförmige
schwarze Linie sechs pomeranzenfarbige Flecken einschließt c). Zwischen diesen Binden läuft noch eine
schwarze geschwungene Linie und eine dergleichen gebogene nach dem äußern Rande zu quer durch die Flügel.

So viel einzelne Zeichnungen dieser Papilion mit
andern scheckichten Faltern gemein hat, so unterscheidet er sich doch im Ganzen sehr merklich von allen hieher gehörigen Arten. Die Natur sezt bei diesem, so
wie bei andern Geschöpfen, aus einzelnen einander
gleichen oder ähnlichen Theilen ein unendliches Man-
nichfaltige zusammen.

Wir haben diesen Falter unter dem angezeigten
Namen aus Wien erhalten; und das wiener Sistem
hat ihn wegen der Raupe und Zeichnung für eine besondre Art unbezweifelt anerkannt.

a) Diese Flecken finden sich auch bei der Corythallia Esp.
Schmetterl. I. Th. tab. LXI. fig. 4. 5. aber nicht bei
vorhin gedachter Abänderung der Athalia.
b) Diese hat Corythallia gleichfalls
c) Eine ähnliche Binde besizt gedachte Abänderung der
Athalia.

J

2.

PAPILIO NYMPHALIS PHALERATVS HE-
CATE.

Hekate.

Pap. Nymph. Phal. alis rotundatis integris fuluis;
duobus vtrinque macularum nigricantium ordinibus
transuerfis.

long. lin. 9. *lat.* lin. 5¼.

Siſtem. Verʒ. b. Schm. b. W. G. S. 179. L. Nr. 4.
Unbekannte Raupe; Rothgelber zweifach punktirte
Falter, Papilio Hecate.
Gözens Entom. Beitr. 3 Th. 1 B. S. 366. Nr. 15. Die
zweifach punktirte Hekate.
Jungs Verʒ. europ. Schm. S. 65. Hecate.

Defcr. Palpi Pap. Tab. VI. fig. 6. fulphurei pilis
fuluo-nigricantibus. *Oculi* grandiufculi, fufci.
Antennae clauatae fufco-nigrae, claua nigro an-
nulata. *Caput, thorax* ac tergum e fuluo nigricant. *Pectus, venter* ac *pedes* cum palporum pilis conueniunt. Maculae in alarum
prona fuperficie fuperioris ordinis fublunatae
ouataeque, inferioris rhombicae, ceterae fupra hanc duplicem feriem et aliis fpeciebus
communes. Margo externus alae vtriusque
niger, inferiorum lineolis fuluis transuerfis. Limbus fulphureus teffellis nigris. *Alae*
poſticae Tab. VI. fig. 5. *fubtus* fafciis duabus
fulphureis vna aurantia abbreuiata disiunctis ni-

groque inclufis; ceterum fuluo, fulphureo ac
nigro coloreae. Nerui ab vtraque parte et antica fuperiorum nigri.

Der Falter Tab. VI. fig. 6. hat schmuzig schwefelgelbe Bartspizen mit orangeschwärzlichen Härchen.
Die Augen sind nach Verhältniß groß und braun.
Die braunschwarzen Fühlhörner haben an der Kolbe
einen breiten schwarzen Ring. Der Kopf, Rücken
und der Oberleib ist schwarz mit einer geringen Bedeckung von dunkelpomeranzenfarbigen Haaren. Die
Brust, der Unterleib und die Füße sind bräunlich mit
schwefelgelben Härchen untermischt. Die Oberseite
der Flügel hat eine pomeranzenfarbige Grundfläche,
die vom Rückenwinkel bis über die Mitte mit einigen
schwarzen Zeichnungen und Flecken gleich andern zu
dieser Familie gehörigen Schmetterlingen gezeichnet
ist. Der breite schwarze äußere Rand und in demselben auf dem Hinterflügel eine Reihe zarter brauner
Strichelchen, würde nebst jenen Zeichnungen diese so
wenig von andern mit ihr verwandten Arten merklich
unterscheiden, als zwei Querreihen schwarzer Flecken,
wovon die Obern halbmondförmig und länglichtrund,
die Untern aber räutenförmig gestaltet sind, wenn nicht
eben diese Reihen auf der Unterseite in gleicher Anzahl
und Ordnung der Flecken auch in derselben Lage dargestellt worden a). Eine sehr beträchtliche Abweichung

---

a) Pap. Arsilache Esp. hat auf der Oberseite der Flügel
   auch zwo Reihen schwarzer Flecken, aber keinen so
   breiten schwarzen Rand, auch ist die Unterseite verschieden. Eben diese Beschaffenheit hat es mit dem
   Pap. Euphrosine.

von allen bisher bekannten scheckigten Faltern. Auf
der Unterseite der Vorderflügel zeigt sich außer diesen
Flecken kein erheblicher Unterschied von andern hieher
gehörigen Arten. Die Hinterflügel haben auf dieser
Seite eine schmuzig schwefelgelbe oder tripelfarbige
Binde am Rückenwinkel, darauf eine pomeranzen=
farbige, die aber nicht ganz an den Vorderrand stößt,
und dann wieder eine ähnlich gelbe, die so wie die Er=
ste schwarz eingefaßt ist. Der übrige Raum ist mit
gelben, pomeranzenfarbigen und schwärzlichen Schat=
tirungen auch mit einem braunen Querstreiffe ohnweit
dem äußern Rande sehr artig gezeichnet. Die Ner=
ven sind gleich denen auf der Oberseite aller Flügel
schwarz gefärbt und der schwefelgelbe Saum mit
schwarzen Flecken unterbrochen.

Hr. Jung hat bei diesem Falter den von Hr.
Esper abgebildeten Pap. Arsilache angeführt. Wir
sind ihm darinn nicht gefolgt, weil wir den iezt Be=
schriebenen weder unter die silberreichen Falter verse=
zen, noch der Arsilache ihren Plaz unter denselben
streitig machen können. Auf der Oberseite haben bei=
de Arten viele Aehnlichkeit; aber ihre untern Seiten
weichen desto stärker von einander ab.

3.

PAPILIO NYMPHALIS GEMMATVS EPI-
PHRON,

Epiphron.

Pap. Nymph. Gem. alis rotundatis fuscis, fascia
rufa: vtrobique ocellis seu maculis nigris pro indiuiduis numero diuersis.

long. lin. 7 — 8½. *lat.* lin. 5 — 5¾.

Descr. Antennae Pap. Tab. VI. fig. 7. capitatae nigrae, subtus albescentes. *Palpi, oculi* ac totum corpus fusco-nigra. Fasciae transuersae
margines abhorrent. *Alae superiores ante* ocellis duobus seu pluribus, saepius maculis tantum
vel punctis nigris; *post* eadem ratio. *Inferiores supra* ocellos tres *infra* totidem pluresue
seu maculas exhibent.

Die Fühlhörner des Tab. VI. fig. 7. abgebildeten
Schmetterlings sind längs der Unterseite schmuzig weiß,
übrigens meist schwarz. Der Kopf und seine Theile,
auch der ganze Leib hat eben die Farbe. Die Flügel
sind auf beiden Seiten schwarzbraun. Nicht weit vom
äußern Rande findet sich eine breite auf der Untern etwas schmälere braun pomeranzenfarbige Querbinde,
welche aber den Vorder- und Hinterrand nicht berührt.
Auf der Oberseite der Vordern stehen in dieser Binde
zwei oder mehrere schwarze Augen mit weißen Pupillen.
Die Unterseite hat eben so viel, bisweilen auch mehr,
als jene. Auf den Unterflügeln sind gewöhnlich oben

drei, unten eine gleiche oder auch größere Anzahl. Ich habe sie mit sechs Augen gehabt.

Statt der Augenpunkte haben einige Exemplare auf einer auch wohl auf beiden Seiten nur schwarze Flecken oder Punkte.

Abänderungen finden sich bey diesem Papilion in großer Menge, wenn man die Augenpunkte und Flecken in Betrachtung zieht. Er kömmt dem Pap. Ligea Esp. a) sehr nahe, ist aber in Betracht seiner Größe und der dunklern Binden auch der verschiedenen Anzahl der Augenpunkte unstreitig von ihm verschieden. Denn ich habe nie ein Exemplar gefunden, dessen Flügel über acht Linien lang und sechs Linien breit gewesen. Auch wird man wohl schwerlich von der Ligea ein Stück finden, das gar keine Augenpunkte sondern nur Flecken hätte, wie der Unsrige.

Ich traf ihn auf dem Wege vom Brocken nahe bei Oderbrück in einem Tannenwalde an, wo er sich an offenen und sonnenreichen Pläzen sehr häufig aufhielt. Er fliegt im Erndtemond.

Nachtrag zur Geschichte einiger in dem ersten und zweiten Stücke der Beitr. schon beschriebenen Schmetterlinge.

S. Beitr. 1. Stück S. 16. Tab. 1. fig. 5. Die Raupe der Ph. Geom. Punctaria hat in ihren ersten Häuten eine bräunliche Farbe mit den beschriebenen gelben und rothschattirten Seitenwinkeln. Erst in der lezten Haut zeigt sie sich grün.

1. St. S. 27 Tab. 2. fig. 3. Die Raupe der P. B. Eueria hat über den Bauchfüßen längs dem Leibe eine

a) Esp. Schm. 1. Th. Tab. VII. fig. 2.

bläuliche Linie, welche wegen der Haare an den Seiten des Leibes leicht übersehen werden kan.

1. St. S. 28. Sie frißt sehr begierig, so wohl am Tage, als des Nachts.

1. St. S. 30. Statt: sie krümmen sich nicht, wie andre u. f f. lies: sie krümmen sich nicht so stark, wie andre —
In der Sonne machen diese Raupen oft eine sonderbare Bewegung mit dem Kopfe und Vorderleibe, sie werfen solchen zurück und wieder vorwärts nach sehr kurzen und abgemessenen Pausen, recht taktmäßig. Diese Bewegung dauret oft einige Minuten.

1. St. S. 33. 34. Tab. 2. fig. 6. 7. Das Weibchen des Schmetterlings hat auf den Flügeln statt der Schüppchen Haare, und des Männchens seine sind mit Haaren und Schüppchen zugleich bedeckt.

1. St. S. 41. Tab. 2. fig. 8. Die Raupe der Ph. Geom. Albicillata ist anfangs ganz grün. In der vorlezten Haut bekömmt sie die Winkel an den Einschnitten, die aber noch nicht roth, sondern schwärzlich sind, auch keinen gelblichen Flecken einschließen. Die von mir beschriebene Zeichnung zeigt sich erst in der lezten Haut.

1. St. S. 51. Tab. 3. fig. 5. Einigen Raupen von der Ph. Geom. Lichenaria fehlen die an den Seiten beschriebenen schwarzen Strichelchen oder die geschlängelte unterbrochene schwarze Linie ganz. Einige bekommen sie noch in der lezten Haut. Diese Zeichnung gibt also kein wesentliches Unterscheidungszeichen ab.

1. St. S. 52. Eben diese Raupe nähret sich auch vom Weidenlaube; und lebt vom Herbst bis zum folgenden Frühjahr, worinn sie die noch übrigen Häute ablegt und sich verpuppt.

2. St. S. 20. Die Eier der Ph. Geom. Prunaria sind länglichtrund, ein wenig platt auf jeder Seite in der Mitte etwas eingedruckt, die Oberfläche schagrinartig, aber dabei glänzend. Ihre Farbe ist grünlichgelb, blaß apfelgrün.

2. St. S. 53. Tab. 3. fig. 1. Bei Beschreibung der Raupe von Ph. N. Trapezina wurde in der Note angeführt, daß Chorh. Meier an derselben schwefelgelbe Seitenstreiffen wahrgenommen hätte. Ich habe nunmehr dieselbe Bemerkung gemacht. Die Farbe dieses Streiffes leidet also Abänderungen.

2. St. S. 56. Tab. 3. fig. 3. Die Puppe von dieser Raupe sollte nach Hr. v. Rottemburg hellbraun, blaube

stäubt sein, wie eine reife Pflaume.   Auch dieses hab ich
bemerkt bei den Puppen vorgedachter mit einem schwefelgelben Seitenstreiffe versehenen Raupen.

2. St. S. 58.   Unter den angeführten Schriftstellern
von der Phal. B. Fagi verdient auch Jonston eine Stelle.
Inf. p. 127. t. 17. ed. Francof. 1653. in fol.

2 St. S. 62.   Einige von den Raupen gedachter Phaläne sind ganz dunkel kastanienbraun.   Andre haben an
den sechsten, siebten und achten Ringe auf beiden Seiten
einen hellen schrägen Strich.

2 St. S. 63.   Sie lebt auch auf der Hagebuche und Eiche.
Bei ihrer Häutung, die fünf bis sechs Tage dauret, wirft
sie den Kopf ab, hält sich nur mit den Bauchfüßen fest und
läßt den Kopf, die fünf ersten und die drei lezten Ringe
herunter hängen.

2. St. S. 65.   Spätraupen gebrauchen zu ihrer Verwandlung eine viel längere Zeit, als die frühern.   Wahrscheinlich ist ihnen eine kältere Luft hinderlich.   Diejenigen,
welche sich den fünften und sechsten Weinmond eingespon-
nen hatten, verpuppten sich erst am Ende dieses Monats.

2. St. S. 66.   Der Schmetterling von dieser Raupe
kam bei mir gegen Ende des Brachmonds aus.   Er hatte
etwas zurückgeschlagene Flügel und seine Fühlhörner lagen an den Seiten des Kopfes.

Nach Hr. Füeßlins Beobachtung ist diese Phaläne allemal in demselben Jahre, oft noch im November ausge-
krochen a).   Warum also nicht auch im Christmond, wie
Hr. Rabe angiebt b)?

2. St. S. 71.   Müßte ich noch die Beschreibung der
Raupe von Ph. N. Parthenias aus dem Degeer angeführt
haben. Uebers. 1. Th. 2. Quart. S. 119. u. f.

2. St. S. 81. Tab. 5. fig. 8.   Das beschriebene Weibchen der Tinea Degeerella L. und T. Sulzzella Lin. möchten meiner Meinung nach wohl einerlei Insekt sein.

2. St. S. 93. Tab. 6. fig. 6. 7.   Das Männchen von
Pap. Erebus ist auf der Oberseite der Flügel blau bestäubt,
nur der Rand und vier bis fünf Flecken in der Mitte der
Vorderflügel sind braunschwarz gefärbt.   Die Unterseite
ist viel dunkler, als des Weibchens seine.

a) Neues Magaz. der Entomol. 3 Stück S. 328. Nr. 8.
b) Schwed. Abhandl. 11 B. S. 137.

Erklärung
der Figuren.

Erste Kupfertafel.

Fig. 1. Die Raupe vom Heckenkriecher, Phal. Geom. Cra-
thaegata Linn.

Fig. 2. Der Kopf und erste Ring gedachter Raupe von der
Seite.

Fig. 3. Derselbe Kopf von vorne.

Fig. 4. Zween Höcker auf ihrem sechsten Ringe, und deren Zeichnung auf der Vorderseite.

Fig. 5. Drei kegelförmige Spizen am After, wovon die
beiden äußern mit einem borstigen Härchen besezt sind.

Fig. 6. Die Gestalt der Füße am siebten und achten Ringe, wenn sie ausgestreckt sind.

Fig. 7. Ebendieselbe von unten, wenn sie die Raupe eingezogen hat.

Fig. 8. Die Franzen oder fleischichten hahnenkammförmi-
gen Theile an beiden Seiten der Raupe zwischen
den hintersten Bauchfüßen und Nachschiebern.

Fig. 9. Die verschiedene Gestalt der Ringe von der Rückenseite, wenn sich die Raupe zusammen gezogen hat.

Fig. 10. Die Raupe des Ampferspanners, Phal. Geom.
Amatariae Linn.

Fig. 11. Die Puppe von diesem Spanner.

Fig. 12. Eine Abänderung von der Binblattscheulenraupe
der Wiener Var. Larv. Phal. Noct. Plectae Linn.

Fig. 13. Die Raupe von der Scheueule, Larva Phal. Noct.
Meticulosae Linn.

Zweite Kupfertafel.

Fig. 1. a. b. Die Eier des Heckenkriechers Ph. Bomb. Dumeti Linn.

Fig. 2. Ein vergrößertes Ei.

Fig. 3. abc. Die Stelle, wo das Räupchen durchbricht.

Fig. 4. Die Raupe der Ph. B. Dumeti.

Fig. 5. 6 7. Die Raupe von der Bettlerinn, Phal. Bomb.
Mendica Linn. von verschiedenem Alter.

Fig. 8. Die Gestalt des vierten und der folgenden sechs Ringe mit den darauf befindlichen zwölf Warzen im Querdurchschnitte von gedachter Raupe.

Fig. 9. Ein vergrößertes auf diesen Warzen sizendes Haar.

Fig. 10. Die Puppe dieser Raupe.

Fig. 11. Die am Schwanzende dieser Puppe befindlichen Stäbchen.

Fig. 12. Das Männchen von Ph. B. Mendica Linn.

Fig. 13. Der weibliche Schmetterling von derselben Phaläne.

Dritte Kupfertafel.

Fig. 1. a. Die Raupe des rothen Kreuzes, Phal. Heterogeneae Cruciatae. b, c, d der Kokon.

Fig. 2. Dieselbe vergrößert. a, b zwo starke Vertiefungen auf dem zweiten Ringe.

Fig. 3. Ebendieselbe von der Seite, a b von oben, c d von unten. I — II die in die Augen fallenden eilf Ringe. ee u. f. f. Die Luftlöcher am vierten und den folgenden sieben Ringen.

Fig. 4. Die Gestalt derselben, wenn sie sich aufbläßt, im Querdurchschnitte. i Der Anfang des Unterleibes.

Fig. 5. Ihre Gestalt, wenn sie sich zusammenzieht; der Rücken von a b flachrund; die Seiten ac und bc glockenförmig; e, f, g, h Vertiefungen in der Haut. i Der Anfang des Unterleibes, wo die Luftlöcher sizen.

Fig. 6. Der Kopf von vorne; a b der erste Ring; c eine Vertiefung des zweiten Ringes.

Fig. 7. Der Kokon mit geöfnetem Deckel.

Fig. 8. Die Puppe des gedachten Schmetterlings.

Fig. 9. Dieselbe Puppe vergrößert. aa die Augen. cd die Fühlspizen; ce das erste Paar Füße, so bei g wieder zum Vorschein kömmt; cf das zweite und cb das dritte Paar Füße, an deren äußern Seite die Fühlhörnerscheiden liegen.

Fig. 10. Eine Abänderung.

Fig. 11. Das Männchen dieser Phaläne.

Fig. 12. Das Weibchen.

Vierte Kupfertafel.

Fig. 1. Die Raupe der Flügeleule, Ph. Noct. Pinastri Linn.
Fig. 2. Die Puppe.
Fig. 3. Der Schmetterling.
Fig. 4. Die Raupe von der gothischen Schrifteule, Phal. Noct. Gothicae Linn.
Fig. 5. Die Puppe.
Fig. 6. Das Weibchen dieses Nachtschmetterlings.
Fig. 7. Das Sigma, Ph. Noct. Sigma.

Fünfte Kupfertafel.

Fig. 1. Das schwarze C, Ph. Noct. C nigrum Linn.
Fig. 2. Der Klebekrautspinner, Ph. Bomb. Maculosa der Wiener.
Fig. 3. Die Puppe des Treibers, Ph. Noct. Monoglyphae des Hufnagels.
Fig. 4. Zwo ankerförmige Spizen am Schwanzende dieser Puppe.
Fig. 5. Der Schmetterling.
Fig. 6. a, b. Das Männchen mit zwei haarichten Büscheln am Unterleibe; c d die Bärte am After; e der Bart am Hüftbein.
Fig. 7. Der Mohrenkopfspinner, Ph. Bomb. Morio Linn.
Fig. 8. a. Eine vergrößerte Faser vom Fühlhorn dieses Spinners; b ein vergrößertes Borstenhaar, womit die Flügel statt der Schüppchen bedeckt sind.
Fig. 9. Die Raupe des Atomwicklers, Ph. Tortr. Atomanae; aa das dritte Paar Brustfüße.
Fig. 10. Ein solcher Fuß vergrößert. ab der Theil, wodurch der Fuß oder eigentlich das Bein mit dem Leibe zusammenhängt; bc das Hüftbein; c, d, e, f der Schenkel; fg der Fuß; h ein kleines Häkchen am Ende des Schenkels.
Fig. 11. Das Ende des Schenkels von vorne.
Fig. 12. Die Puppe dieser Phaläne.
Fig. 13. Das Weibchen.

138

Sechste Kupfertafel.

Fig. 1. Das Weibchen vom Atomwickler mit ausgebreiteten Flügeln.

Fig. 2. Das Männchen in gleicher Stellung.

Fig. 3. Der Flockenblumfalter, Pap. Nymph. Phal. Phoebe der Wiener.

Fig. 4. Die Unterseite der Flügel von diesem Falter.

Fig. 5. Pap. Hekate, Pap. Nymph. Phal. Hecate der Wiener.

Fig. 6. Die Unterseite des Pap. Hekate.

Fig. 7. Pap. Epiphron, Pap. Nymph. gemmat. Epiphron.

Druckfehler und Verbesserungen.

Seite 9. Zeile 14. statt bei andern zehnfüßigen, lies: zehnfüßigen. S. 26. 58. st. Junos, l. Jungs. S. 71. Z. 9. st. während dem, l. während dem. S. 76. Z. 29. st. einen l. einem. S. 77. Z. 4. st. fein, l. fein, st. Geschlechte l. Gattungen. S. 89. Z. 6. l. bräunliche. S. 100. Z. 17. l. Klebekrautspinnerraupe. S. 104. Z. 4. l. in linea vltima transuersa. S. 106. Z. 7. von unten l. Anfange. S. 107. Z. 7. von unten st. es, l. et. S. 109. Z. 19. l. Hinterrande. S. 125. Z. 15. l. Sulphurea.

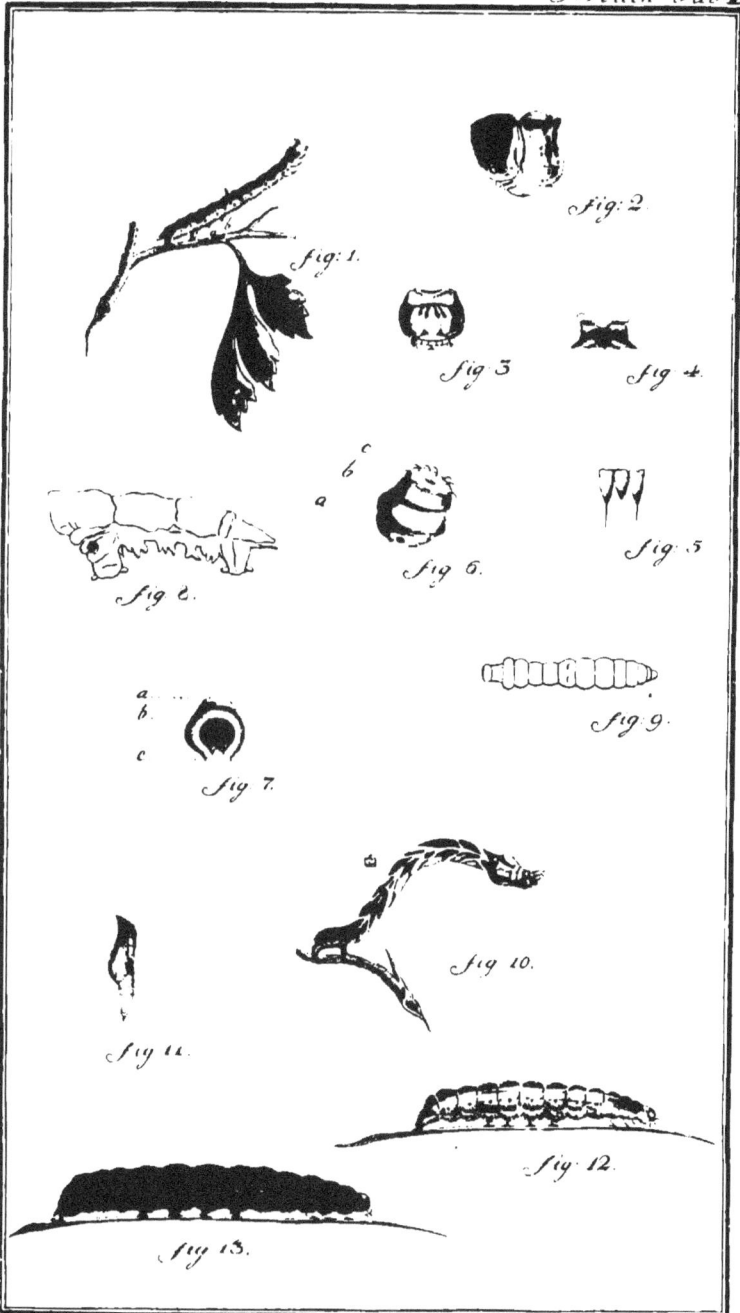

fig: 1.

fig: 2.

fig 3

fig 4.

fig 8.

fig 6.

fig 5.

fig 7.

fig 9.

fig 10.

fig 11.

fig 12.

fig 13.

A. W. Knoch delin.   M. A. Schmidt sculps.

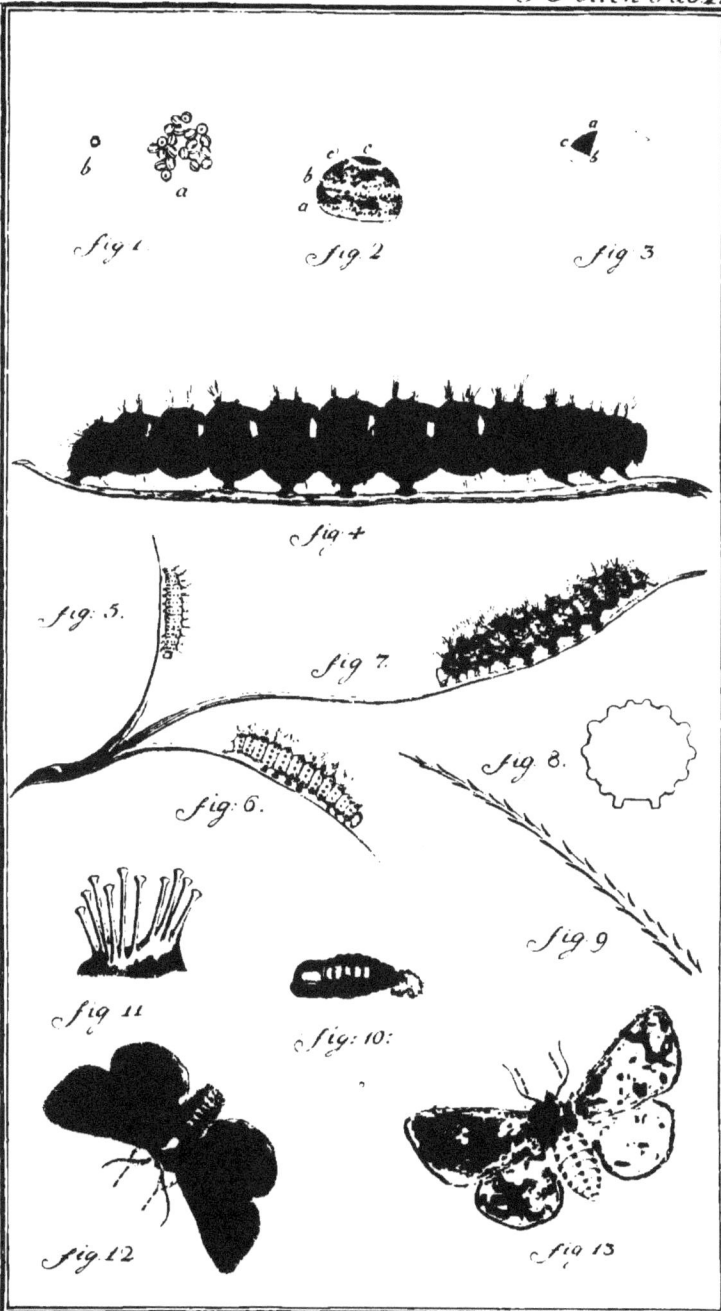

fig 1   fig 2   fig 3

fig +

fig. 5.   fig 7.

fig. 6.   fig. 8.

fig 9

fig 11   fig: 10:

fig 12   fig 13

A.W.Knoch delin: H.A.Schmidt sculps:

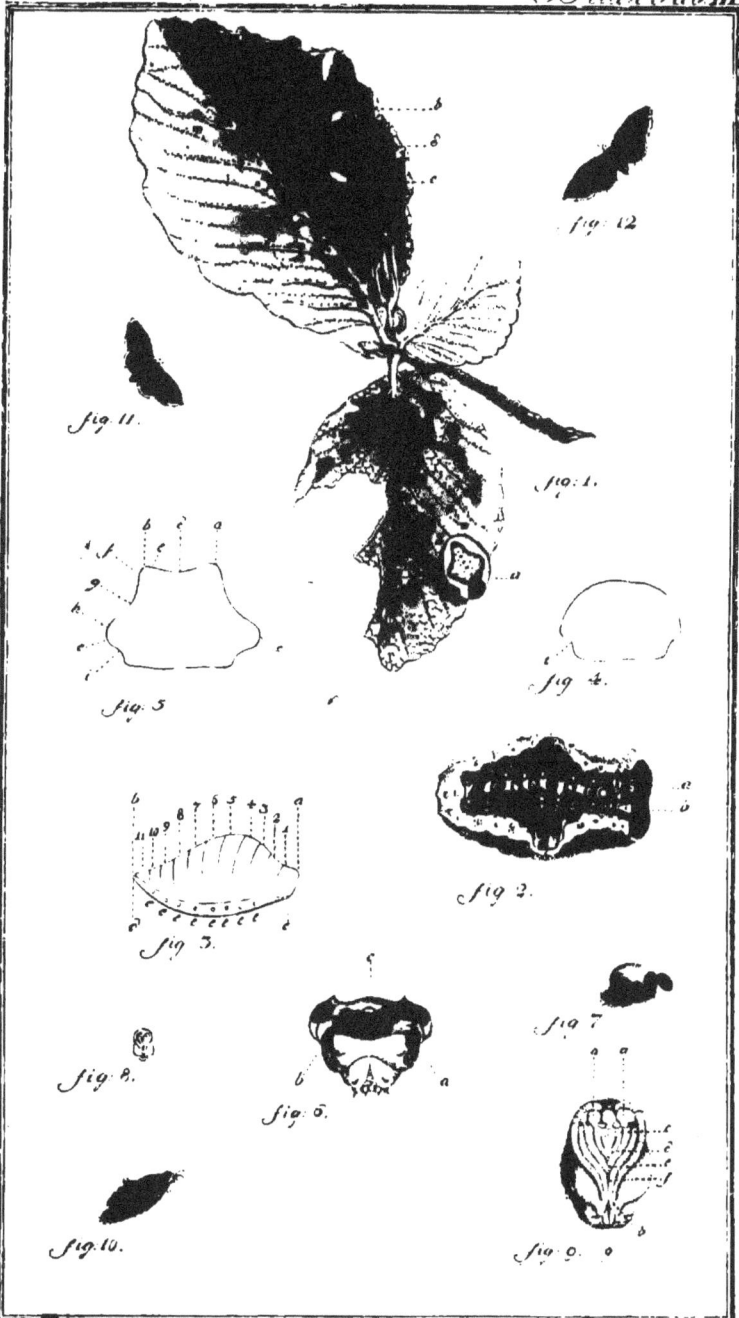

fig. 12.

fig. 11.

fig. 1.

fig. 5.

fig. 4.

fig. 3.

fig. 2.

fig. 8.

fig. 6.

fig. 7.

fig. 10.

fig. 9.

fig. 1.

fig. 2.

fig. 3.

fig. 5.

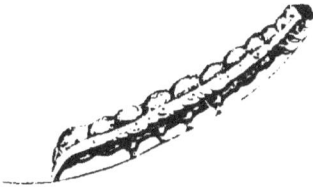

fig. 6.

fig. 4.

fig. 7.

A. W. Knoch delin.

H. A. Schmidt Sculps.

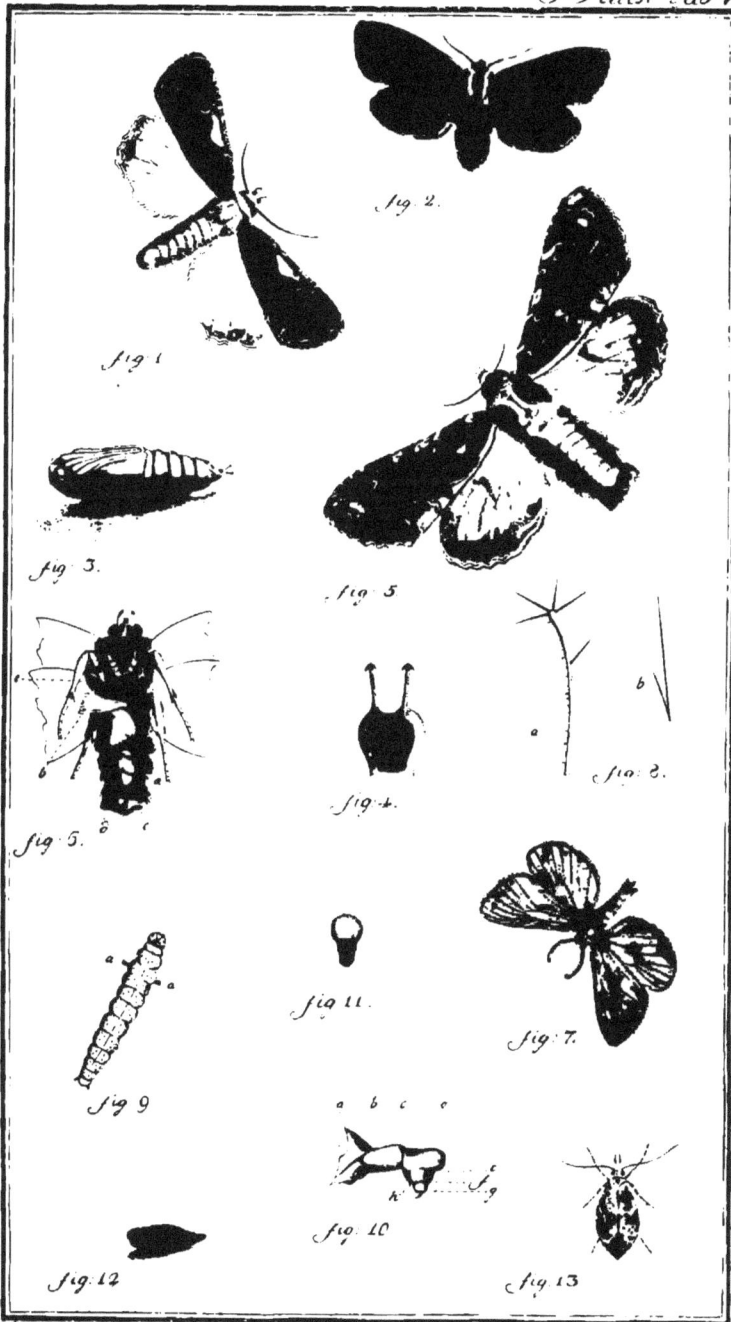

fig. 1.

fig. 2.

fig. 3.

fig. 5.

fig. 6.

fig. 4.

fig. 8.

fig. 11.

fig. 9.

fig. 7.

fig. 10.

fig. 12.

fig. 13.

A.W.Knoch delin.   M.C.Schmidt sculps.

fig. 1

fig. 2.

fig. 4.

fig. 3.

fig. 5.

fig. 7

fig. 6.

A.W. Knoch delin.

H.A. Schmidt sculps.

www.ingramcontent.com/pod-product-compliance
Lightning Source LLC
Chambersburg PA
CBHW021351210326
41599CB00011B/834